高等学校电子信息类专业平台课系列教材

算法与数据结构

——基于现代C++的方法及实践

主　编　王文伟

副主编　曾园园　何　楚

参　编　刘　勇　赵小红

　　　　王泉德　郑　宏

Algorithm & Data Structure in Modern C++

WUHAN UNIVERSITY PRESS

武汉大学出版社

图书在版编目(CIP)数据

算法与数据结构:基于现代 C++的方法及实践/王文伟主编.—武汉:武汉大学出版社,2024.2
高等学校电子信息类专业平台课系列教材
ISBN 978-7-307-24279-1

Ⅰ.算… Ⅱ.王… Ⅲ.①算法分析—高等学校—教材 ②数据结构—高等学校—教材 Ⅳ.①TP301.6 ②TP311.12

中国国家版本馆 CIP 数据核字(2024)第 035132 号

责任编辑:胡 艳 责任校对:汪欣怡 版式设计:马 佳

出版发行:**武汉大学出版社** (430072 武昌 珞珈山)
(电子邮箱:cbs22@ whu.edu.cn 网址:www.wdp.com.cn)
印刷:武汉图物印刷有限公司
开本:787×1092 1/16 印张:21 字数:429 千字 插页:1
版次:2024 年 2 月第 1 版 2024 年 2 月第 1 次印刷
ISBN 978-7-307-24279-1 定价:58.00 元

前　　言

算法与数据结构在计算机及相关的应用学科中具有十分重要的地位，其讨论的知识内容和提倡的技术方法，构成程序设计的重要理论和方法基础。采用一门合适的高级编程语言描述算法与数据结构，能充分表达数据的内在特征和算法的实现精髓，这无疑对算法与数据结构的学习与实践非常重要。

本书的姊妹篇《数据结构与算法(C#语言实现)》自 2020 年出版以来，被许多高等院校选作数据结构、程序设计与算法基础等课程的教材或教学参考书。我们决定编写本教材主要出于以下考虑：一方面，电子信息类各专业对算法方面表现出更强的兴趣；另一方面，软硬件结合的应用领域对基于 C++的实现技术的需求更为直接和强烈。C++是一种历史悠久且迄今仍为最广泛使用的编程语言，现代 C++标准(一般是指 C++11 及以后的 C++14/17/2x 标准)相对于传统 C++有较大的改动，在某种程度上甚至可说是里程碑式的更新，引领了未来 C++及软件开发技术的发展方向。现代 C++的诞生，使得本就相对复杂的 C++语言显得更为庞杂。目前，市面上尚未见基于现代 C++实现的算法与数据结构教材。

在本书的编写过程中，我们希望体现出简洁而高效的教育教学理念，力图使教材具有实用性、易学性和先进性，使学生们能学以致用，在有限的时间里高效地掌握重要的软件开发方法和技术。本教材围绕算法与数据结构领域经典内容，在编程实现技术、教材章节结构以及若干理论方法方面进行了精心设计，具有以下主要特点：

(1)首次系统应用现代 C++标准，更准确有效地描述算法与数据结构，并反映最新的软件技术方法和思想。基于面向对象、泛型编程及 RAII 原则等现代程序设计方法，对标现代 C++标准类库，引导读者在学习和编程实践中实现算法与数据结构，同时降低传统C++的复杂性，引导读者掌握开发可靠、优质、高效软件的先进技术。

(2)合理调整章节结构，先易后难，算法部分相对前置。例如，字符和字符串是重要的数据类型，但在学习的过程中常常被忽视，本书将字符串作为首个予以实现的数据结构进行讨论，一方面是希望读者重视字符串这种基本的数据结构；另一方面，也是为线性表等数据结构课程中的经典内容做好铺垫。将遍历、迭代与递归以及排序等算法内容前置，以满足读者的直觉兴趣，并在学习过程中较早地达成获得感。

(3)在已实现分别基于现代 C++和 C#的两套各具鲜明特色的方案基础上，本书既包含实用的典型示例，也提供具有独特视角的鲜活案例，同时在算法与数据结构的理论方法方面也提出一些新颖观点。例如，在绪论中提出实现算法的代码也是某种数据，算法与数据具有统一的数据类型视角；对算法设计的要求，除了正确性、可读性、健壮性、高效性等几个方面外，本书还明确提出通用性和可复用性的要求，并在全部章节一以贯之；创新性归纳并表示出常用的循环、遍历范式，使读者在编程中能够高效应用，并尽可能避免错误；对栈/队列的出栈/出队等典型性操作不仅进行了实现效率的分析，也首次对实现的安全性进行了分析。

　　本教材由王文伟任主编，曾园园、何楚任副主编，刘勇、赵小红、王泉德、郑宏参与编写，王文伟对全书进行统稿。在教学实践和教材编写过程中，孙涛、尹凡、蔡磊、陶维亮等也给予了大力帮助。武汉大学电子信息学院分管教学工作的副院长江昊教授，不仅最先提议课程组进行 C++版本的探索，并且在诸多环节给予了作者宝贵的指导意见和大力的帮助和鼓励，在此一并深表谢意！

编　者

2023 年 12 月

目　　录

第1章 绪　　论

算法与数据结构是一门讨论如何在计算机中构建描述现实世界实体的计算模型并实现其操作的学科。数据的表示和组织直接关系到计算机软件的运行效率，软件设计时要考虑的首要问题是数据的表示、组织和处理方法。算法与数据结构的系统理论是设计和实现系统程序和应用程序的重要基础，掌握算法与数据结构理论和技术是进行专业程序设计的必备条件。

本章将讨论算法与数据结构分析中重要的基本概念，如数据、抽象数据类型、数据结构、算法等，以及介绍算法分析的基本方法。

1.1　数据结构的基本概念

随着计算机产业的飞速发展，计算机的应用范围迅速扩展，计算机已深入人类社会的各个领域，计算机技术日益显现其重要作用。软件设计是计算机科学与技术各个领域的主体任务之一，而数据结构设计和算法设计则是软件系统设计的核心。在计算机领域流传着一句源于著名计算机科学家 Niklaus Wirth 教授的经典名言："数据结构+算法＝程序。"这个"公式"简洁明了地指明了计算机程序和数据结构与算法的关系，进而说明了数据结构和算法课程的重要性。

1.1.1　数据类型与数据结构

1. 数据、数据项和数据元素

数据（data）是计算机程序的处理对象，包括描述客观事物数量特征的数值数据以及描述名称特性的字符数据等不同类型，也就是说，数据是以多种形式呈现的信息，可以是任何能输入到计算机并等待其加工处理的符号集合的总称。例如，学生信息管理系统所处理的数据是一所学校每个学生的信息，包括学号、姓名、年龄和各科成绩等；科研设备管理系统处理的数据是每台设备的信息，包括设备号、设备类型、名称和保管人等；图像和视频处理软件接受和处理的数据是经过专业设备采集并数字化的图像和视频信号。程序源代码是编译程序加工的数据对象，编译生成的二进制指令代码广义地说也是特殊的数据。随着技术的进步，数据的形式也越来越多。

数据的基本单位是数据元素(data element)，它是表示一个事物的一组数据，通常在逻辑上作为一个整体进行考量和处理，有时又称为数据结点。在很多问题中，一个数据元素可能分成若干成分，构成数据元素的某个成分的数据称作该数据元素的数据项(data item)，有时又称为数据域(data field)，数据项是数据元素的基本组成单位。

2. 数据类型

在用高级编程语言(如 C/C++、C#和 Java 语言)进行程序设计时，必须对出现的每个变量和常量明确说明它们所属的数据类型，数据类型(data type)如同一个模板，定义了属于该种类型的数据对象在计算机内部的编码方式，因而决定了该类型数据的性质、取值范围以及对该类数据对象所能进行的各种操作。例如，C++语言中 32 位有符号整数类型 int32 的值域是 $\{-2^{31},\ \cdots,\ -2,\ -1,\ 0,\ 1,\ 2,\ \cdots,\ 2^{31}-1\}$，对这些值所能进行的操作包括加减乘除、求模、相等或不等比较操作或运算等。

每种高级程序设计语言往往都提供了一些基本标量数据类型，常称为内置类型，如 C/C++语言中有 int、long、float、double、char 等基本数据类型。这些基本数据类型的基本操作一般都能得到计算机中央处理器的指令系统的直接支持，在数据处理程序中应用得最为频繁。

但是，仅有这些基本数据类型仍不能满足程序设计中的所有需求，我们可以利用基本类型设计出各种复杂的数据类型，称为自定义数据类型，它们一般都是复合类型，一份数据可以包含多个标量类型的值，也可以包含其他复合类型的值。自定义数据类型要声明一个"值"的集合和定义在此集合上的"一组操作"。例如，可以定义"学生"类型，它是一种复合类型，包括学号、姓名和成绩等信息，而学生姓名可以用字符串类型 string 表示，年龄可以用浮点类型 float 表示，成绩则可以用双精度浮点类型 double 表示，等等。定义了新类型后，就可定义属于该类型的数据对象，并将它们在逻辑上作为一个整体进行处理。

程序代码，无论源代码还是经翻译后的机器代码，其本身也是数据，可以为不同的代码片段(函数或过程)划分类型，这种类别的数据与普通数据的不同在于其可调用运行，因而称为可调用的类型，又常称为函数数据类型。程序设计中也常需要这种函数数据类型，一些高级编程语言中引入委托或函数对象等类型的子类别概念及诸如 Lambda 表达式等构造，用以表达这类特定类别的数据类型及其"值"。程序中定义函数对象类型的变量，然后赋以合适的值(某个具体的函数)，就可以通过变量来调用不同的函数，以实现更灵活、更复杂的高阶操作算法。

数据类型、变量及其可能的值在多数编程语言中构成程序设计的基本要素，变量是一块命名的内存空间，可以也只能存储由数据类型规定的值。

3. 抽象数据类型

为了描述更广泛范围的数据实体，数据结构和算法描述中使用的数据类型一般不仅仅局限于编程语言中的数据类型，而更多地是指某种抽象数据类型（abstract data type，ADT）。抽象数据类型则是指一个概念意义上的类型和这个类型上的逻辑操作集合。

相对于编程语言中的数据类型，抽象数据类型的范畴更为广泛。一般地说，数据类型指的是高级程序设计语言支持的数据类型，包括固有数据类型和自定义数据类型；而抽象数据类型则是数据与算法在较高层次的描述中用到的概念，指的是在常规数据类型支持下软件设计人员新设计的高层次数据类型。

抽象数据类型具有数据抽象和数据封装两个重要特征。数据抽象特征表现在：用抽象数据类型描述程序处理的数据实体时，强调的是数据的本质特征、其所能完成的功能以及它和外部的接口（即外界使用它的方法）。数据封装特征表现在：抽象数据类型将数据实体的外部特性和其内部实现细节分离，并且对外部用户隐藏其内部实现细节。

数据类型和抽象数据类型实质上是相互关联的，有时甚至是等价的。我们将要讨论线性表、栈、队列、串、数组和矩阵、树和二叉树、图等典型的数据结构，一般从抽象数据类型的角度描述这些典型数据结构的不同逻辑特性，而在实现某具体数据结构时，则需要定义相应的数据类型。

4. 数据结构

粗略地说，数据结构（data structure）是指数据的不同成分之间所存在的某种关系特性，不同的数据类型之间最主要的差别源于内部的数据结构不同。所以，广义地看，数据结构与（抽象）数据类型是等价的。

计算机处理的数据一般很多，但它们不是杂乱无章的，众多的数据间往往存在着内在联系，对大量的、复杂的数据进行有效处理的前提是分析清楚它们的内在联系。狭义地说，数据结构是指数据元素之间存在某种关系的数据集合。例如，一个按设备号排列的科研设备信息的数据集合（科研设备信息表），就是一个具有"顺序"关系的数据结构，这种关系不因数据的改变而改变。

数据结构可以看成是关于数据集合的数据类型，它关注三个方面的内容：数据元素的特性、数据元素之间的关系，以及由这些数据元素组成的数据集合所允许进行的操作。例如，前面提到的科研设备信息表具有顺序关系，可以增加新的设备信息或删除已有设备的信息;由祖父、父亲、我、儿子、孙子等成员组成的家族数据结构显然具有层次关系,可以增加新的成员或计算某成员所处的层次。

数据结构课程主要讨论三方面的问题:数据的逻辑结构、数据的存储结构和数据的操作。后面将陆续介绍相关的概念。

【例 1.1】 用 C++语言描述学生信息和学生信息表数据结构。

假设要描述的学生信息包括学生的学号、姓名、年龄和成绩等数据。每个学生的相关信息一起构成学生信息表中的一个数据元素,其中学号、姓名、年龄、成绩等数据就构成学生情况描述的数据项。表 1.1 是一个有 3 个数据元素的学生信息表。

表 1.1 学生信息表

学号	姓名	年龄	成绩
202218001	王兵	18	85
202218002	李霞	19	92
202218003	张飞	19	78

学生信息可以用 C++语言声明为如下的类型(类型类别:struct 类型,类型名称:Student):

```
struct Student{
    int id;
    string name;
    float age;
    double score;
}
```

学生信息表则是由 Student 类型的数据元素组成的、能够进行特定操作的数据集合,即学生信息表是一种特定类型的数据结构。

学生信息表可用 C++语言声明为如下的类型(类型类别:class 类型,类型名称:StudentInfoTable):

```
class StudentInfoTable{
private: vector<Student> studentList;          //学生信息表内部存储数组(块)
public:
    int insert(const Student& st);             //将新学生添加到表的结尾处
    bool contains(const Student& st) const;    //确定某个学生是否在表中
```

```
void sort();      //对表中元素进行排序
}
```

1.1.2　数据的逻辑结构

数据的逻辑结构侧重于数据集合的抽象特性，它描述数据集合中数据元素之间的逻辑关系。一般可用一个数据元素的集合和定义在此集合上的若干关系来表示数据元素之间的逻辑关系，即数据的逻辑结构。"数据结构"这一术语很多时候指的就是数据的逻辑结构。

按照数据集合中数据元素之间存在的逻辑关系的不同特性，常见的数据结构可以分为三种基本类型：线性结构、树结构和图结构(图 1.1)。

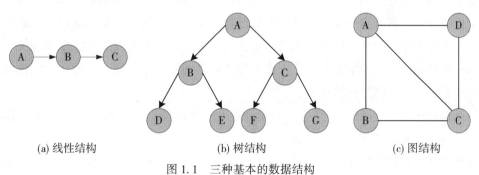

(a) 线性结构　　　　　　　　(b) 树结构　　　　　　　　(c) 图结构

图 1.1　三种基本的数据结构

1. 线性结构

一组具有某种共性的数据元素按照某种逻辑上的顺序关系组成的一个数据集合，具有线性数据结构。线性结构具有的特性是：数据集合的第一个数据元素没有前驱数据元素，最后一个数据元素没有后继数据元素，其他的每个元素只有一个前驱元素和一个后继元素。

线性结构如图 1.1(a)所示，其中数据元素 B 有一个前驱数据元素 A，有一个后继数据元素 C，A 是该数据集合中的首数据元素，没有前驱数据元素，C 是尾数据元素，没有后继数据元素。

数组是最基本的具有线性结构的数据集合，其他常用的线性数据结构有线性表、栈、队列等类型。

2. 树结构

一组具有某种共性的数据元素按照某种逻辑上的层次关系组成的一个数据集合，具有树状数据结构。这种层次关系类似于自然界中的树,树的树根、枝杈和叶子分别对应于层次结构的起源、分支和分支终点。树结构具有的特性是:数据集合有一个特殊的数据元素称为根(root)结点,它没有前驱数据元素;树中其他的每个数据元素都只有一个前驱数据元素,可有零个或若干个后继数据元素。现实世界中的很多对象之间具有层次关系,如家族成员、企业的管理部门、计算机的文件系统、书籍的目录等。

树结构如图 1.1(b)所示,其中数据元素 A 是根结点,它有两个后继数据元素 B 和 C,没有前驱数据元素;数据元素 B 有一个前驱数据元素 A,有两个后继数据元素 D 和 E。

3. 图结构

一组具有某种共性的数据元素按照某种逻辑上的网状关系组成的一个数据集合,具有图状数据结构,简称图结构。图结构具有的特性是:数据集合的每个数据元素可有零个或若干个前驱数据元素,可有零个或若干个后继数据元素,即每个数据元素可与其他零个或若干个元素有关系。因而,图结构也可以定义为由数据元素集合及数据元素间的关系集合组成的一种数据结构。现实世界中,很多对象之间呈现某种图结构,如城市间的铁路网络图、电子系统中的元部件连接图等。

图结构如图 1.1(c)所示,其中数据元素 C 有三个前驱数据元素 A、B 和 D,或者说,元素 C 与 A、B 和 D 三个元素有关系。

软件设计人员经常用图 1.1 所示的图示法表示数据的逻辑结构。其中,圆圈表示一个数据元素(数据结点),圆圈中的字符或数字表示数据元素的标记或数据元素的值,连线则表示数据元素间的逻辑关系。

1.1.3　数据的存储结构

数据的逻辑结构是软件设计人员从逻辑关系的角度观察和描述数据,而为了在计算机中实现对数据的操作,还需要按某种方式在计算机中表示和存储这些数据。数据集合在计算机中的存储表示方式称为数据的存储结构,也称为物理结构。

数据的存储结构要能正确体现数据的逻辑结构,但同一种逻辑结构可能会有多种不同的存储结构实现方案。数据的逻辑结构具有独立于计算机的抽象特性,数据的存储结构则依赖于计算机,它是逻辑结构在计算机中的实现。

1. 顺序存储结构和链式存储结构

常见的数据存储结构有两种基本形式:顺序存储结构和链式存储结构。

顺序存储结构是指将数据集合中的数据元素存储在一块地址连续的内存空间中,并且逻辑上相邻的元素在物理上也相邻。例如，用 C/C++语言中的数组可以实现顺序存储结构，数据元素的存储位置由其在数据集合中的逻辑位置确定，数组元素之间的顺序体现了线性结构中元素之间的逻辑次序。

链式存储结构使用称为链结点(link node)的扩展类型存储各个数据元素，链结点由数据元素域和指向其他结点的指针域组成，链式存储结构使用指针将相互关联的结点链接起来。数据集合中逻辑上相邻的元素在物理上不一定相邻，元素间的逻辑关系表现在结点的链接关系上。

要实现链式存储结构，一般需要设计相应的链结点类型及其链式集合类型。链结点类型一般至少由数据域和指针域两部分组成，数据域保存数据元素的数据，指针域则保存相关联结点的地址，它构成指向相关结点的指针，指针域包含链信息，因此又称为链域。链式集合类型主要负责按元素间的逻辑关系操作和管理各元素结点。

顺序存储结构和链式存储结构是两种常用的基本存储结构。用不同方式组合这两种基本存储结构，可以产生多种复杂的存储结构。

【例 1.2】 线性表的两种存储结构。

对于包含三个数据元素的线性结构{A，B，C}，其顺序存储结构和链式存储结构如图 1.2 所示。

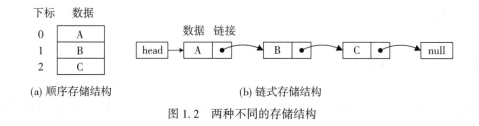

(a) 顺序存储结构　　　　　　　　　　　　　(b) 链式存储结构

图 1.2　两种不同的存储结构

2. 存储密度

一个数据结构所需的存储空间不仅用来存放数据本身，也可能存放其他的信息。数据结构的存储密度定义为数据本身所占用的存储量和整个数据结构所占的存储量的比值，即：

$$存储密度 = \frac{数据本身所占的存储量}{整个结构所占的存储总量}$$

如果数据结构所有的存储空间都用来存储数据元素，则这种存储结构是紧凑结构，紧凑结构的存储密度为 1，在顺序存储结构中，所有分配的存储空间都被数据元素自身占用了，因而顺序存储结构是紧凑结构。

如果数据结构的所有存储空间不仅用来存储数据本身,也存储其他辅助信息,则这种存储结构是非紧凑结构,它的存储密度小于 1。存储密度越大,则存储空间的利用率越高;存储密度低,说明附加的信息可能较多,占用的存储空间大,但附加的信息可能会带来操作上的便利。在链式存储结构中,每个结点既含有数据域,还同时包含至少一个指针域,因而链式存储结构是非紧凑结构。

3. 数据存储结构的选择

任何程序在计算机中运行都要花费一定的时间和占用一定的内存空间,理想的情况是花费的时间少和占用的空间小,但有时程序对时间和空间的要求相互矛盾,所以在软件设计时,除了用正确的逻辑结构描述要解决的问题外,还应选择一种合适的存储结构,使得所实现的程序在数据操作所花费的时间和程序所占用的存储空间两方面的综合性能达到最佳。

例如,对于线性数据集合的存储,可以按下面两种情况分别处理:

(1)当不需要频繁插入和删除数据元素时,可以采用顺序存储结构,此时占用的存储空间少。

(2)当插入和删除操作很频繁时,需要采用链式存储结构。此时虽然整个数据结构所需的存储空间较多,但数据操作的时间效率得以提高。这种方案以存储空间为代价,换取了较高的时间效率。

1.1.4 数据的操作

在数据结构中,数据的操作指的是对数据集合对象所能进行的某种处理,对一个数据结构进行的所有操作构成该数据结构的操作集合。

每种特定的逻辑结构都蕴含一组特定的操作,即有一个由逻辑结构自身决定的操作集合。例如,对于一个线性数据结构,尽管可采用的存储结构有多种方式,在线性数据集合上都可以定义以下几种常用的操作:

(1)获取或设置数据集合中某元素的值(get/set);

(2)统计数据集合的元素个数(count);

(3)插入新的数据元素(insert);

(4)删除某数据元素(remove);

(5)在数据结构中查找满足一定条件的数据元素(search);

(6)将数据集合的元素按某种指定的顺序重新排列(sort)。

同样,树结构和图结构都有与之相应的操作集合。数据的操作是定义在数据的逻辑结构上的，不同的逻辑结构则往往有不同的操作集合。

在某个逻辑结构上定义的操作的具体实现与数据的存储结构有关。例如，对于一个线性数据集合，选择顺序存储结构还是链式存储结构对于插入或删除操作，都会造成不同的实现方式。

1.2 算法与算法分析

1.2.1 算法

1. 算法定义

简单来说，算法(algorithm)是指一系列的计算步骤，特定的算法描述对特定问题的求解过程，它定义了解决该问题的一个确定的、有限长的操作序列。算法与数据结构领域的经典著作 *The Art of Computer Programming* 的作者、图灵奖获得者、著名计算科学家 D. Knuth 对算法做过一个为学术界广泛接受的描述性的定义：算法是一个有穷规则的集合，这些规则确定了一个解决某一特定类型问题的操作序列。

算法过程具有如下五个重要特征：

(1)确定性，即算法确切地规定每种情况下所应执行的操作，并且在任何条件下，算法都只有一条执行路径。算法的确切含义对算法的阅读理解抑或执行应是一致的。

(2)可行性，即算法中的所有操作都必须是足够基本的，都可以通过已经实现的基本操作运算有限次予以实现。

(3)有穷性，即算法中的每个步骤都能在有限时间内完成，对于任意一组合法输入值，算法必须在执行有穷步骤之后结束。

(4)有输入，即算法是用来做数据加工处理的，需有零个或多个输入数据，它们构成算法的加工对象。有些输入数据是在算法执行过程中显式输入的，而有的算法表面上好像没有输入数据，实际上输入量已被嵌入算法过程之中。

(5)有输出，即算法对输入数据进行信息加工所得到的结果，将以一个或多个输出数据的形式呈现，它们与"输入"数据之间形成某种确定关系，而正是这种关系，体现出算法的功能。

2. 计算模型

计算模型是指算法实现技术的模型，本书讨论的计算模型适合于常用的计算机，具有

两方面的基本特性:

(1)采用通用的单处理器,在同一时间执行一条指令,并且执行的指令都是完成确定的基本操作,计算机程序以一条接一条地执行明确指令的方式实现算法。

(2)随机存储机(random access machine,RAM)模型,处理器可以随机访问存储器。

上述计算模型无需规定一个精确定义的计算机基本指令集合,但大体包含真实计算机中常见的指令,如算术指令、数据访问指令、数据移动指令和控制指令,其中每条指令的执行所需的时间都非常短暂。单条指令完成的任务很基本,但计算机的优势是能精确、高速地完成基本指令,并且能不厌其烦地重复执行基本指令。

尽管上述计算模型所包含的简单指令与计算机求解的问题之间往往存在着巨大的鸿沟,但基于简单指令可以构建不同的程序语句及各种算法,算法成为架接二者的桥梁。随着硬件性能的不断增长以及算法越来越丰富,计算机能用来解决越来越复杂的问题。

3. 算法的描述方式

算法过程可用文字、流程图、高级程序设计语言或类同于高级程序设计语言的伪码描述。无论采用哪种描述形式,都要体现出算法是由语义明确的操作步骤组成的有限操作序列,它精确地描述了怎样将给定的输入信息加工处理,逐步得到要求的输出信息,算法的执行者或阅读者都能明确其含义。

【例 1.3】 线性表的顺序查找(sequential search)算法。

在线性表中,按关键字进行顺序查找的算法思路为:对于给定值 k,从线性表的一端开始,依次与每个元素的关键字进行比较,如果存在关键字与 k 相同的数据元素,则查找成功;否则查找不成功。

在一个顺序存储的线性表中进行顺序查找的过程如图 1.3 所示。

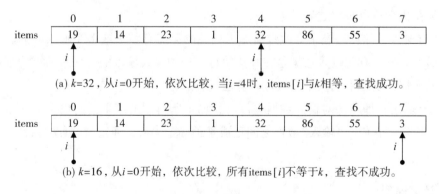

(a) $k=32$,从 $i=0$ 开始,依次比较,当 $i=4$ 时,items[i]与 k 相等,查找成功。

(b) $k=16$,从 $i=0$ 开始,依次比较,所有 items[i]不等于 k,查找不成功。

图 1.3 顺序存储线性表的顺序查找过程

4. 算法与数据结构的关系

数据的逻辑结构、存储结构以及对数据所进行的操作三者是相互依存的。在研究一种数据结构时，总是离不开研究对这种数据结构所能进行的各种操作，因为，这些操作从不同角度体现了这种数据结构的某种性质，只有通过研究这些操作的算法，才能更清楚地理解这种数据结构的性质；反之，每种算法都是建立在特定的数据结构上的。数据结构和算法之间存在着本质的联系，失去一方，另一方就可能失去意义。

（1）不同的逻辑结构需采用不同的算法。每种特定的逻辑结构都有一个自身的操作集合，在不同的逻辑结构中插入和删除元素的操作算法是不同的。在后续各章中，讨论不同的数据逻辑结构，均需探讨基本操作算法的不同。

（2）同样的逻辑结构因为存储结构的不同而采用不同的算法。线性表可以用顺序存储结构或链式存储结构实现，用顺序存储结构实现的线性表称为顺序表，用链式存储结构实现的线性表称为链表，在顺序表和链表中插入和删除元素的操作算法是不同的（详见第 6 章"线性表"）。在不同存储结构的线性表上的排序算法也可能不同。例如，冒泡排序、折半插入排序等算法适用于顺序表；适用于链表的排序算法有直接插入排序、简单选择排序等（详见第 5 章"排序算法"）。

（3）同样的逻辑结构和存储结构因为要解决问题的要求不同而采用不同的算法。在前面的例子中介绍的顺序查找算法适合于数据量较小的线性表，如学生成绩表。一部按字母顺序排列的字典也是一个顺序存储的线性表，具有与学生成绩表相同的逻辑结构和存储结构，但数据量较大，采用顺序查找算法的效率会很低，因而查找操作所需花费的时间可能比较多，此时可以采用如下例所示的分块查找算法。

【例 1.4】　大规模线性表的分块查找（blocking search）算法。

一部字典是按词条的字母顺序排好序的线性表，它也可以看成是由首字母相同、大小不等的若干块（block）所组成的分块结构，为使查找方便，每部字典都设计了一个索引表，用以指出每个字母对应单词块的起始页码。

字典分块查找算法的基本思想：将所有单词排序后存放在数组 dict 中，并为字典设计一个索引表 index，index 的每个数据元素由首字母和下标两部分组成，它们分别对应于单词的首字母和以该字母为首字母的单词块在 dict 数组中的起始下标。

这样，通过索引表 index，将较长的单词表 dict 逻辑上划分成若干个数据块，以首字母相同的若干单词构成一个数据块，因此每个数据块的大小不等，每块的起始下标由 index 中对应"首字母"列的"下标"标明。索引表和索引技术在其中起了重要作用，分块查找因而又称为索引查找。

使用分块查找算法，在字典 dict 中查找给定的单词 token，必须分两步进行：

（1）根据 token 的首字母，查找索引表 index，确定 token 应该在 dict 中的哪一块。

（2）在相应数据块中，使用顺序查找算法查找 token，得到查找成功与否的信息。

1.2.2　算法设计的要求

一个好的算法设计应达到以下目标：

1. 正确性(correctness)

算法设计的基本目标是：所设计的算法应确切地满足具体问题的需求。算法的"正确性"应依次达到四个层次的要求：①不含语法错误；②对于某几组输入数据能够得出满足要求的结果；③程序对于精心选择的、典型、苛刻且带有刁难性的几组输入数据能够得出满足要求的结果；④程序对于一切合法的输入数据都能得出满足要求的结果。

2. 可读性(readability)

算法在一方面是为了最终被计算机执行，另一方面算法也是为了人的阅读与交流。算法的描述应易于人们的理解，这既有利于程序的调试和维护，也有利于算法的交流和移植；相反，晦涩难读的算法描述易于隐藏较多错误，而且使得相应的程序难以调试。算法实现源代码的可读性主要体现在两方面：一是被描述算法中的类名、对象名、方法名等的命名要见名知意；二是要有足够多的清晰注释。

3. 健壮性(robustness)

当输入非法数据时，算法要能做出适当的处理，而不应产生不可预料的结果。程序出错的简单处理方式是中断程序的执行，但更为健壮的处理方式，是能表示出错误的类型或错误性质，程序中有专门的子系统能在更高的抽象层次上处理错误。

4. 高效性(efficiency)

算法的执行时间应满足问题的需求，执行时间短的算法称为高时间效率的算法；算法在执行时一般要求额外的内存空间，内存要求低的算法称为高空间效率的算法。算法应满足高时间效率与低存储量需求的目标，对于同一个问题，如果有多个算法可供选择，应尽可能选择执行时间短和内存要求低的算法。但算法的高时间效率和高空间效率通常是矛盾的，在很多情况下，首先考虑算法的时间效率目标。

在算法设计实践中，人们往往也希望所设计的算法具有通用性和可复用性，降低或排除设计中的重复工作。软件工程领域流传的一句经典名言"不要重复发明车轮"正体现了对算法设计可复用性的倡导，在各种现代高级程序设计语言中的循环结构、函数编程、结构化编程、面向对象编程，以及泛型编程等，都可以说是对这一倡导的响应，并在不同程度上对算法设计的可复用予以支持。

1.2.3 算法效率分析

1. 算法的时间复杂度

由算法编写的程序在计算机上运行所需的时间，既依赖于算法过程本身，也取决于算法处理的数据规模，还与计算机系统的软件、硬件等环境因素有关。一个算法由控制结构和原操作构成，算法的执行时间等于所有语句执行时间的总和，它取决于控制结构和原操作两者的综合效果。为了便于分析算法并比较同一问题的不同算法实现，通常选取一种原操作，它对于所研究的问题来说是基本操作，以原操作重复执行的次数作为算法的某种时间度量。

算法重复执行原操作的次数是该算法所处理的数据个数 n 的某种函数 $f(n)$，其渐进特性称作该算法的时间复杂度(time complexity)，记作 $T(n) = O(f(n))$，它表示随着问题规模的增大，算法执行时间的增长率和函数 $f(n)$ 的增长率相同，通常用算法的时间复杂度来表示算法的时间效率。

$O(1)$ 表示算法执行时间是一个常数，不依赖于 n；$O(n)$ 表示算法执行时间与 n 成正比，是线性关系；$O(n^2)$、$O(n^3)$、$O(2^n)$、$O(\log_2 n)$ 则分别称为平方阶、立方阶、指数阶和对数阶时间复杂度。若两个算法的执行时间分别为 $O(1)$ 和 $O(n)$，当 n 充分大时，显然 $O(1)$ 的执行时间要少。同样，$O(n^2)$ 和 $O(n\log_2 n)$ 相比较，当 n 充分大时，因 $\log_2 n$ 的值远比 n 小，则 $O(n\log_2 n)$ 所对应的算法速度要快得多。

时间复杂度随 n 变化情况的比较如表 1.2 所示。

表 1.2　　　　　　　　　不同的时间复杂度随 n 变化情况举例

时间复杂度	$n = 8(2^3)$	$N = 10$	$n = 100$	$n = 1000$
$O(1)$	1	1	1	1
$O(\log_2 n)$	3	3.322	6.644	9.966
$O(n)$	8	10	100	1000
$O(n\log_2 n)$	24	33.22	664.4	9966
$O(n^2)$	64	100	10 000	10^6

【例 1.5】 分析算法片段的时间复杂度。

(1)时间复杂度为 $O(1)$ 的简单语句。

```
s = 10;
```

该语句的执行时间是一常量，时间复杂度为 $O(1)$。

(2)时间复杂度为 $O(n)$ 的单重循环。

```
int n = 100, sum = 0;
for(int i = 0;i<n;i++) sum += a[i];
```

该 for 语句循环体内语句的执行时间是一常量，共循环执行 n 次，所以该循环的时间复杂度为 $O(n)$。

(3)时间复杂度为 $O(n^2)$ 的二重循环。

```
int n = 100;
for(int i = 0;i<n;i++)
    for(int j = 0;j<n;j++)
        cout <<i * j;
```

外层循环执行 n 次，每执行一次外层循环时，内层循环执行 n 次。所以，二重循环中的循环体语句被执行 $n×n$ 次，时间复杂度为 $O(n^2)$。如果代码改为：

```
int n = 100;
for(int i = 0;i<n;i++)
    for(int j = 0;j<i;j++)
        cout <<i * j;
```

外层循环执行 n 次，每执行一次外层循环时，内层循环执行 i 次。此时，二重循环的执行次数为 $\sum_{i=1}^{n} i = \frac{n(n+1)}{2}$，则时间复杂度仍为 $O(n^2)$。

(4)时间复杂度为 $O(n\log_2 n)$ 的二重循环。

```
int n = 64;
for(int i = 1;i<=n;i * =2)
    for(int j-1;j<=n;j++)
        cout << i * j;
```

外层循环每执行一次，循环变量 i 就乘以 2，直至 $i>n$ 停止，所以外层循环共执行 $\log_2 n$ 次。内层循环执行次数恒为 n。此时，总的循环次数为 $\sum_{i=1}^{\log_2 n} n = O(n \log_2 n)$，则时间复杂度为 $O(n\log_2 n)$。

(5)时间复杂度为 $O(n)$ 的二重循环。

```
int n = 64;
```

```
for(int i=1;i<=n;i*=2)
    for(int j=1;j<=i;j++)
        cout << i*j;
```

外层循环执行 $\log_2 n$ 次。内层循环执行 i 次，随着外层循环的增长而成倍递增。此时，总的循环次数为 $\sum\limits_{i=1}^{\log_2 n} 2^i = O(n)$，则时间复杂度为 $O(n)$。

2. 算法的空间复杂度

算法的执行除了需要存储空间来寄存本身所用指令、变量和输入数据外，也需要一些对数据进行操作的工作单元和存储一些为实现算法所需数据的辅助空间。与算法的时间复杂度概念类似，算法的空间复杂度(space complexity)主要着眼于算法所需辅助内存空间与待处理的数据量之间的关系，也用 $O(f(n))$ 的形式表示。例如，分析某个排序算法的空间复杂度，就是要确定该算法执行中，所需附加的内存空间与待排序数据序列的长度之间的关系。在冒泡排序过程中，需要一个辅助存储空间来交换两个数据元素，这与序列的长度无关，故冒泡排序算法的空间复杂度为 $O(1)$。归并排序算法在运行过程中需要与存储原数据序列的空间相同大小的辅助空间，所以它的空间复杂度为 $O(n)$。

习 题 1

1.1 数据结构与算法课程研究的内容是什么？其中哪个方面独立于计算机？

1.2 数据结构按逻辑结构可分为哪几类？分别有什么特征？

1.3 为什么要进行算法分析？算法分析主要研究哪几个方面？

1.4 分析下面各程序段的时间复杂度。

```
(1)for(i=0; i<n; i++)
    for(j=0; j<m; j++)
        A[i][j] = 0;
(2)s=0;
    for(i=0; i<n; i++)
        for(j=0; j<n; j++)
            s+=B[i][j];
    sum=s;
(3)x = 0;
    for(i=1; i<n; i++)
```

```
        for (j=1; j<=n-i; j++)
            x++;
(4)i = 1;
    while(i<=n)
        i=i*3;
```

1.5 数据结构被形式地定义为(D, R)，其中 D 是数据元素的有限集合，R 是 D 上的关系的有限集合。设有数据逻辑结构 $S=(D, R)$，试按各小题所给条件画出它们的逻辑结构图，并确定相对于关系 R，哪些结点是起始结点，哪些结点是终端结点？

(1)$D=\{d_1, d_2, d_3, d_4\}$，$R=\{(d_1, d_2), (d_2, d_3), (d_3, d_4)\}$

(2)$D=\{d_1, d_2, \cdots, d_9\}$，$R=\{(d_1, d_2), (d_1, d_3), (d_3, d_4), (d_3, d_6), (d_6, d_8),$
$(d_4, d_5), (d_6, d_7), (d_8, d_9)\}$

第 2 章　C++编程基础与数据集合类型

熟练掌握和运用高级编程语言对于算法与数据结构的学习与实践非常重要，而算法与数据结构的系统理论方法则是专业程序设计的重要基础。计算机程序要处理的众多数据间存在着内在的联系，将待处理数据依其内在关系作为特定的数据集合处理，才能写出符合逻辑并且高效的程序，在编程实践中，掌握若干集合类型是专业编程的必要条件。

本章介绍对于完成算法与数据结构课程的编程实践而言非常重要的 C++程序设计语言的基本内容，重点介绍现代 C++语言的新特性，讨论 C++的编程基础和面向对象机制，以及 C++程序设计中常用的数据集合类型，如数组、线性表、栈、队列、字典等。

2.1　现代 C++及面向对象编程概述

C++是由 Bjarne Stroustrup 于 1979 年在美国贝尔实验室开始设计开发的，最初命名为"带类的 C"，在 1983 年更名为"C++"。C++语言是一种从 C 语言基础上发展起来的面向对象编程语言，在保持与 C 语言向后兼容的条件下，支持面向对象编程技术。C++程序具有灵活、快速、高效的特点，一方面，C++支持访问低级别硬件功能，从而最大限度地提高速度并最大限度地降低内存需求；另一方面，C++可以在高的抽象级别上描述待求解的问题。C++提供高度优化的标准库，极大地方便了众多领域的应用开发。使用 C++可以创建包括高性能科学软件、教育与游戏软件以及设备驱动程序在内的各种应用和服务。C++自创建以来逐渐成为世界上最常用的编程语言之一，众多嵌入式程序、Windows 客户端应用，甚至用于其他编程语言的库和编译器也使用 C++ 编写。

C++语言从 C 语言演化而来，C++被认为是 C 的一个超集，在语句、表达式和运算符方面保留了 C 中大量已有的元素和构造，并加入新特性。在 C++中允许 C 样式编程，这其中包含原始指针、数组、以 null 结尾的字符串和其他功能等。C 样式编程可以实现良好的性能，但也可能会引发程序错误并增加复杂性。如果需要，C++程序中仍可以使用旧式 C 样式编程要素及相应的函数库，但面对新的编程任务，倡导使用新的 C++样式。

2.1.1 面向对象编程与数据结构

在以 Pascal 和 C 为代表的结构化程序设计语言中，数据的描述和对数据的操作两者是分离的，数据的描述用数据类型表示，对数据的操作则用过程或函数表示。例如，在描述栈(stack)时，先定义栈的数据表示，再用一系列分离的过程或函数实现对栈的各种操作。这是典型的面向过程的程序设计方式，用这种方式所设计的代码往往具有重用性差、可移植性差、数据维护困难等缺点。针对这些问题逐渐发展出了面向对象的程序设计思想，面向对象技术具有抽象、信息隐藏和封装、继承和多态等特性，C++、C#、Java 以及 Python 等当前主流编程语言均支持面向对象技术。

C++ 的面向对象编程机制给算法和数据结构的描述带来极大的便利。数据结构的三个要素，即数据的逻辑结构、存储结构以及对数据所进行的操作，实际上是相互依存、互为一体的，所以用封装、继承和多态等面向对象的特性能够更深入地刻画数据结构。例如，在 C++ 标准库中，用面向对象的思想设计 string 这个类来描述字符串对象，而串连接、串比较等操作则设计为该类的方法。关于数据的描述和对数据的操作都封装在以类为单位的模块中，因此增强了代码的重用性、可移植性，使数据和算法易于维护。string 类的客户端(即应用 string 类的编程场景)，只需要知道该类对外的接口，即类中的公共成员函数，就可方便地构造和使用字符串这种数据结构。得力于面向对象技术，C++ 标准库实现了多种复杂的数据结构与算法，广大应用编程人员可以方便地将其应用于广泛的编程实践中。

C++ 支持一维数组和多维数组，数组提供了基本的数据顺序存储机制。C++ 的指针提供了按存储地址操作数据对象的方式，直接对数据的链式存储结构提供了支持。现代 C++ 还提供智能指针，避免直接使用指针所带来的安全隐患。C++ 标准库中包含多种容器类型，如 vector、list、set、map 等，可以在更高的抽象级别上描述和操作数据。标准库中的 algorithm 模块定义了很多的常用算法，为各种容器类型的操作(如复制、计数、排序和查找等常用的功能)提供了统一、高效和实用的方法。

总之，使用现代 C++ 语言可以让软件设计人员以面向对象的方式实现和应用各种复杂的算法与数据结构，而通过算法与数据结构课程的学习，也是巩固和强化 C++ 程序设计技术的有效途径。

2.1.2 现代 C++ 的新特性概述

C++ 诞生以来，其自身标准也在不断演变，业界所称的"现代 C++"一般指的是 C++11 及以后的标准(C++14/17/20)。C++11 包括约 140 个相对老版本而言的新特性和约 600 个对既往版本所存在缺陷的修正，C++14、C++17 和 C++20 标准都相继对 C++11 做了一些相对小的修改和补充。

现代 C++引入了大量实用的特性，主要体现在增强或者改善的语法特性以及改善的或者新增的标准库等两大方面。现代 C++可显著降低 C 样式编程惯例的使用需求，程序代码更加简单、安全，而且速度仍像以往一样快速。下面简要列举现代 C++引入的几个重要的新功能和新构造，后续章节实现多种算法和数据结构的编程设计普遍应用了这些新特征。

1. 用 auto 替代显式类型名称

C++11 为 auto 关键字重新定义了语义，类似于 C#中的 var，用 auto 替代显式类型名称，以简化变量、函数和模板中类型的声明，编译器根据上下文表达式推导对象的类型。当推导出的类型是函数对象或嵌套类型时，auto 关键字尤其有用。例如：

```
vector<string>::iterator k = v.begin();//old-style,嵌套类型
auto i =v.begin();                      //modern C++;
auto pred = [](int i){return i%2==0;};
//函数对象,Lambda 表达式表示的匿名函数
```

2. 基于范围的 for 循环

C++11 引入了基于范围(range based)的 for 循环，用于方便地遍历集合中所有的元素。例如：

```
vector<int> v {1,2,3};
for(auto&item: v) cout << item;
//或 for(const auto item:v) cout<<item;
```

3. 统一的初始化方式

在现代 C++ 中，可以统一地使用大括弧的形式对数组、复合类型及容器类型实例进行初始化。例如：

```
vector<int> v {1,2,3};
list<Student> sl{{518001,"王兵",18,92},{106002,"张芳",17,95}};
```

4. string 和 string_view

C 样式字符串易产生程序错误，使用 C++标准库中的字符串类 string 或 wstring 则几乎可以消除与 C 样式字符串关联的所有错误，而且 C++串类对速度进行了高度优化。在仅需要以只读权限访问字符串时，可以使用 string_view 来提高性能(C++17 以后)。

5. 智能指针

C++标准库提供了三种智能指针类型：unique_ptr、shared_ptr 和 weak_ptr。智能指针可处理对其拥有的内存的分配和删除。下面的示例演示了 unique_ptr 智能指针类型，通过调用类库中的辅助函数 make_unique( )在系统堆上为数组 data 分配100 个 int 单元的内存空间，当变量 data 超出范围时，unique_ptr 类的析构函数被自动调用，它释放为 data 分配的内存。

```
unique_ptr<int[ ]> data = make_unique<int[ ]>(100);
```

6. 资源管理的 RAII 原则

与 C#/Java 等托管语言不同，C++没有自动垃圾回收机制，C++程序必须自己明确地将所获取的资源在不再需要它的时候返回到操作系统。资源管理是 C++程序的重要任务，设计不完善则易造成资源泄露，成为编程中一种常见的错误。现代 C++强调应用 RAII（resource acquisition is initialization，资源获取即初始化）原则，RAII 的理念是，资源由对象"拥有"。对象在初始构造时向系统申请分配资源，而在销毁析构过程中释放资源。RAII 原则可确保拥有资源的对象超出范围时，其资源能正确返回到操作系统。前面介绍的智能指针类型，其实即是对 RAII 原则的应用示范。我们在各章实现各种不同的数据结构的过程中一致遵循 RAII 原则。

7. 移动语义

C++程序中往往包含许多或显式或隐式的对象赋值和复制。对于拥有堆内存、文件句柄等资源的对象，这种复制可能会伴随大量的在内存块间复制数据的负荷，这是传统 C++中存在的负担和不足。现代 C++引入移动语义，以避免进行不必要的内存复制。移动操作会将资源的所有权从原对象转移到新对象，而不必再进行复制。在实现拥有资源的类时，可以为之定义移动构造函数和重载移动赋值运算符。编译器在解析重载期间，会优化选择移动而不是复制。

8. 标准库容器和算法

C++标准库包含的容器类型都遵循 RAII 原则，并且对性能进行了高度优化和充分的测试。标准库包含许多常见操作（如查找、排序、筛选和随机化）的算法，这些算法通过迭代器遍历容器而不是直接访问容器，而大多数 C++标准库容器类为安全遍历元素提供了迭代器，支持与算法模块广泛地协调应用。

9. 函数对象与 Lambda 表达式

高阶函数是含有以另一函数为参数的函数，在 C 样式编程中，使用函数指针来传递这样的参数。函数指针不便于维护和理解，且不是类型安全的。现代 C++提供函数对象这种特殊的数据类型，函数对象又称为可调用类型，是重载了( )运算符的类，其实例可以像函数一样被调用。函数对象的实例所引用的"值"，是与其类型兼容的某个函数，既可以是在源代码的其他位置定义的已命名函数，也可以是在调用的位置定义的匿名函数。lambda 表达式是表示和创建匿名函数并赋值给函数对象实例的最简便方法，下面的例子先定义 function⟨bool(int，int)⟩类型的函数对象实例 c，并给它赋以用 lambda 表达式表示且与类型兼容的"值"，然后将变量 c 作为第三个参数调用 C++标准库中的 sort 函数，以对数组 a 进行按元素绝对值大小排序。

```
function<bool(int,int)>c =[](int x,int y){return abs(x)<abs(y);};
//或者 auto c = [](int x,int y){return abs(x)<abs(y);};
sort(begin(a), end(a), c);
```

2.2　C++语言编程基础

2.2.1　C++程序的编辑、编译和运行

生成 C++程序的过程包含：①编辑 C++源代码文件(.cpp 文件和.h 文件)；②编译源代码为目标代码文件(.obj 文件)；③将编译后的目标代码添加到静态库文件(.lib 文件)中，或与静态库链接到可执行文件(.exe 文件)或动态加载库文件(.dll 文件)。

为进行 C++程序设计，可以使用多种方法和工具。上述编辑、编译、链接以及调试等几个步骤可以分别用单独的专门实用程序完成，称为命令行分离方式。例如，在 Linux 平台，可以用 Shell 程序、文本编辑器 vi、C++编译器 g++和调试器 gdb 等实用程序的组合进行程序设计。

集成开发环境(integrated development environment，IDE)的出现，使得程序开发的整个过程都得以在单个软件中顺利进行。Visual Studio 是 Microsoft 公司推出的功能强大的 IDE 软件，包含功能齐全的编辑器、编译器、链接器、资源管理器和调试程序，支持包含 C++语言在内的多种语言和多平台的软件开发。可以从 Microsoft 网站下载免费使用的 Visual Studio 2022 Community 版本，请在网上参阅 Visual Studio 的下载与安装(必须在计算机上安装 Visual Studio 和可选的 Visual C++组件才能在 Windows 平台进行 C++程序开发)。

命令行分离方式便于叙述程序开发所要使用的命令和过程。下面以 Visual C++为例说明 C++程序的编辑、编译和运行。假设已在 Windows 10/11 上安装了 Visual Studio 2022，打开"开始"菜单，然后向下滚动到"Visual Studio 2022"文件夹，选择"VS 2022 开发人员命令提示"以打开命令提示窗口。输入 cl，根据显示结果验证 Visual C++开发人员命令提示是否设置正确。如果安装和设置正确，则可以在命令行中生成 C++程序。

1. 编辑 C++源程序

使用文本编辑器(如 Windows 自带的 Notepad 以及 Microsoft 公司开源的 Visual Studio Code)创建 C++程序的源文件，并将其存储为名如 Hello.cpp 的文件，C++源代码文件常使用的扩展名是".cpp"。

以下控制台应用程序是传统 C++"Hello World!"程序的稍许扩充版，运行该程序(Hello.exe)将在控制台显示 Hello 等 4 行字符串。

```
//A "Hello World!" program in C++
#include <iostream>
#include <vector>
#include <string>
using namespace std;
int main(){
    vector<string> v {"Hello","C++","World","!"};
    for(string& item: v) cout << item << endl;
    return 0;
}
```

这段短小的程序代码包含了常规 C++程序的几个要点：①代码注释；②程序入口 main 函数；③include 头文件；④输出流对象 cout；⑤命名空间 std。一般而言，这些构造往往也是其他现代编程语言需要具备的基本编程要素。

2. 编译和运行 C++程序

从命令行编译程序：进入 C++源代码文件所在的文件夹(假设为 d：\cpptutor)，然后输入命令：

```
cl Hello.cpp
```

如果源程序没有包含任何语法错误，则该命令将创建一个名为 Hello.exe 的文件。若要运行程序，请输入命令：

```
Hello
```

3. 命令行编译其他示例

- 编译 File. cpp 以产生目标代码文件 File. obj：

```
cl /c File.cpp
```

- 以 C++20 标准编译 File. cpp：

```
cl /std:c++20 /c File.cpp
```

- 编译当前目录中所有的 C++文件，以产生可执行文件 TargetApp. exe：

```
cl /Fe:TargetApp.exe *.cpp
```

- 编译 stacktest. cpp，并与库 dsa. lib 链接以产生可执行文件 stacktest. exe：

```
cl /Fe:stacktest.exe  stacktest.cpp dsa.lib
```

- 由当前目录中所有目标代码文件(. obj 文件)构建库文件 dsa. lib：

```
lib /out:dsa.lib  *.obj
```

通过命令"cl/？"可以得到关于编译器 cl. exe 程序的简要帮助信息。有关 C++编译器及其选项的更多信息，请参见 C++相关手册中关于编译器选项的说明，也可以在 Visual Studio 集成环境中通过创建项目来编译生成上述的应用程序或库文件，其过程可以参考 Visual Studio 的使用手册。

2.2.2　C++的数据类型与流程控制

1. 数据类型

与其他编程语言一样，数据类型、变量及其可能的值构成程序设计的三个基本要素。C++程序拥有丰富多样的数据类型，可以分为标量类型和复合类型两大类别，C++内置的数据类型主要是标量类型，用户自定义的数据类型主要是使用 struct 或 class 等构造定义的复合类型以及数组。

内置数据类型(基本类型)包括布尔(bool)类型，字符(char)类型和多种数值类型，表 2.1 列出了对 C++的基本内置数据类型的详细描述及示例。

表 2.1　　　　　　　　　　**Visual C++的内置数据类型关键字及示例**

简单类型	描　　述	示　　例
void	用作函数返回类型时，void 指定函数不返回值。	用于函数的参数列表时，void 指定函数不采用任何参数。

续表

简单类型	描　述	示　例
char	字符类型，8 位 ASCII 编码字符，或 8 位有符号整数	char val = 'h';
unsigned char	8 位无符号整数	unsignedchar val1 = 12;
short	16 位有符号整数	short val = 12;
unsigned short	16 位无符号整数	unsignedshort val1 = 12;
int	32 位有符号整数	int val = 12;
unsignedint	32 位无符号整数	unsigned int val1 = 12;
long	32 位有符号整数	long val1 = 12;
long long	64 位有符号整数	long long val2 = 34L;
float	单精度，32 位 IEEE-754 浮点数	float val = 1.23F;
double	双精度，64 位 IEEE-754 浮点数	double val1 = 1.23;
bool	布尔类型，值为 true 或 false	bool val1 = true，val2 = false;

C++的 bool 类型只有 true 和 false 两种取值。在编程中建议将布尔类型与数值类型相互区分使用，虽然语法上允许进行某些转换。

char 类型为 C 和 C++中的原始字符类型，可用于存储 ASCII 字符集中的字符或 8 位有符号整数。unsigned char 通常用于表示一个字节(8 位无符号整数)。wchar_t、char16_t 和 char32_t 类型分别表示 16 位、16 位和 32 位宽字符。wchar_t 和 char16_t 类型用来存储一个 UTF-16 编码，而 char32_t 类型存储一个 UTF-32 编码。由宽字符组成的字符串都被称为宽字符串。

数值类型包括整型和浮点型，整型类型表示整数，浮点类型则表示可能具有小数部分的值。整数有多种不同位宽或是否包括正负数的类型，例如，unsigned char, char, unsigned short, short, unsigned int, int, unsigned long, long 以及 long long 等(它们两两一组，分别为无符号和有符号两种，字宽分别为 8 位、16 位、32 位和 64 位)。浮点值有 float 和 double 两种不同精度的类型。

不同类型的数据之间可以转换，类型转换有隐式转换和显式转换两种方式。与 C 一样，隐式转换是系统默认的、不需要任何声明就可以进行的转换，它是由编译器根据不同类型数据间转换规则("小类型"到"大类型"转换)自动完成的，又称为自动转换。显式类型转换就是强制执行从一种数据类型到另一种数据类型的转换，从"大类型"到"小类型"的转换必须用显式转换，显式转换需要括号转换操作符，也就是使用"(type)data"形式。

用户自定义的数据类型主要通过类(class)、结构(struct)和枚举(enum)来构造。类和结构都可以包含数据成员和成员函数，用以描述类型的状态和行为。两种构造在 C++中几乎具有相同的特性，不同之处则在于，struct 中的默认可访问性是公共的（public），而 class 中的默认可访问性是私有的（private）。C++用 enum 定义枚举类型，枚举类型可以隐式转换为整数，不是类型安全的。C++11 则引进了 enum class，用来定义类型安全的强类型枚举，此种枚举不能隐式转换为整数。

C++的各种数据类型均采用按类型分配存储空间并存储相应值的直接方式的值类型模型，即编译程序根据变量定义语句就地（在局部函数栈空间或全局数据空间）为变量或对象实例分配相应的内存空间，该内存空间直接用来容纳变量自身的数值，复合类型变量（对象）则对应存储复合值。

C++还保留和继承了 C 语言的指针类型，指针用来存储其他变量或存储区域的地址值。应用指针是一种间接方式的内存空间操作方案，即通过指针类型变量间接操作其他数据对象或存储区域。被处理的数据对象主要是通过 new 操作符来声明创建的 class/struct 实例和数组，其实际存储地址位于系统堆空间中。

用 class 和 struct 构造的自定义复合类型与内置标量类型一样，缺省情况采用的是直接方式的值类型模型。不同于 C#/Java/Python 等语言既具有值类型又具有引用类型（reference type，引用类型变量包含的是实际数据的引用）的数据类别及相应的存储管理机制，C++通过指针类型变量间接操作处于系统堆空间的数据对象。值类型和引用类型的方案各有自身的优势和不足，例如，两个值类型变量间的赋值是产生新的拷贝，其后若改变其中一个变量的值，并不会影响另外一个变量。灵活、高效的算法实现需要有机地结合两种方案。图 2.1 所示为值类型变量和指针类型变量各自的操作原理和相互差别。

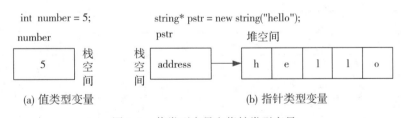

图 2.1　值类型变量和指针类型变量

与变量的值类型模型相一致，C++中函数调用时的参数传递缺省情况下采用传值方式，即实参的值复制一份给形参变量，在被调用函数中改变形参的值，并不会改变实参的值。可以在形参变量的类型名后加注"&"符号来显式声明按引用方式传递参数，被调函数修改形参的值也同样改变了实参。对于复合类型的参数，按引用方式传参也常用来提高函数间数据传送的效率。

C++中还有一些特殊的数据类别,如各种数组和函数对象,后面将安排相应的小节进行讨论。

从前面关于 C++演变历史的介绍可以看出,C++相对很多计算机语言而言是一门年代较为久远的通用编程工具,C++的系能特性较大的程度上是源于其强类型语言特性以及所选择的存储管理模型(缺省采用值类型模型)。C++各新版本引入的新特性及对老版本所存在缺陷的修正,除新增功能外,往往也与此相关,在学习和编程实践中,抓住这一中心点,就不会被 C++庞杂繁多的语法现象所困惑,从而汲取精华和扬其所长。

2. 操作符与表达式

C++包括所有 C 运算符并添加了多个新的运算符。运算符指定对一个或多个操作数执行的计算,它们主要分为四类:算术操作符,位操作符,关系操作符和逻辑操作符。表2.2 按优先级从高到低的次序列出 C++定义的所有操作符,优先级指定包含多个运算符的表达式中的运算顺序,作用域分隔符的优先级最高。表中,"左⇨右"表示从左向右的操作次序(结合性)。结合性,又称关联性,指定是否在包含多个具有相同优先级的运算符的表达式中,将操作数分组在其左侧或右侧的一个运算符。

表 2.2   **C++操作符的优先级**

优先级	运　算　符	结合性
0	::(作用域解析)	无
1	. 或-> [ ] ( ) ++(后缀递增) --(后缀递减)	左⇨右
2	++ -- ~ ! + -(一元) & new delete sizeof	右⇨左
3	* / %	左⇨右
4	+ -(二元)	左⇨右
5	<< >>	左⇨右
6	< > <= >=	左⇨右
7	= = ! =	左⇨右
8	&	左⇨右
9	∧	左⇨右
10	|	左⇨右
11	&&	左⇨右
12	| |	左⇨右
13	?:	右⇨左
14	= * = /= %= +=-= <<= >>= &= ∧ = | =	右⇨左

C++的某些操作符的功能内在是通过调用某个相应的(操作符)函数来实现的，这些操作符可以被重载，即相应的操作符函数可以被重新定义。操作符重载使得自定义类型可以用简单的操作符来方便地表达某些常用的操作。

例如，常见的输出操作"cout<<a;"本质上是通过调用函数 operator<<(cout，a)来完成的。

为完成一个计算结果的一系列操作符和操作数的组合称为表达式。和 C 一样，C++的表达式可以分为赋值表达式、算术表达式、关系表达式和逻辑表达式等几种形式。

3. 流程控制

C++语言流程控制语法元素也大量借用了 C 中已有的元素，按程序的执行流程，程序的控制结构可分为顺序结构、分支结构和循环结构三种类型。这些典型结构的流程图如图 2.2 所示。

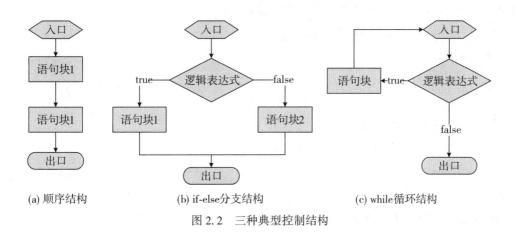

| (a) 顺序结构 | (b) if-else分支结构 | (c) while循环结构 |

图 2.2　三种典型控制结构

（1）分支结构语句：C++有两种分支语句实现分支结构，if 语句实现二路分支，switch 语句实现多路分支。

if 语句的定义格式如下：

```
if(<布尔表达式>){
    <语句块 1>;
}
else{
    <语句块 2>;
}
```

switch 语句的定义格式如下：

```
switch(<表达式>){
    case<常量1>:
        <语句块1>;
        break;
    case<常量2>:
        <语句块2>;
        break;
    ......
    [default:<语句块>;]
}
```

(2)循环语句:循环语句除了 C/C#/Java 中都具有的 while、do-while、for 三种循环结构外,C++11 引入了基于范围(range based)的 for 循环,形式和语义上与 C#/Java 语言中的 foreach 结构相似,用于方便地遍历集合中所有的元素。

for 语句的定义格式举例如下:

```
for(inti=0;i<10;i++){
    <语句块>;
}
```

基于范围的 for 语句的定义格式举例如下:

```
for(string& s:args){
    <语句块>;
}
```

while 语句的定义格式举例如下:

```
inti=0;
while(i<10){
    <语句块>;
    i++;
}
```

(3)转向语句:跳转语句有 break、continue、goto、return、throw 五种语句,前四种与 C 中的语义相同,throw 语句与后面将介绍的 try 语句一起用来进行异常处理。

2.2.3　C++的标准输入流和输出流

C++标准库提供了一组丰富的输入/输出(I/O)功能,该 I/O 库用流(stream)抽象数据载体及数据输入输出，流是字节序列，而 I/O 发生在流上。输入操作是指数据字节流从设备(如键盘、磁盘文件、网络连接等)流向内存，输出操作则指数据字节流从内存流向设备。在 C++程序中，这些设备表示为 iostream 类的实例。

头文件<iostream>定义了 cin、cout、cerr 和 clog 对象，分别对应于标准输入流、标准输出流、非缓冲标准错误流和缓冲标准错误流，使用它们可从控制台读取或向控制台输出数据信息。传给控制台的正常数据会写入标准输出流；而传给控制台的错误数据会写入标准错误输出流。

1. 标准输出流(cout)

预定义的对象 cout 是 iostream 类的一个实例，用以表示标准输出设备，缺省是显示屏幕。cout 对象与流插入运算符<<结合使用，如下所示：

```
cout << "这是字符串,后面接一个变量: " << a << endl;
```

<<运算符已关于各种内置类型重载，使之以合适方式输出不同类型的数据项。如果要以该种方式输出自定义数据类型，如 Student 结构或类，必须关于该类型重载<<运算符。如下所示：

```
ostream& operator<<(ostream& os, const Student& rhs);
```

<<运算符可以在一个语句中串接使用，如前面的示例中所示。

2. 标准输入流(cin)

预定义的对象 cin 是 iostream 类的一个实例，用以表示标准输入设备，缺省是键盘。cin 对象与流提取运算符>>结合使用，如下所示：

```
cout << "请输入姓名和年龄:"; cin >> name >> age;
```

>>运算符已关于各种内置类型重载，使之能正确解译和提取用户输入的内容，并将值存储在给定的变量中。

2.2.4　类与对象

类与对象作为面向对象技术的灵魂，在 C++语言里有着相当广泛深入的应用，对象是类的实例，类是描述所属对象的蓝图。在 C++中，常将标量数据类型的实例称为变量，而将复合类/结构类型的实例称为对象，而在一般意义上使用时，对象或变量都可以包括所有类型。

1. 对象的创建和使用

对象是类的实例,属于某个已知的类,声明和创建对象有两种方式。第一种方式与声明和创建标量类型变量相似,常用格式为:

<类名>　<对象名>;

或为:<类名>　<对象名>(<参数列表>);

例如:`vector<string> v;`

上面的对象声明语句同时也定义及初始化对象,以函数内的局部变量为例,编译程序在当前函数的局部栈空间为对象分配内存,并根据<参数列表>决定具体调用类的多个构造函数中的哪一个来初始化对象。对象名后没有括号及参数列表的形式则是调用缺省构造函数,即没有参数的构造函数。当程序从当前函数退出时,局部定义的对象所属类相应的析构函数将被自动调用以销毁对象,系统收回这些对象所占用的内存资源。

第二种方式通过 new 操作符来创建对象,该操作在系统堆空间中为新创建的对象分配内存,一般会用一个指针变量记录其地址,并间接地操作对象,这是一种动态内存分配的方式。其常用格式为:

<类名>* <指向对象的指针变量> = new <与类名有相同名字的构造函数>(<参数列表>);

例如:`stack * ps = new stack();`

该语句在系统堆空间中为新创建的对象分配内存,调用类的相应构造函数来初始化新的对象,并将对象的存储地址赋值给指针变量。

通过对象或指针引用类的成员变量的常用格式为:

<对象名>.<成员名>　或 <指针变量名>-><成员名>

通过对象或指针调用成员方法的格式为:

<对象名>.<方法名>(<参数列表>)　或 <指针变量名>→<方法名>(<参数列表>)

用动态内存分配方式构造的对象,需用 delete 语句显式地销毁,其格式为:

`delete <指向对象的指针变量>`

复合类型的对象也可以同标量类型的变量一样,用来在不同函数中传递信息(以函数参数或函数返回值的形式),这样的过程伴随着隐式的赋值,这可能产生超出预料的数据拷贝负荷。C++在函数定义中引入传引用的方式来代替传值的方式(通过在函数形参类型名后加注 & 符号表明),以提高信息传递的效率。将函数参数定义为指针类型,并在调用函数时传递某个所属类对象的地址值,也是常用的一种提高效率的方式。不过这两种方式也都可能产生不安全的副作用,在编程中应当正确应用。

2. 类的声明

C++的类(class)或结构(struct)是一种用来定义封装包括数据成员和函数成员的数据类型的机制。类的数据成员可以是常量和域(又称字段成员,field member);函数成员,又称为方法成员(method member),可以是函数(function)、(重载)运算符函数(operator)、构造函数(constructor)和析构函数(destructor)。

类的定义格式包括两个部分:类声明和类主体。类声明包括关键字 class、类名及可选的修饰。类声明的格式如下:

[template 模板声明] class <类名> [:<基类名>]

包含类主体的类结构如下:

<类声明>｛

  <数据成员声明>

  <函数成员声明>

｝

声明常量成员要用 const 关键字,并给出类型、常量名及其值。其格式如下:

const <常量类型> <常量名> = <值>

声明字段成员必须给出变量名及其所属的类型,同时还可以指定其他特性,例如,可选的 static 关键字声明静态成员,其作用后文来解释。字段成员的声明格式如下:

[static]　<变量类型> <变量名>

声明成员函数的格式如下:

[static]　<返回值类型> <函数名>(<参数列表>)｛

  <方法体>

｝

构造函数是类中一种特殊的函数成员,它具有与类名相同的名字,声明中无需返回值类型。对于标量类型的变量,编程中最常见的操作包括变量定义、初始化、复制和赋值等。对于自定义复合类型的实例而言,变量定义及赋值操作同样是最基本的需求。为支持这类需求,需在自定义类型的定义中设计(显式)构造函数和缺省构造函数(用于对类实例的成员变量进行初始化)、复制构造函数(通过复制其他实例的数据进行初始化)和赋值运算符重载(将赋值运算符右边实例的值复制给左边的实例)。由于 C++缺省情况采用值类型模型,在某些情况下会伴随大量的复制数据负荷,这是传统 C++中存在的负担和不足。C++11 标准引入移动语义,以避免进行不必要的内存复制。实现拥有资源(如堆内存、文件句柄等)的类时,可以为之定义移动构造函数和重载移动赋值运算符。编译器在解析重载期间,会优化选择移动,而不是复制。

　　总之，C++程序的类或结构的定义中，相对于 C#/Java/Python 等编程语言，可能需要定义数量多一些的重载构造函数或重载赋值运算符，编译程序根据创建或复制对象时传递的实参决定调用哪一个构造函数版本。

　　析构函数也是一种特殊的函数成员，名字固定为类名前加"~"符，无需声明参数和返回值，一个类有且仅有一个析构函数。如果定义类时没有显式编写析构函数，则编译器将为之生成默认析构函数。析构函数的作用与构造函数相反，在对象消亡时自动被调用，例如，对象所在的函数退出时，系统自动执行各局部对象所属类的析构函数。可以定义析构函数在对象消亡前做善后工作，特别是，释放包含动态申请的内存在内的各种资源。

　　类声明前加上 template 关键字引导的模板声明用来定义类模板，以支持泛型编程，编译程序基于客户端提供的类型参数由模板生成普通类型。

　　下面的代码是"栈与队列"一章所设计的一种栈类模板的对外接口。

```cpp
template<typename T> class StackSP {
    StackSP(int initCapa = SCapacity);     //constructors
    StackSP(const StackSP& s);      //copy constructor
    const StackSP& operator = (const StackSP& rhs);
        //copy assignment operator
    StackSP(StackSP&& s);      //move constructor
    StackSP& operator = (StackSP&& rhs);
        //move assignment operator
    ~StackSP();      //deconstructor
    int size() const;bool empty() const; bool full() const
    void push(const T& k);void pop(); const T& top()
        const; T& top();
};
```

　　下面的代码给出复数 Complex 类的框架定义。C++与 C 一样，都没有将复数设计为内部数据类型，而在科学与工程数值计算中，复数运算具有广泛的需求。当我们需要频繁操作复数时，需要自定义复数类。

```cpp
class Complex{
private:
    double _ rp = 0.0;         //复数的实部
    double _ ip = 0.0;         //复数的虚部
    static double eps = 0.0; //缺省精度
public:
```

```
Complex(double r = 0, double i = 0): _rp(r), _ip(i){    }
double real() const{ return _rp; }
double& real(){ return _rp; }
double imag() const{ return _ip; }
double& imag(){ return _ip; }
……//实现复数操作的其他相关方法,如加减乘除、指数对数、三角函数等。
}
```

现代 C++ 的标准类库中拥有 complex 类模板,可以用来定义 complex<double>或 complex<float>等类型的复数变量。

【例 2.1】　用 complex 类模板定义复数对象并进行基本的复数运算。

```
#include <complex>
#include <iostream>
using namespace std;
int main(){
complex<double> c1(4.0, 3.0);
    cout<< "复数 c1 = " << c1 << endl;
    double rp1 = c1.real();
    cout<< "获取实部 c1.real() = "<< rp1 << "." << endl;
    double ip1 = c1.imag();
    cout<< "获取虚部 c1.imag() = "<< ip1 << "." << endl;
    complex<double> c2 = conj(c1);
    cout<< "c1 的共轭复数 c2 = conj (c1)= "<< c2 << endl;
    double normsqr = (c1 * c2).real();
    cout<< "c1 * c2 等于 c1 的模的平方 = "<< normsqr << endl;
}
```

3. 实例成员和类成员

C++类包括两种不同类别的成员:实例成员和类成员。其中,类成员也称为静态成员。在类的成员声明中,用 static 关键字声明静态成员,静态成员属于整个类,该类的所有实例共享静态成员。实例成员的声明中没有 static 关键字。

当创建类的对象时,每个对象实例拥有一份自己特有的数据成员拷贝。这些为特有的对象所持有的数据成员称为实例数据成员,在类的成员函数中,可以直接访问实例数据成员。关键字 this 是一种特殊指针,指向当前实例。因此,可以通过 this 指针引用当前实例，访问其自身的每个实例成员，形式为：this->实例成员名。在类定义中没有用关键字 static 修饰的成员就是实例成员。相反，那些不为特有的对象所持有的数据成员称为静态数据成员，在类定义中用 static 修饰符声明。不为特有的对象所持有的函数成员称为静态成员函数。C++中静态数据成员和静态函数成员通过<类名::成员名>的形式引用获取。

4. 类成员的访问权限控制

C++程序用多种访问修饰符来表达对类中成员的不同访问权限，以实现面向对象技术所要求的抽象、信息隐藏和封装等特性。

信息隐藏和封装特性要求将类设计成一个黑匣子，只有类中定义的公共接口对外部是可见的，而类实现的细节一般对外部是不可见的，类的使用者不能直接对类中的数据进行操作，以防止外界对类的误用或干扰。即使类的设计者改变类中数据的定义，只要外部接口保持不变，就不会对客户端程序产生任何影响。因此信息隐藏和封装特性减少了程序对类中数据表达的依赖性。

C++为 class 和 struct 构造中的成员定义了三种不同的访问权限修饰符，如表 2.3 所示，class 构造的缺省访问权限为 private，而 struct 构造中的成员的缺省访问权限为 public。

表 2.3   **权限修饰符允许的访问级别**

权限修饰符	本类	子类	其他类
公有的(public)	✓	✓	✓
保护的(protected)	✓	✓	
私有的(private)	✓		

2.2.5 类的继承

继承(inheritance)是面向对象技术的关键特性之一，面向对象编程语言都提供类的继承机制。从现有类出发定义一个新类，称新类继承了现有的类。被继承的类称为基类(base class)或父类，继承的类称为基类的派生类(derived class)或子类。在 C++(派生)类的声明中可以说明其基类，声明格式如下：

class <派生类名>：[继承方式] <基类名>

派生类继承基类中除构造函数、析构函数、重载运算符外的所有可被派生类访问的成员。当派生类成员与基类成员同名时，称派生类成员隐藏基类同名成员。

对基类中声明的虚函数(virtual function),派生类可以重写(override),即为声明的函数提供新的实现。这些函数在基类中用 virtual 修饰符声明,而在派生类中,将被重写的方法用 override 修饰符声明。

2.2.6　抽象函数与抽象类

当声明一个函数为抽象函数(abstract function)时,不需提供该函数的实现,但这个函数或者被派生类继续声明为抽象的,或者被派生类实现。C++中用"virtual 函数签名=0"的形式来说明抽象函数,又称为纯虚函数,C#/Java 语言引入 abstract 作为关键字以说明抽象函数。例如:

```
virtual void f1() = 0;
```

任何包含抽象函数的类即为抽象类,抽象类不能直接被实例化。当需要定义一个抽象概念时,可以声明一个抽象类,该类只描述抽象概念的结构,而不用实现其中的任何抽象函数。抽象类可以作为基类被其所有派生类共享,而其中的抽象函数由每个派生类各自去实现。派生类如果实现基类中的每个抽象函数,就成为一个具体类;否则,派生类仍为抽象类。

2.2.7　多态性

在面向对象编程语言中,多态性(polymorphism)是指"一个接口,多个方法",即一个相同名称的函数可能有多个版本,某个函数调用可能是调用这些版本中的具体某一个。多态性有两种表现形式:方法的重载(method overloading)和方法的覆盖(method overriding)。

1. 方法的重载

方法的重载是指在同一范围内,例如,全局或一个类中,有若干同名但带有不同的参数的函数。这些函数互称为重载函数。例如,C++标准库中的排序 sort()函数可以有不同的参数:

```
void sort(Iterator first, Iterator last);
void sort(Iterator first, Iterator last,Compare pred);
```

一个函数的名称和它的形参个数和每个形参的类型组成该函数的签名(signature),可以有多个同名的函数,但在同一范围内,函数的签名应该是唯一的,所以在方法重载时要注意以下两点:

(1)参数必须不同:可以是参数个数不同,也可以是参数类型不同,或者是参数顺序不同。

(2)函数的签名不包括函数的返回类型,即仅利用不同的返回类型无法区分函数。

方法重载的价值在于,它允许通过使用一个相同的函数名称来访问一系列相关的函数。当调用一个函数时,编译程序根据调用函数的实参决定具体调用函数的哪一个版本,即编译程序选择与实参相匹配的重载方法。

2. 方法的覆盖

C++通过为类的成员函数的定义引入 virtual(虚)和 override(覆盖/重写)关键字提供父子类间方法多态的机制。(类的)虚函数是可以在该类的继承类中改变其实现的函数,这种改变仅限于函数体的改变,而非函数头(即函数签名)的改变。进行方法覆盖,子类必须覆盖父类中声明为 virtual 的函数;子类覆盖父类中的虚函数时,子类函数必须与父类中的函数有相同的签名。C++11 标准以后,被子类改变的虚函数必须在函数头加上 override 关键字来表示。

当通过指向对象实例的指针来调用某个虚函数时,实例的运行时类型(run-time type)决定哪个函数体被调用。

2.2.8　异常处理

计算机程序在执行的过程中,可能因程序逻辑错误产生运行时错误,在现代 C++中,报告和处理运行时错误的首选方法是使用异常(exception)。异常为检测到错误的代码提供了一种明确定义的方法,以便在函数调用栈上传递信息,使检测到错误的代码和处理错误的代码之间完全分离。

C++标准库头文件<stdexcept>中定义了用于报告异常的多个标准类,这些类构成一个源于 exception 类的派生层次结构。类 exception 可以作为各种常用异常对象的基类,从 exception 基类派生了两种类别的异常:runtime_error 和 logic_error。

logic_error 常用来表达因程序员编程错误而引起的异常,包括:domain_error、length_error、out_of_range、invalid_argument。

runtime_error 常用来表达因运行时系统或库函数出错引起的异常,包括:overflow_error、range_error、underflow_error。

与 C#和 Java 语言中一样,C++程序也使用 try/catch 语句结构来报告和处理异常。当我们有一段容易引起异常的代码时,应该将此代码放在 try 语句块中,紧接其后的是一个或多个提供错误处理的 catch 语句块。如果 try 作用域中的每个语句在执行时都没有出现错误,那么将跳过整个 catch 块。如果 try 块中的某一操作触发了一个异常,则错误将传递到

相关的 catch 作用域，可以在该作用域中适当地处理检测到的问题。如果未找到可用的
catch 块，标准库函数 terminate( )将被调用并退出程序。

2.2.9　C++模板与泛型编程

泛型编程具备可重用性、类型安全和效率等方面的优点，这是非泛型编程所不具备
的。C++使用模板(template)支持泛型编程，包括函数模板和类模板。

作为强类型语言，C++要求所有变量都具有特定类型，由程序员显式声明或由编译器
推断。但是我们常常会遇到，许多数据结构和算法，无论操作的数据元素类型是哪一种，
其基本形式是相同的。这时程序员需要编写与类型无关的代码，称为泛型编程。在定义函
数模板或类模板时，用某个符号作为类型参数，帮助完成类或函数的操作定义，客户端在
应用模板时指定这些操作应使用的具体类型。函数模板和类模板同时具备可重用性、类型
安全和效率等方面的优点。

泛型通常与集合以及作用于集合的函数一起使用。C++标准库已包含很多基于泛型的
集合模板类，如 vector 模板类。例如，声明并构造整型数的列表：

```
vector<int>  a;  //声明并构造整型数的列表
a.push_ back(86);a. push_ back(100);  //向列表中添加整型元素
```
声明并构造字符串列表：
```
vector <string>  s;  声明并构造字符串列表
s.push_ back("Hello");
s.push_ back("C++11");     //向列表中添加字符串型元素
```
也可以声明并构造自定义类型的列表：
```
vector< Student>  st；  声明并构造学生列表
st.push_ back(Student(202218001,"王兵",18,92));
//向列表中添加学生类型元素
```
当然，也可以创建自定义函数模板和类模板，以提供自己的通用解决方案，设计类型
安全的高效模式。在后面的章节中我们所实现的数据结构和算法都是基于泛型编程的。

C++语言中泛型的优越性在下面的一段例子中应能较好地显示出来。对于同样的运算
逻辑(例子中是交换两个变量的内容)，但仅是数据的类型不一样，原始编程模式可能就需
要定义一堆相似的函数；而应用泛型编程，程序员可以编写出与类型无关的代码，即仅需
定义一个模板函数(例子中是 myswap)。

【例 2.2】　对比普通函数和模板函数。
```
using namespace std;
```

```
void swapint(int& x, int& y){int t = x;x = y;y = t;}
void swapdouble(double& x, double& y){
    double t = x;x = y;y = t;
}
template<typename T>
void myswap(T& x, T& y){T t = x;x = y;y = t;}
int main(){
    int a = 3, b = 7;
    cout<< "a = " << a << "\tb = " << b<<endl;
    swapint(a, b);cout<< "after swap"<<endl;//无泛型机制的年代
    cout<< "a = " << a << "\tb = " << b << endl;
    double ad = 3.5, bd = 7.5;
    cout<< "ad = " << ad << "\tbd = " << bd << endl;
    swapdouble(ad, bd);cout<< "after swap" << endl;
    //无泛型机制的年代
    cout<< "ad = " << ad << "\tbd = " << bd << endl;
    cout<< "a = " << a << "\tb = " << b << endl;
    myswap(a, b);cout << "after swap" << endl;//应用泛型机制的年代
    cout<< "a = " << a << "\tb = " << b << endl;
    cout<< "ad = " << ad << "\tbd = " << bd << endl;
    myswap(ad, bd);cout<< "after swap" << endl;
    cout<< "ad = " << ad << "\tbd = " << bd << endl;
    return 0;
}
```

2.2.10 函数对象与 Lambda 表达式

函数对象指任何可调用的类型,这种类别的类型定义中重载了 operator()函数,操作符()是函数调用操作符,通过函数对象实例可以调用与函数对象类所定义的函数规范相容的各种函数。

C++标准库在标头文件<functional>中包含若干预定义的函数对象,这些函数对象常用作数据集合的查找或排序的条件。函数对象在功能上类似于 C 语言中指向函数的指针,但与函数指针不同,函数对象是面向对象的,函数对象实例只能指向签名兼容的函数,具有

类型安全的优点。

多种算法需要使用函数对象类型的参数，例如，remove_if 算法声明如下：

```
template <class ForwardIterator, class Predicate>
ForwardIterator remove_ if (ForwardIterator first,
ForwardIterator last, Predicate pred);
```

remove_if 函数的最后一个参数的类型是需要一个参数并返回布尔值的函数对象。在遍历容器中的范围[first, last]时，以正在访问的某元素为参数调用函数对象实例，如果其返回值是 true，则从容器中删除该元素。我们可以使用标头<functional>中声明的任何函数对象，也可以创建自己的函数对象。

上例中的函数对象是一种常见的函数数据类型，可以称之为 Predicate 型函数对象，一般具有如下的应用形式：

```
function<bool(Student&)> predicateVar;
```

Predicate 型函数对象从形式上用来表示具有一个参数、返回值为布尔类型的函数，这类函数从功能上定义断言对象 k 满足特定条件的操作规则，用不同的返回值表达不同的断言结果(一般情况，返回值为 true，说明对象 k 满足特定条件；返回值为 false，说明对象 k 不满足特定条件)。

在 C++标准库包含的算法中常用的另一种函数对象类型可以称之为 Comparison 型，一般具有如下的应用形式：

```
function<bool(Student&, Student&)> comparisonVar;
```

Comparison 型函数对象从形式上用来表示具有两个同类型的参数、返回值为布尔类型的函数，这类函数从功能上定义比较相同类型的两个对象(x 和 y)的操作规则，用不同的返回值表达不同的比较结果(x 等于 y，返回值为 true；x 不等于 y，则返回值为 false)。

函数对象实例可以赋值以与之签名兼容的函数，包括匿名函数，这称为函数对象实例化。如果已经有一个定义好的函数 comp1()，具有"bool comp1(Student& x, Student& y);"形式的签名，则可以定义一个 Comparison 型函数对象类型的变量 c，用下列语句实例化使之指向 comp1 函数：

```
function<bool(Student&, Student&)> c = comp1;
```

如果临时需要一个能完成比较操作的函数，不一定非要为这样简短的代码设计一个专门函数名称，这时可以用匿名函数的形式定义所需的功能。现代 C++引入 Lambda 表达式，可用来方便简洁地表达匿名函数。例如，下列语句用 Lambda 表达式定义了一个比较两个整数的匿名函数，并用之实例化函数对象类型的变量 c，该匿名函数定义了以绝对值大小来决定孰大孰小的规则。

```
function<bool(int, int)> c = [](int x,int y) {return abs(x) < abs
```

(y);};

通过函数对象实例 c 可以调用其引用的函数(包括上述匿名函数)来进行两个整数的比较操作,语法是:

result = c(a,b);

借用 auto 关键字,前面的变量定义语句还可以进一步简化为:

auto c = [](int x,int y){return abs(x) < abs(y);};

如果需要将一个整数容器(如 vector 或数组)按元素绝对值的大小排序,可以调用 C++ 标准库中的 sort 算法,将函数对象实例 c 作为第三个参数传递给 sort() 函数,调用语句为:

sort(first, last, c);

对于自定义复合类型的数据序列,我们可以应用与前述例子相仿的方法,用 Lambda 表达式定义出不同的"比较"规则,以达到按不同字段对数据进行排序的目的。

Lambda 表达式以捕获子句开头,捕获子句在一对"[ ]"符号中表示可以从周围范围捕获变量以及捕获的方式(前缀 = 符表示通过值捕获,前缀 & 符表示通过引用捕获)。接着,在 Lambda 表达式中可以声明匿名函数的形参表和函数体,函数体置于一对花括弧中,函数的返回类型常采用自动推导方式。

下面是另一个使用 Lambda 表达式定义匿名函数的例子,此例将匿名函数作为第三个参数传递给 find_if 函数,以查找出容器 v 中的第一个偶数位置。该参数的类型是前面所说的 Predicate 型函数对象。

vector<int> v{1, 2, 3, 4, 5, 6, 7, 8, 9};

auto result = find_if(begin(v), end(v), [](int i){return i%2 == 0;});

2.2.11 C++程序的基本组织方法

有实际价值的应用程序往往由若干不同的部分组成,每个部分可以视为独立组件分别进行编译。例如,企业级应用程序可能依赖于若干不同的组件,其中某些是内部开发的组件,某些可能是他人开发的组件。软件开发过程之成果-程序,有三种呈现的形式:应用程序、动态库和静态库,应用程序有一个主入口点(对应于 C/C++ 源代码的 main 函数),通常具有 .exe 文件扩展名;而动态库没有主入口点,通常具有 .dll 文件扩展名。静态库则是多个目标代码文件(通常具有 .obj 文件扩展名)的容器,使用 lib.exe 程序创建,通常具有 .lib 文件扩展名。

程序员编写一个程序组件的源代码一般分为实现文件(cpp 文件)和头文件(h 文件)两部分,可由编译器独立编译的一个或多个文件称为翻译单元,编译完成后,链接器则将若干编译后的翻译单元合并到单个程序中。需要注意的是，类模板和函数模板的实现需放在头文件中。

在后面的章节中，我们将设计和实现多种常见的数据结构和算法并进行测试和应用的演示。随着编写的代码越来越多，有必要采用较为系统的管理代码的方法。为了使读者在某一章的学习和编程实践中将注意力集中在所在章节内容，我们为每一章建立独立的"控制台应用程序"型项目和相应的文件目录，用于实现相关算法与数据结构的测试、演示和应用。各章在编程设计方面的主要任务之一是，设计相关的基础算法和数据结构模块，并且以一种相对独立又不断扩展的方式，联合开发算法和数据结构工具类库。不失一般性，我们在后面的章节将这个联合项目命名为 dsa，并为之建立相应的文件目录，项目类型为静态库型，该项目的成果文件是 dsa.lib。各章的应用程序型项目一般需要引用 dsa 类库项目，即指定在程序链接过程中与 dsa.lib 库文件链接。例如在第 6 章中，要在 dsa 项目添加实现各种"线性表"数据结构的模块，并用名为 liststest 的项目实现多个测试和应用"线性表"数据结构的应用程序。作为起点，可以将本章示例中多次提到的自定义学生类型（struct Student 或 class CStu，具有 int id，string name，float age，double score 等字段）在程序组织上设计完整，并整理到静态库 dsa.lib 中，使它们成为可重用的类型。

在熟悉了相关概念后，既可以使用 Visual Studio 集成开发环境，又可以用命令行开发工具（包括在 Windows、Linux 和 MacOS 系统）顺利完成各章代码的编译和运行。

2.3　C++语言数据集合类型

程序往往要处理很多的数据，而众多的数据间存在着内在的联系。将待处理数据依其元素间的内在关系作为特定的数据集合处理才能写出符合逻辑并且高效的程序，在编程实践中掌握类库中若干集合类型是良好编程的必要条件。下面介绍 C++语言及标准库中的几种常用数据集合类型，包括数组、线性表 vector 类、栈 stack 类、队列 queue 类、关联容器 map 类等，数据集合又称为数据元素的容器。

2.3.1　数组

数组是由一组具有相同类型的元素组成的集合，各元素依次存储于一个连续的内存空间。数组是其他数据结构实现顺序存储的基础。C++支持一维数组、多维数组（矩形数组），数组的工作方式与大多数其他流行语言中数组的工作方式类似，但还是有一些差异应引起注意。函数内的局部数组在栈中分配存储空间，数组变量的作用同常指针（具有不变地址值的指针)变量，通过使用指针变量和 new 操作符可以在堆中开辟和使用数组。

1. 一维数组

声明一维数组变量的一种语法格式是：

<类型> <数组名>[length];

例如：int a[10];

注意声明数组时，"[ ]"必须跟在变量名后面，数组的大小是数组类型的一部分。这是一种静态工作方式，编译程序根据声明语句在栈中为数组分配好存储空间(对于函数内的局部数组)，或在全局空间中分配空间(对于全局数组)。程序运行时，当程序控制进入声明数组的函数时，数组即已获得系统分配的一块地址连续的内存空间。当程序从当前函数退出时，局部数组变量会与函数的其他局部变量一样自动撤销它们所占据的内存。这种方式适合于元素数量相对不太多且已知的情况。

可以在声明数组的同时为数组进行初始化，例如：

int a[] = {1,2,3,4,5};

对于元素数量事先未知且可能多变的情况，常以动态内存分配的方式声明和使用数组。在这种方式下，数组是通过指针操作的对象，必须进行实例化。只有用 new 操作符为数组分配空间后，数组才真正占有实在的存储单元。使用 new 创建一维数组的格式如下：

<指向数组的指针变量> = new <类型>[<长度>]

例如，在某个函数中通过声明语句 int * a 将变量 a 定义为局部整型指针，再通过语句 a = new int[10]向系统申请 10 个整数单元的内存空间。当程序不再需要数组对象时，应使用语句 delete [ ]a 撤销数组所占据的内存。

两种方式下，数组均占据一片地址连续的存储空间，数组长度一旦确定即不可改变。

通过下标可以访问数组中的任何元素。数组元素的访问格式为：

<数组名>[<下标>];

例如：a[3];

2. 多维数组

多维数组用说明多个下标的形式来定义，例如：

int items[3][2];

该语句声明了一个二维数组 items，并分配 3×2 个存储单元。还可以定义更高维数的数组，例如，可以有三维的数组：

int buttons[2][5][3];

同样，也可以初始化多维数组，例如：

```
int items[3][2] = { {1, 2}, {3, 4}, {5, 6} };
```

定义时，可以省略第一个维度的大小，如下所示：

```
int items[][2] = { {1, 2}, {3, 4}, {5, 6} };
```

C++中的二维数组按行优先顺序存储数组元素。

3. 数组具有随机访问特性

数组的每个元素占据相同大小的存储空间，任一元素的地址可以通过数组的首地址和元素的下标计算出来。因此，访问某一元素所需的时间与该元素的位置以及数组的大小没有关系，数组的这种特性称为随机访问特性。

4. 数组既可基于下标又可基于迭代器遍历

可以通过下标变量或迭代器变量的连续变化来访问数组的每个元素，该操作称为遍历数组，在遍历过程中完成对数组数据的处理。

C++标准库算法模块中包括许多用于排序、搜索和复制数组的方法，例如 copy、find、for_each 和 transform 等模板函数，它们都包含了对数组的某种遍历。

【例 2.3】　数组的搜索与排序。

```
#include <iostream>
#include <algorithm>
const int CNT = 5;
using namespace std;
int main(int argc, char * argv[]) {
    double d[] = { 3.6, 7.5, 1.1, 2.3, 5.0 };
    double * pd = find(d, d + CNT, 5.0);
    if (pd < d + CNT) cout << "数组 d 包含数值:" << 5.0 << endl;
    pd = max_ element(d, d + CNT);
    if (pd < d + CNT) cout << "数组 d 中的最大值是:" << * pd << endl;
    cout<<"Sorted Array: ";    sort(d,d+CNT);
    for(const double elem:d)
        cout<< elem << " ";
    cout<<endl;
    return 0;
}
```

程序运行结果如下：

数组 d 包含数值:5

数组 d 中的最大值是:7.5

Sorted Array: 1.1 2.3 3.6 5 7.5

这里使用了 C++标准库<algorithm>模块中的函数 find 和 max_element 来进行查找操作,使用了函数 sort 来进行排序操作。

【例 2.4】 编写两个辅助函数 RandomizeData 和 Show,前者能对指定长度的整数数组赋以指定值域范围[minValue, maxValue)内的随机值,后者在控制台输出数组元素的值。

```cpp
#include <cstdlib>
void RandomizeData(int * a, int cnt, unsigned int seed = 1,
        int minv = -99, int maxv = 100);
template <typename T> void Show(T * a, int cnt);
template <typename IIt> void Show(IIt first, IIt last);
void RandomizeData(int * a, int cnt, unsigned int seed,
        int minValue, int maxValue) {
    srand(seed);
    int u;
    for (int i = 0; i < cnt; i++) {
        u = (int)((double)rand() /(double)(RAND_MAX + 1)
            * (maxValue - minValue)) + minValue;
        *(a + i) = u;
    }
}
template <typename T> void Show(T * a, int cnt) {
    for (int i = 0; i < cnt; i++) cout << a[i] << " ";
    cout << endl;
}
template <typename IIt> void Show(IIt first, IIt last) {
    while (first != last) cout << * first++ << " ";
    cout << endl;
}
```

函数 RandomizeData 调用 C 函数库中的 rand 函数产生随机数,根据需要设置随机数发生器的种子值,详情请参阅 C 相关函数的文档。Show 则以模板函数的形式实现,使之更具通用性,示例给出了 C 样式和 C++标准库样式两种实现供参考。在数据处理中显示数组

内容及生成随机数组，都是常常需要的功能，可以将这些函数的定义放在 dsaUtils 模块
(Show 模板函数的定义以及 RandomizeData 函数原型说明放入 .h 文件，其实现则在 .cpp
文件中)，编译后将目标代码 .obj 文件加入静态库文件 dsa.lib。

2.3.2　线性表类

　　C++标准库中定义了一个顺序表 vector 类模板和线性链表 list 类模板，vector 和 list 都
是编程中常用的数据集合类型。

　　类模板 vector 提供了一种元素数目可按需动态增加的数组，并且在其任意位置可以进
行插入和删除数据元素的操作。vector 容器可以随机访问、连续存储，其长度(即元素的个
数)可以灵活改变。

　　应用 vector 类模板可以定义强类型列表，在列表(实例)上进行操作时，元素的类型要
与列表(实例)定义时声明的类型保持一致，即具有所谓的类型安全性。

　　list 容器是双向链接列表，可在容器中的任何位置双向访问、快速插入和快速删除，
但不具有随机访问容器中的任一元素的能力。forward_list 容器是单向链表，在容器中可方
便地向前访问，但不能反向访问。

　　vector 具有如下成员函数实现线性表的各种操作：

　　(1)公共构造函数：

```
vector();                    //初始化新 vector 实例
vector(int initSize);        //初始化新 vector 实例,它具有指定的元素个数。
vector(const vector&);       //复制构造函数。
vector(Iterator begin, Iterator end);
                //初始化新 vector 实例,它复制另一容器[begin,end)区间内的元素。
```

　　(2)公共成员函数：

```
int size() const;            //返回线性表的长度,即包含的元素数
int capacity() const;        //获取线性表能容纳的最大元素数目
const T& operator[](int i) const;
                        //重载取下标运算符,获取指定索引处的元素
T& operator [] (int i);      //重载取下标运算符,设置指定索引处的元素
Iterator insert(Iterator it,const T& x); //将数据元素 x 插入到指定位置
void push_back(const T& x);  //将元素 x 添加到表尾处
Iterator erase(Iterator it); //删除指定位置的数据元素
Iterator erase(Iterator first, Iterator last));
```

//删除范围[first,last)的数据元素

```
void pop_back();                    //删除表中最后一个元素
void clear();                       //清空表中所有元素
```

下面的几个例子分别声明并构造特定类型的列表:

```
vector<int>  a;                     //声明并构造整型数列表
a.push_back(86); a.push_back (100);   //向列表中添加整型元素
vector<string> s;                   //声明并构造字符串列表
s.push_back("Hello"); s.push_back ("C++11");
                                    //向列表中添加字符串型元素
vector< Student>  st;               //声明并构造学生列表
st.push_back(Student(200518001,"王兵",18,92));
                                    //向列表中添加学生类型元素
```

现代 C++增加了"统一初始化"以方便集合对象的初始化,例如:

```
vector< Student > st{{202218001,"王兵",18,92},{202218100,"张山",17,95} };
```

【例 2.5】 创建并初始化 vector 实例,遍历打印出其值。

```
#include <iostream>
#include <vector>
#include <string>
#include <algorithm>
using namespace std;
int main() {
    vector<string> myVec;    myVec.push_back("Hello");
    myVec.push_back("World"); myVec.push_back("!");
    myVec.insert(begin(myVec)+1, "C++");
    cout<< "myVec: \tCount: " << myVec.size() << endl;
    cout<< " \tValues:";
    for(const auto& item: myVec) cout << " \t" << item;  cout << endl;
    cout<< " \tSorted Values:";  sort(begin(myVec), end(myVec));
    for (const auto& item: myVec) cout << " \t" << item; cout << endl;
    return 0;
}
```

程序运行结果如下:

```
myVec: Count: 4
        Values: Hello   C++     World   !
        Sorted Values: !        C++     Hello   World
```

这个例子本身很简单，但演示了字符串型 vector 的实例 myVec 线性表的元素数目可按需动态增加，并可在表中任意位置进行插入和删除数据元素的操作，一般的数组不具备这种方便的特性。

2.3.3　栈类

C++标准库中定义了一个栈 stack 类模板，是编程中常用的数据集合类型。栈类刻画了一种数据后进先出的集合，对栈集合的访问是受限制的，只有处于栈顶的元素可以被访问或出栈，最近添加到栈的元素处于栈顶。

应用 stack 类模板可以定义强类型栈实例，在栈(实例)上进行操作时，元素的类型要与栈(实例)定义时声明的类型保持一致，即具有所谓的类型安全性。

stack 具有如下成员函数实现栈的各种操作：

(1)公共构造函数：

```
stack();                          //初始化新 stack 实例
stack (const container_ type &);  //复制构造函数。
```

(2)公共成员函数：

```
int size() const;         //返回栈的长度,即包含的元素数
bool empty() const;       //测试栈是否为空
void push (const T& x);   //将元素 x 添加到栈的顶部
void pop ();              //移除位于栈顶部的元素
T& top();                 //返回栈顶元素(的引用),可修改
const T& top() const;     //返回栈顶元素(的引用),不修改
```

【例 2.6】　创建 stack 对象并向其添加元素，以及打印出其值。

```cpp
#include <iostream>
#include <stack>
#include <string>
using namespace std;
int main() {  //stacktest.cpp
    stack<string> myStk;
    myStk.push("Hello"); myStk.push("C++");
```

```
myStk.push("World");
//stack<string> myStk2(myStk);
cout<< "myStk: \tCount: " << myStk.size() << endl;
cout<< "\tValues:";
while (! myStk.empty()) {
    cout<< "\t" << myStk.top(); myStk.pop();
}
return 0;
}
```

程序运行结果如下：

```
myStk    Count：    3
        Values： World  C++  Hello
```

输出序列的顺序与元素入栈的顺序相反，这是由栈的后进先出(LIFO)特性形成的。

2.3.4　队列类

C++标准库中定义了一个队列 queue 类模板，是编程中常用的数据集合类型。队列刻画了一种具有先进先出特性的数据集合，对队列集合的访问是受限制的，只能在队列的两端检查元素，并且只能在队列后端(亦称队尾)添加或从前端(亦称队首)移除元素。

应用 queue 类模板可以定义强类型队列实例，在队列(实例)上进行操作时，元素的类型要与队列(实例)定义时声明的类型保持一致，即具有所谓的类型安全性。

queue 具有如下成员函数实现队列的各种操作：

(1)公共构造函数：

queue();   //初始化新 queue 实例
queue (const container_ type &);   //复制构造函数

(2)公共成员函数：

int size() const;   //返回队列的长度,即包含的元素数
bool empty() const;   //测试队列是否为空
void push (const T& x);   //将元素 x 添加到队尾
void pop ();   //移除位于队首的元素
T& front();   //返回队首元素(的引用),可修改
const T& front () const;   //返回队首元素(的引用),不修改
T& back();   //返回队尾元素(的引用),可修改

```cpp
const T& back() const;                    //返回队尾元素(的引用),不修改
```

【例 2.7】 创建 queue 对象并向其添加值，以及打印出其值。

```cpp
#include <iostream>
#include <queue>
#include <string>
using namespace std;
int main() {   //queuetest.cpp
    queue<string> myQ;
    myQ.push("Hello"); myQ.push("C++"); myQ.push("World");
    //queue<string> myQ2(myQ);
    cout<< "myQ: \tCount: " << myQ.size() << endl;
    cout<< "\tValues:";
    while (! myQ.empty()) {
        cout<< "\t" << myQ.front(); myQ.pop();
    }
    return 0;
}
```

程序运行结果如下：

```
myQ
        Count:    3
        Values: Hello   C++   World
```

队列的输出序列的顺序与元素入队的顺序一致，这是队列先进先出(FIFO)特性的体现。

2.3.5　关联容器 map 类

C++标准库中定义了一个关联容器 map 类模板，是编程中常用的数据集合类型。map 是用于存储和检索数据的集合，集合中的每个元素均为包含检索键和数据值的元素<键，值>对(Key-Value Pair)。map 集合是作为一个哈希表来实现的，哈希表根据键的哈希码来存储各(键，值)对，因而提供了从一组键到一组值的映射，通过键来检索值的速度非常快。在 C#、Java 和 Python 等编程语言中，map 这种类型称为字典 Dictionary。

map 集合内的元素可以直接通过键来索引，键的作用类似于数组中的下标，如下例中用"王红"作为索引可以得到(键，值)对的值"785386"。通过下面的例子来看看 map 的应

用方法。

【例 2.8】 创建并初始化 map 以及打印出其值。

```cpp
#include <iostream>
#include <map>
#include <string>
using namespace std;
int main() {   //maptest.cpp
    map<string,string> myM;
    myM["王红"] = "785386";    myM["张小虎"] = "684721";
    myM["刘胜利"] = "678990";  myM["李明"] = "678956";
    myM["王浩"] = "678912";
    for (auto& kvp: myM)
        cout<<"Key = "<<kvp.first <<" Value = "<< kvp.second<<endl;
    if(! myM.contains("李浩"))
        cout<<"Key \"李浩\" is not found. \n";
    return 0;
}
```

程序运行结果如下:

Key=李明 Value = 678956   Key= 刘胜利 Value = 678990

Key=王浩 Value = 678912   Key= 王红 Value = 785386

Key=张小虎 Value = 684721   Key "李浩" is not found.

习　题　2

2.1　学习并掌握 C++标准库中 iostream、string、vector、complex 等常用类的主要使用方法，并应用于编程中。

2.2　编程定义一个含 main 函数的程序，在其中定义和随机初始化一个具有 20 个元素、取值在-99 到 99 的整数数组，分别练习在数组中查找特定数据，对数组中的元素按自然值大小排序，及按绝对值大小排序。认识和使用数组、sort、find 等常用的类型和函数。

2.3　编程定义一个含 main 函数的程序，在其中利用 vector 类模板定义和初始化一个 int 类型的线性表，在表尾添加和在表中插入新的元素。说明线性表与数组主要特性上的异同。

2.4　编程定义一个 Student 结构(具有 int id，string name，float age，double score 等字段)或
　　　CStu 类，定义一个含 main 函数的程序，在其中利用 vector 类模板定义和初始化一个
　　　Student 类型的线性表(vector<Student>或 vector<CStu>)，在表尾添加和在表中插入新
　　　的元素。说明与前一题在主要特性上的异同。

2.5　创建静态函数库 dsa.lib，在库中加入 dsaUtils 模块(.cpp 和 .h 文件)，该模块包含
　　　RandomizeData 和 Show 函数的定义，前者实现对指定长度的整数数组赋以指定值域
　　　范围[minValue，maxValue)内的随机值的功能，后者在控制台输出指定的数组内容。

2.6　将定义 Student 结构的源文件 Student.cpp 和 Student.h，以及定义 CStu 类的源文件
　　　CStu.cpp 和 CStu.h 整理到静态函数库 dsa.lib，使之成为可重用的类型。

第3章 遍历、迭代与递归

对数据集合的处理常包含遍历整个集合的基本要求，即按照某种次序访问集合中的所有元素，并且每个元素仅被访问一次。

复杂问题的求解过程常包含基本操作的多次重复运行，重复基本操作的常用方式有迭代和递归。迭代一般利用循环结构，通过某种递推式，不断更新变量新值，直到得到问题的解为止。计算机程序往往包含大量的迭代以解决复杂的问题。递归则是算法中存在自调用，将大问题化为相同结构的小问题来求解。递归是一种有效的算法设计方法，是解决许多复杂问题的重要方法。

本章首先介绍循环、遍历、迭代和递归的相关概念，然后在对比中分析各自的不同特性，揭示循环、遍历、迭代和递归在算法实现中存在广泛的应用。

本章用名为 iter_recu 的应用程序型项目实现相应算法的测试和演示程序。

3.1 高级编程语言中的循环结构与遍历操作

3.1.1 C++中的循环结构

重复执行一段代码的最基本方法是将它放在循环(loop)结构中，循环结构有三个要素：循环变量、循环体和循环终止条件。在满足循环条件时，循环体内的代码被重复运行，一直到终止条件达到，才结束整个循环结构。循环变量则通常在循环体内被修改并可能参与循环条件满足与否的检测。

以 C++语言为例，它有 3 个与 C 语言相同的循环语句结构：while, do-while 和 for 循环结构，C++11 还引入了基于范围(range based)的 for 循环，形式和语义上与 C#/Java 语言中的 foreach 结构相似。功能上它们都能构造等价的循环结构，但从编写代码的角度，基于范围的 for 语句显得更简单一些，能简洁方便地表达对集合所有元素的遍历操作。能在基于范围的 for 语句中遍历的数据集合称为可枚举的(enumerable)集合，又称作可迭代的(iterable)集合，C++数组以及标准库中拥有 begin( )和 end( )成员函数的多种容器类都是可枚举的类型。

for 语句的定义格式举例如下：

```
for(int i = 0; i < 10; i++){
    <语句块>;
}
```

基于范围的 for 语句的定义格式举例如下：

```
for(int x: xvector){
    <语句块>; //xvector 是可枚举对象
}
```

while 语句的定义格式举例如下：

```
int i = 0;
while(i < 10){
    <语句块>;
    i++;
}
```

【例 3.1】 单重循环与二重循环。

(1)单重循环。

```
int n = 100, sum = 0;                    int n = 100, sum = 0;
for(int i = 0;i<n;i++) sum += a[i];    for(int item: a) sum += item;
```

该 for 语句(或基于范围的 for 语句)的循环体内语句将循环执行 n 次，所以该循环结构的时间复杂度为 $O(n)$。基于范围的 for 语句利用数组 a 是可迭代的集合对象，在循环构造上免除定义循环计数变量及对循环终止条件的测试，语句简洁而且能防止不经意的错误。

(2)二重循环。

```
int n = 10, psum = 0;
for(int i = 0;i<n;i++)
    for(int j = 0;j<i;j++)
        psum += i * j;
```

外层循环执行 n 次，每执行一次外层循环时，内层循环执行 i 次。二重循环体内指令的执行次数为 $\sum_{i=1}^{n} i = \dfrac{n(n+1)}{2}$，故整段结构的时间复杂度为 $O(n^2)$。

3.1.2　C++中遍历数据集合的常用范式

所谓遍历数据集合，是指按照某种次序访问集合中的所有元素，并且每个元素仅被访问一次。下面以整数数组对象 a 或 vector<int>对象 v 为例,列举 C++中遍历数据集合的几种常用范式。

1. 基于下标的遍历

这是我们常用来遍历数组的一种范式,一般也能应用于重载了取下标运算符[ ]的容器,如 vector 等。举例如下:

```
int n = 100, sum = 0;                    int n = 100, sum = 0;
for(int i = 0;i<n;i++) sum += a[i];   for(int i = 0;i<v.size();i++)
                                            sum += v[i];
```

这种范式的应用需要定义循环计数变量及对循环计数终止条件的测试,循环计数变量常用作数组下标,一般采用[0, count)的形式,该模式可以记作:index++:[0, count)。

2. 基于迭代器的遍历

C++标准库容器和算法常用基于迭代器的遍历范式,迭代器对象可以视作指针的抽象,在不同的容器类型定义有自己专有的迭代器(iterator),而迭代器的使用形式与指针相同,通过迭代器遍历不同的容器,形式上就与通过指针遍历数组一样。基于迭代器的遍历可以使算法实现更具弹性,而不是局限于具体的数据结构,在某种程度上体现出泛型编程。举例如下:

```
for (auto it = v.begin(); it ! = v.end(); it++) {
    doSomething( * it);
}
```

这种范式的应用需要定义迭代器变量及对循环终止条件的测试,可以通过容器类的 begin( )和 end( )成员函数为迭代器变量赋初值和终值,C++11 引入的 auto 关键字可以简化迭代器变量类型声明(编译器根据表达式自动确定其类型)。迭代器变量在使用上形同指针,一般采用[first, last)的形式,该模式可以记作:

```
* iterator++:[first, last);
```

C++标准库算法模块中包括许多基于迭代器的遍历范式的算法实现,典型和常用的有 copy、find、for_each 和 transform 等。

3. 在基于范围的 for 循环中遍历

C++11 开始引入的 range based for 循环结构,可以用来以一致的形式遍历数组和 C++标准库中的常用容器,语句简洁而且能防止不经意的错误。

基于范围的 for 语句利用可迭代的集合对象,在循环构造上免除定义循环计数变量及对循环终止条件的测试，语句简洁而且能防止不经意的错误。举例如下：

```
for(int item: a) sum += item;    for(auto item: v) sum += item;
```

这种范式的应用直接定义迭代变量并操作遍历的元素。该模式可以记作：

```
item: container
```

3.2 迭 代

3.2.1 迭代的基本概念

在计算机编程中，迭代(iterate)的原义是一种不断用变量的旧值递推新值的过程。迭代过程一般利用循环结构，让变量从初值出发，通过某种递推式，不断更新变量新值，直到得到问题的解为止。

复杂问题的求解过程往往包含一些基本操作的重复运行。被重复执行的代码块往往置于循环结构中，这段代码称为循环体。在循环体代码中，与求解问题相关的变量在每一轮中将根据某种规则而更新，并作为下一轮循环计算的初始值。整个循环结构通过一个迭代的过程来完成数学中的递推公式所表达的功能。迭代过程大量地出现在各种算法中，"迭代"一词也常用来指根据递推公式循环演进逐步接近结果的编程思想，以迭代过程为显著特点的算法，就时常归为迭代算法。计算机的优势是能不厌其烦地重复做简单的基本操作，随着硬件性能的不断增长以及算法越来越丰富，计算机能用来解决越来越复杂的问题。

迭代与普通循环的区别是：迭代时，循环体代码中参与运算的变量同时也是保存结果的变量，其当前保存的结果将作为下一次循环计算的初始值，这种变量称为迭代变量。

使用迭代思想完成算法的实现要解决三个方面的问题：

(1)迭代变量的确定：在可以用迭代算法解决的问题中，至少存在一个直接或间接地不断由旧值递推出新值的变量，即迭代变量。

(2)建立迭代公式：迭代公式确定迭代关系，是指如何从变量的前一个值推出其下一个值的公式(或关系)。

(3)对迭代过程进行控制：迭代过程的控制通常分为两种情况：一种是所需的迭代次数是个确定的值，可以预先计算出来，此时，可以使用一个固定的循环来控制迭代过程。另一种是所需的迭代次数无法预先确定。此时，应进一步分析结束迭代过程的条件，在每一轮迭代末尾根据对结束条件的检测来控制迭代过程的进行。

3.2.2　迭代算法

包含某种循环迭代过程的算法，有时称为迭代算法。数值分析中有大量的迭代算法，例如，用来求方程的根的牛顿迭代法，用来解联立方程组的高斯迭代消元法，用来求函数最小值的最速下降法，等等。在这些算法中，所谓迭代，就是从一个初始估计 $x^{(k)}$ 出发，按照某种规则(又称递推公式)求出后继点 $x^{(k+1)}$，用 $k+1$ 代替 k，重复以上过程，这样便产生点列 $\{x^{(k)}\}$，在一定条件下它收敛于原问题的解。

例如，求多元函数 $f(x)$ 最小值的梯度下降法应用的迭代公式是

$$x^{(k+1)} = x^{(k)} + a_k d^{(k)}$$

其中，$d^{(k)}$ 是从 $x^{(k)}$ 出发的函数值下降方向，称为搜索方向，沿这样的函数值下降方向进行迭代，在一定条件下收敛于函数的极小值的点，梯度下降法中搜索方向为函数 $f(x)$ 的负梯度方向。a_k 是控制迭代速度的参数，称为搜索步长。

【例 3.2】　利用迭代方法计算阶乘函数 $f(n) = n!$。

以迭代方式计算阶乘 $n!$ 的方法是：先计算 1 乘以 2，用其部分结果再乘以 3，接着再用所得结果乘以 4，依次重复乘到 n。在算法实现时，定义一个计数器 i 作为基本迭代变量，每轮迭代中计数器自增一次，而递推公式为 $p = p*i$，进行一次乘法，直到计数器的值等于 n，最后返回变量 p 作为阶乘函数的计算结果。代码如下：

```cpp
#include <iostream>
using namespace std;
int factorial(int n) {
    int p = 1;
    for (int i = 2; i <= n; i++) {
        p *= i;
    }
    return p;
}

int main() {
    int n = 6;
    cout << n << "! = " << factorial(n) << endl;
    return 0;
}
```

程序运行结果：5! = 120

3.3　递　　归

递归(recursion)是数学定义和计算中的一种思维方式,它用对象自身来定义一个对象。在程序设计中常用递归方式来实现一些问题的求解。在高级编程语言,若一个函数直接或间接地调用自己,则称这个函数是递归函数。

在数学及程序设计方法中,递归可以出现在算法描述和数据结构的定义中。存在自调用的算法称为递归算法(recursive algorithm)。在数据结构的描述中,若一个对象用它自己来定义它的一部分,则称这个对象是递归的。

3.3.1　递归算法

递归算法将待求解的问题推导到比原问题更简单且解法相同或类似的问题的求解,然后再得到原问题的解。例如,求阶乘函数 $f(n)=n!$,为计算 $f(n)$,将它推到 $f(n-1)$,即

$$f(n)=n\times f(n-1)$$

而计算 $f(n-1)$ 的算法与 $f(n)$ 是一样的。

由此可见,用递归算法求解较为复杂的问题的过程具有下列特点:

(1)如果原问题能够分解成几个相对简单且解法相同或类似的子问题时,只要子问题能够解决,那么原问题就能用相同或类似的方法求解,即递归求解原问题。例如,9! = 9×8!。

(2)不断分解原问题,直至分解到某个可以直接解决的子问题时,就停止分解。这些可以直接求解的问题称为递归结束条件。例如,由 1! =1 的定义直接得到 1! 的解。

数学上常用的阶乘函数、幂函数、Fibonacci 数列等,它们的定义和计算都可以是递归的。在这类函数的递归定义中,一方面给出被定义函数在某些自变量处的值,另一方面则给出由已知的被定义函数值逐步计算未知的被定义函数值的规则。

例如,阶乘函数 $f(n)=n!$ 的递归定义式为

$$n! = \begin{cases} 1 & , n = 0, 1 \\ n \times (n-1)! & , n \geq 2 \end{cases}$$

又如,Fibonacci 数列的首两项为 0 和 1,以后各项的值是其前两项值之和:{0, 1, 1, 2, 3, 5, 8, …}。

Fibonacci 数列的递归定义为

$$f(n) = \begin{cases} n & , \; n = 0, \; 1 \\ f(n-1) + f(n-2) & , \; n \geq 2 \end{cases}$$

【例 3.3】 阶乘函数 $n!$ 的递归实现。

例如，求 5! 所进行的分解及递归调用的情况如图 3.1 所示。

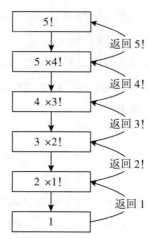

图 3.1 阶乘函数的分解和递归调用与返回

程序如下：

```cpp
#include <iostream>
using namespace std;
int f(int n) {
    if (n == 0)
        return 1;
    else {
        cout<<n<<"! = " << n << " * " << n - 1 << "! " << endl;
        return n * f(n - 1);
    }
}
int main() { //factorial_recu.cpp
    int i = 5;
    cout<< i << "! result = " << f(i) << endl;
}
```

程序运行结果：

```
5! = 5 * 4!
4! = 4 * 3!
3! = 3 * 2!
2! = 2 * 1!
1! = 1 * 0!
5! result = 120
```

3.3.2 递归与迭代的比较

比较前面实现阶乘函数的两个程序，我们可以发现递归和迭代各自的不同特性。

递归最大的特点是把一个复杂的算法分解成若干相同的、可重复的步骤。所以，使用递归实现一个计算逻辑往往思路清晰、代码简洁，也比较容易理解。但是，递归就意味着大量的函数调用。递归函数每一次调用自身的时候，该函数都没有退出，在函数调用过程中，系统将在系统栈中为函数分配临时工作空间，当递归深度越深，系统栈空间的占用就越大，可能造成系统栈的溢出。调用函数因需传递参数及保护现场，也会引起一定的运行时间开销。所以，递归算法一般会有时间效率和空间效率比较低的缺点。

迭代算法思路上可能没有递归算法简洁，但是迭代算法的运行时间正比于循环次数，而且没有调用函数引起的额外时间和内存空间开销，因而算法的时间效率和空间效率都很高。

一般来说，递归都可以用迭代来代替，如果某算法有迭代式和递归式两种实现，则从执行效率出发，选择使用该算法的迭代式实现。

3.3.3 递归数据结构

有些数据结构是可以用递归方式定义的。在"树与二叉树"一章，我们用递归形式来描述具有层次关系的树(tree)结构：树 T 是由 $n(n \geqslant 0)$ 个结点组成的有限集合，它或者是棵空树，或者包含一个根结点和零或若干棵互不相交的子树。

在"线性表"一章讨论单向链表，我们分别定义了结点和链表两种数据类型(两个结构或类)。事实上，单向链表结点类可以递归定义为：

$$\text{Node} = (\text{Data}, \text{PointerToNextNode})$$

因此，链表也可以看成是一种递归的数据结构，链表 $Z = (h, Z_h)$，h 代表头结点，Z_h 代表头结点的链域指向的子链表，如图 3.2 所示。使用递归的方式，定义链表类就只需要设计一种数据结构类型。

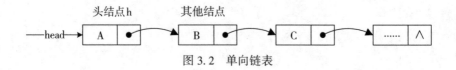

图 3.2 单向链表

习 题 3

3.1 编写 main 函数，在其中利用 vector<T>类定义和初始化一个 int 类型的线性表，分别用基于下标的方式、基于迭代器的方式和基于范围的 for 结构实现对线性表的求和。

3.2 实现用递归方式计算 Fibonacci 数列的算法。

3.3 实现用迭代方式计算 Fibonacci 数列的算法。

3.4 分别用递归方式和迭代方式实现求两个整数 i 和 j 的最大公约数 $gcd(i, j)$ 的算法。提示：一种常用求最大公约数的算法是欧几里得算法，也称为辗转相除法。

第4章 字 符 串

字符串是数据处理中常见的一种数据类型，特别是在非数值信息处理中，字符串具有广泛的应用。字符串是由多个字符组成的有限序列，是一种由若干个仅包含一个字符的结点组成的特殊线性结构。字符串可以用顺序存储结构和链式存储结构实现。

本章首先介绍字符及其编码、字符串的基本概念与属性，然后详细讨论以顺序存储结构实现的字符串和以链式存储结构实现的字符串的类型定义和操作实现，分析和比较字符串不同实现方式的优缺点。

本章在算法与数据结构库项目 dsa 中增加顺序串和链式串两个模块，用名为 stringtest 的应用程序型项目实现字符串类型数据结构的测试和演示程序。

4.1 字符串的概念及类型定义

字符串一般简称为串(string)，它是由多个字符组成的有限序列。字符串是非数值信息处理的基本对象，具有广泛的应用。计算机中央处理器的指令系统一般都包含支持基本的数值操作的指令，而对字符串数据的操作一般需用相应算法来实现，有的高级程序设计语言提供了某种字符串类型及一定的字符串处理功能。

字符串是由有限字符组成的序列，可以视为是由若干个仅包含一个字符的数据结点组成的特殊线性表，字符串可以用顺序存储结构和链式存储结构实现。

4.1.1 字符串的定义及其抽象数据类型

串是由 $n(n \geq 0)$ 个字符 a_0，a_1，a_2，$\cdots$，a_{n-1} 组成的有限序列，记作：

$$string = \{a_0,\ a_1,\ a_2,\ \cdots,\ a_{n-1}\}$$

其中，n 表示串的字符个数，称为串的长度。若 $n = 0$，则称为空串，空串不包含任何字符。

字符串类型的数据作为一种特殊的线性结构，可以采用顺序存储结构和链式存储结构来实现，在不同类型的应用中，要根据具体的情况，使用合适的存储结构处理字符串数据。

串中所能包含的字符依赖于所使用的字符集及其字符编码。C/C++中的原始字符类型 char 采用 8 位的 ASCII/UTF-8 编码，可用于存储 ASCII 字符集中的字符。char 字符称为窄字符，基于 char 字符的字符串称为窄字符串。

为了能处理包括中文在内的字符，C++中还引入 wchar_t、char16_t 和 char32_t 等类型，分别表示 16 位、16 位和 32 位宽字符。wchar_t 和 char16_t 类型用来存储一个 UTF-16 编码，而 char32_t 类型存储一个 UTF-32 编码，这些类型的字符串都被称为宽字符串。C 语言使用空字符结尾的字符数组表示字符串，C++标准库中对窄字符串的封装类为 string，对宽字符串的封装类为 wstring。相对较新的 C#和 Java 语言对 char 字符类型采用 16 位的 UTF-16 编码。

C/C++中用一对单引号将字符括起来，而用一对双引号括起字符串，分别构成字符常量和字符串常量。例如，

```
string s1 = "C++"                    //串长度为 3
string s2 = "data structure in C++"  //串长度为 21
string s3 = ""                       //空串,长度为 0
string s4 = "  "                     //两个空格的串,长度为 2
```

在上面的例子中，s1、s2、s3 和 s4 分别是 4 个字符串变量的名字，简称串名。

1. 字符及字符串的编码与比较

每个字符根据所使用的字符集及编码方案会有一个特定的编码，不同的字符在字符集编码中是按顺序排列编码的，字符可以按其编码次序规定它的大小，因此两个字符可以进行比较，例如：

```
'A' < 'a'                            //比较结果为 true
'9' > 'A'                            //比较结果为 false
```

对于两个字符串的比较，则按串中字符的次序，依次比较对应位置字符的大小，从而决定两个串的大小，例如：

```
"data" < "date"                      //比较结果为 true
```

在 C++语言中，char 类型和标准库中的 string 类型，都如同 int 和 float 等数值类型一样，是可比较的(comparable)类型。

2. 子串及子串在主串中的序号

由串的所有字符组成的序列即为串本身，又称为主串，而由串中若干个连续的字符组

成的子序列则称为主串的一个子串(substring)。一般作如下规定：空串是任何串的子串；主串 s 也是自身的子串。除主串和空串外，串的其他子串都称为真子串。例如，串 s1 "C++"是串 s2"data structure in C++"的真子串。

串 s 中的某个字符 c 的位置可用其在串中的位置序号整数表示，称为字符 c 在串 s 中的序号(index)。串的第一个字符的位置序号为 0。一种特殊情况是，如果串 s 中不包含字符 c，则称 c 在 s 中的序号为-1。

子串的序号是该子串的第一个字符在主串中的序号。例如，s1 在 s2 中的序号为 18。一种特殊情况是，如果串 sub 不是串 mainstr 的子串，则称 sub 在 mainstr 中的序号为-1。

3. 串的基本操作

串的基本操作有以下几种：

Initialize：初始化。建立一个空串，但一般会预分配一定的存储空间；或者建立一个指定的串。

Length：求长度。返回串的长度，即串包含的字符的个数。

Empty/Full：判断串状态是否为空或已满。

Get/Set：获得或设置串中指定位置的字符值。

Append：连接两个串。

Substring：求满足特定条件的子串。

Find：查找字符或子串。

还可以为串定义许多其他操作，如插入、删除和替换等，这样的操作都可看作是建立在基本操作之上的复合操作，可以通过组合调用前面的基本操作来实现。

4.1.2　C++中的字符串类

为了支持字符串数据类型的处理，C++标准库中定义了两个常用的字符串类：类 string 和类 wstring。它们是类库中 basic_string 类模板的实例化类，其定义如下：

```
typedef basic_string <char>   string;
typedef basic_string <wchar>  wstring;
```

下面以 string 类为例，来了解和掌握 C++标准库中的串类。string 类用于一般的文本表示，提供了字符串的定义和操作，例如：查找、插入、移除字符或子串。

string 类具有很多成员函数，同名的函数也常会有多个重载的版本。限于篇幅，下面仅列出其常用的成员函数。

公共构造函数：

```
string(const char *s);              //用C 字符串 s 初始化 string 类的新实例
string(int n, char c);              //用 n 个字符 c 初始化
```

string 类也具有默认构造函数和复制构造函数，因而支持如下用法：

```
string s1;string s2 = "C++";
```

公共成员函数：

```
int length() const;                     //获取串中的字符个数
bool empty() const;                     //判断当前字符串是否为空
const char& operator[](int n) const;    //获取串中位于指定位置的字符
char& operator[](int n);                //设置串中指定位置的字符
int compare(const string& s) const;     //比较当前串实例和 s 的大小
bool operator = =(const string& s1, const string& s2) const;
```

//比较两个字符串是否相等,运算符"= ="" ! ="">""<""> ="和"< ="均被重载,用于字符串的比较

```
int find(char c, int pos = 0) const;     //从 pos 处开始查找字符 c 在当
```

前字符串的位置

```
int find(const string& s, int pos = 0) const; //从 pos 处开始查找字符
```

串 s 在当前串中的位置

```
string& append(const string& s);        //将字符串 s 连接到当前字符串尾
string& insert(int idx, const string &s); //在位置 idx 处插入字符串 s
string& erase(int pos = 0, int n =npos);  //删除 pos 处开始的 n 个字符,
```

返回修改后的字符串

```
string& replace(int idx, int n, const string& s); //删除从 idx 开始的
```

n 个字符后插入串 s

```
string substr(int pos = 0, int n =npos) const; //返回 pos 处开始的 n 个
```

字符组成的字符串

string 类还有一些其他的公共函数实现串的各种操作，请参见 C++参考手册中关于 string 的说明。

【例 4.1】 字符及字符串的比较

```
#include <iostream>
#include <string>
using namespace std;
int main() {
    char c1 = 'A', c2 = 'a';
```

```
    cout<<" 'A' < 'a': " << ( c1 < c2 ) << endl;
    c1 ='9'; c2 = 'A';
    cout<< " '9' > 'A': " << ( c1 > c2 ) << endl;
    string s1( "data" );  string s2( "date" );
    cout<< " \"data\" < \"date\": " << ( s1.compare( s2 ) < 0 ? "true":
"false") << endl;
    return 0;
}
```

程序运行结果如下：

'A' < 'a': True

'9' > 'A': False

"data" < "date": True

【例 4.2】 从身份证号码中提取出生年月日信息

```
int main() {
    string id( "420100200412311234" );
    int y = stoi( id.substr( 6, 4 ) );
    int m = stoi( id.substr( 10, 2 ) );
    int d = stoi( id.substr( 12, 2 ) );
    cout<< "出生于:" << y << " 年 " << m << " 月 " << d << " 日 " << endl;
    return 0;
}
```

程序运行结果如下：

出生于：2004 年 12 月 31 日

【例 4.3】 提取其他类型变量的字符串类型的表达。

以字符串形式表达数据对象，含基本标量类型，如浮点数类型，和自定义复合类型，在编程中具有广泛的需求，特别是以自定义形式和格式的字符串表达数据。C#/Java 通过其 string 类的 Format 方法完成这类任务，并建议每个类的设计都重载 ToString 方法。C++ 中尚没有通用方法，该项工作涉及的问题其实比较多，限于篇幅，下面以 Student 类或结构为例，给出两个示例方案。

方案一：需要 include 的头文件有<string>和<sstream>等。为 Student 类型定义 str( ) 成员函数：

```
string str() const {
    ostringstream ss;
```

```
    ss << _id << '␣' << _name << '␣' << _score;
    return ss.str();
}
```

方案二：需要 include 的头文件有<string>和<format>等。

```
string Str() const {
    return format("{}␣{}␣{}", _id, _name, _score);
}
```

方案一利用输出字符串流 ostringstream 对象 ss 所封装的类型转换功能，并以 C++程序员所熟知的方式(与向标准输出流 cout 输出的方式相同)将所需数据转换并输出到 ss 的内部字符串缓冲器，调用其 str()成员函数即可获得所需字符串。建议在每个自定义类的设计中都为其定义一个类似功能的 str()函数。

方案二用到类库中的 format 全局函数，该函数已纳入 C++20 标准方案，但几个主流编译器截至 2022 年初均未正式支持，在微软的编译器 cl.exe 中需使用/std：c++latest 选项(对应于在 Visual Studio 中设置"预览—最新 C++工作草案中的功能"项目类型选项)。

【例 4.4】 实现字符串分割的 split 函数。

C++标准库中没有现成可用的 split 函数，但字符串分割的操作在字符串信息处理中还是很常用的，例如从 csv 格式的数据文件(Comma-Separated Values，逗号分隔值，因为分隔符也可以是其他字符，故 csv 也称字符分隔值)中读取数据，需先对每行字符串进行正确的分割，然后对每项数据分别解译。作为对 C++标准库字符串处理的一个综合应用，这里给出一种应用 C++11 标准引入的正则表达式 regex 库实现 split 函数的方法。

```
#include <string>
#include <vector>
#include <regex>
using namespace std;
string& trim(string& srcstr);       //清除两端空格
int split(vector<string>& tokens, const string& strLine, const
regex& delims);
int split(vector<string>& tokens, const string& strLine, const
regex& delims) {
    sregex_token_iterator it(begin(strLine), end(strLine),
delims, -1);
    sregex_token_iterator end;
    string temp;
```

```
    while (it ! = end) {
        temp = * it++;
        tokens.push_ back(trim(temp));
    }
    return tokens.size();
}
```

//清除两端空格

```
string& trim(string& srcstr) {
    if (srcstr.empty()) {
      return srcstr;
    }
    srcstr.erase(0, srcstr.find_ first_ not_ of(''));
    srcstr.erase(srcstr.find_ last_ not_ of('') + 1);
    return srcstr;
}
```

该实现的测试代码如下：

```
int main() {
    string s("hello,do you; know about C++?");
    regex delims("[ \\s,;?]+");
    vector<string> sv;     string tmp;
    int n = split(sv, s, delims);
    for (auto& s: sv)
        cout<< s << ":" <<s.length()<<";";
    cout<< endl;
    //csv 文件中一行：ID, Name, Age, Score
    string linestr("3016, 张超, 17.1  89.5");
    regex delims2("[ \\s,]+");   vector<string> sv2;
    split(sv2, linestr, delims2);
    int id = stoi(sv2[0]);     string name = sv2[1];
    float age = stof(sv2[2]);   double score = stod(sv2[3]);
    cout<< linestr << endl;
    cout<< "id: " << id << " \tname: " << name << " \tage: "
        << age << " \tscore: " << score << endl;
```

```
    return 0;
}
```

程序运行结果如下：

```
hello:5;do:2;you:3;know:4;about:5;C++:3;
3016,张超, 17.1   89.5
id: 3016        name:张超        age: 17.1        score: 89.5
```

4.2 字符串的顺序存储结构及其实现

4.2.1 字符串的顺序存储结构的定义

字符串的顺序存储结构是指用一个占据连续存储空间的数组来存储字符串的内容，串中的字符依次存储在数组的相邻单元中。用顺序存储结构实现的字符串称作顺序串，顺序串结构如图 4.1 所示。

图 4.1 串的顺序存储结构

在图 4.1 中，串 str ="abcd"，它的长度为 4，但这个串预分配的存储空间有 7 个单元。可见，在顺序串的实现中，需要一个计数器变量记载实际存入数组中的字符个数，即串的实际长度。

串的顺序存储结构与第 6 章将介绍的顺序表相似，只是数据元素的类型不同而已，顺序串中元素固定为字符类型。顺序结构的优点是数据结点存储密度高，缺点是必须为内部数组预分配一定容量的存储空间。如果预分配的容量不够，则在操作过程中需重新分配更大的空间；反之，如果预分配的容量过大，则可能造成内存资源的浪费。

我们用如下的 SString 类来实现串的顺序存储结构，该类型声明如下：

```cpp
#include <memory>
class SString {
private:
    int _length;        //记载串的长度
```

```
int _ capacity;      //字符数组的容量
unique_ptr<char[]> _ items;//指向字符数组的指针,字符数组存储串内容
......
}
```

类中的成员变量有_items, _length 和_capacity。成员变量_items 声明为 unique_ptr 型智能指针,将保存动态分配的字符数组的地址。成员变量_length 记录串实例中字符个数,即串的长度;_capacity 记录为串实例预分配的空间容量。串的各种基本操作将作为 SString 类的成员函数予以实现,当类 SString 设计完成,用 SString 类定义的对象就是一个字符串的实例,通过对串实例调用类中定义的公有成员函数来进行相应的串操作。

对于这个类的客户端(使用者)来说,关心的是该类的功能接口,而不必关心类的具体设计;另一方面,对这个类的设计者而言,不需要也不应该向类之外的对象提供直接操作类的数据成员的通道,所以设计者将类中的数据成员都声明为私有的(private),即设置其对外不可见。这种设计体现了面向对象程序设计所要求的类的封装性及信息隐藏。

定义 SString 类的源代码保存在头文件 SString. h 中,成员函数的编码都以内联(inline)方式在头文件中直接给出,对应的源代码实现文件为 SString. cpp(它仅有一条指令: # include "SString. h")。

本章和后续章节将介绍的实现其他相关数据结构的基础类,如栈类、线性链表类、二叉树类等,都各自以独立模块添加到 dsa 算法与数据结构库(dsa. lib)项目。在各章中,对这些基础类的测试与应用的程序则置于各自独立的应用程序型项目,例如本章的测试与应用 SString 类的程序隶属于名为 stringtest 的项目。

4. 2. 2 字符串的基本操作的实现

串的基本操作将作为 SString 类的成员函数予以实现,在定义 SString 类的头文件 SString. h 的前面包含如下的指令和全局定义:

```
#include <iostream>
#include <stdexcept>
#include <memory>
#include <string>
using namespace std;
const int npos = -1; const int StrCapacity = 32;
```
下面分别描述实现这些操作的算法。

1. 串的初始化

使用构造函数创建并初始化一个串对象：它为_items 数组申请指定大小的存储空间，将用来存放字符串的数据；设置串的初始长度和预分配的存储空间大小。多种形式的构造函数编码如下：

```cpp
//construct empty string 构造 capa 个存储单元的空串
SString(int capa = StrCapacity) {
    _capacity = capa;
    _items = make_unique<char[]>(_capacity);
    _items[0] = '\0';        //加入 C 式串尾
    _length = 0;             //初始为空串,长度为 0
}
//construct from C-style char array 从 C 样式字符串构造
SString(const char * first, int cnt = npos) {
    if (cnt == npos) {
        int len = 0;
        while ( *(first + len) ! = '\0')len++;
        _length = len;
    }
    else
_length = cnt;
    _capacity = _length + StrCapacity;
    _items = make_unique<char[]>(_capacity);
    for (int i = 0; i < _length; i++) {
        _items[i] = *first++;
    }
    _items[_length] = '\0';
}
//copy constructor
SString(const SString& str) {
    _length = str._length;
    _capacity = str._capacity;
    _items = make_unique<char[]>(_capacity);
```

```
    for (int i = 0; i <= _length; i++) {
        _items[i] = str._items[i];
    } // _items[_length] = '\0';
}
// Copy assignment operator.
SString& operator =(const SString& other) {
    if (this ! = &other) {
        _items.reset(); // 释放已预分配的空间
        _length = other._length;
        _capacity = other._capacity;
        _items = make_unique<char[]>(_capacity);
        for (int i = 0; i <= _length; i++) {
            _items[i] = other._items[i];
        } // _items[_length] = '\0';
    }
    return *this;
}
```

2. 获取串的长度

该操作告知串实例中所包含的字符的个数，用成员函数 length( ) 实现，编码如下：

```
int length() const {
    return _length;
}
```

用成员函数 capacity ( ) 实现告知串实例当前预分配空间所能存放的最大字符个数的功能。编码如下：

```
int capacity() const {
    return _capacity - 1;
}
```

3. 判断串状态是否为空或已满

这两个操作分别告知为串实例预分配的空间是否为空或已被占满。通过分别定义 bool 型的成员函数 empty( ) 和 full( ) 来相应地实现这两个测试操作。

当_length 等于 0 时，表明串为空状态，empty( ) 函数应返回 true；否则，返回 false。

71

编码如下:

```
bool empty() const {
    return _length == 0;
}
```

当_length+cnt+1 等于_capacity 时,表明串(将)为满状态,full()函数应返回 true;否则,返回 false。full()函数可以不为外所知,故将它定义为私有成员函数。编码如下:

```
private:
    bool full(int cnt = 0) const {
        return _length + cnt + 1 == _capacity;
    }
```

4. 获得或设置串的第 *i* 个字符值

通过重载"[ ]"运算符来提供获得或设置串的第 *i* 个字符值的功能,并实现对串实例进行类似于数组的访问。就像 C++的数组下标从 0 开始一样,我们用从 0 开始的索引参数 *i* 来指示串中字符的位置。该操作的实现编码如下:

```
char operator[ ](int i) const {
    if (i < 0 || i >= _length) {
        throw out_of_range("index out of range: ");
    }
    return _items[i];
}
char& operator[ ](int i) {
    if (i < 0 || i >= _length) {
        throw out_of_range("index out of range: ");
    }
    return _items[i];
}
```

第一个形式提供读的功能,第二个形式提供设置的功能。

5. 在串的末端追加字符

成员函数 append()将指定的字符 c 加入串对象的尾部。当串内部的数组_items 预分配的空间足够时,将数组单元_items[_length]的内容设置为字符 c,计数器 length 自加 1,也可以根据参数 cnt 的值,添加若干个字符 c。如果串当前分配的存储空间将装满,在进行后续的操作前，需要调用本类中设计的一个私有函数 increCapacity( ) 重新分配更大的存储空间，并将原数组中的字符数据逐个拷贝到新数组。相应的编码如下：

```
SString& append(int cnt, char c) {
    if (full(cnt)) //串内部空间满扩容
        increCapacity(cnt + StrCapacity);
    int j = _length;
    for (int i = 0; i < cnt; i++) {
        _items[j++] = c;
        _length++;
    }
    _items[_length] = '\0';
    return *this;
}

private:
void increCapacity(int amount = StrCapacity) {
    _capacity += amount;
    //create newly sized array
    auto newspace = make_unique<char[]>(_capacity);
    for (int i = 0; i <= _length; i++)
        newspace[i] = _items[i];
    _items.reset();
    _items = move(newspace);
    //assign _items to the new, larger array
}
```

6. 在串的末端追加另一个串

成员函数 append( ) 将指定串 s2 加入当前串实例的尾部。如果串当前分配的存储空间将装满，在进行后续的操作前，需要调用 increCapacity( ) 重新分配更大的存储空间，并将原数组中的字符数据逐个拷贝到新数组。然后，依次将参数指定的串的每个字符拷贝过来。相应的实现编码如下：

```
//向字符串的末尾添加另一串 s2,连接两个串
SString& append(const SString& s2) {
    if (!s2.empty()) {
```

```
        int len2 = s2._length;
        if (full(len2))
            increCapacity(len2 + StrCapacity);
        for (int i = 0; i <= len2; i++)
            _items[_length+i] = s2._items[i];
        _length += len2;
    }
    return *this;
}
```

对于两个串的连接操作,通过关于类 SString 重载 '+' 运算符,这样两个串 str1 和 str2 的连接操作会产生一个新的串对象,该过程可以表示为:

```
str3 = str1+ str2;
//重载运算符'+',连接两个串 s1 和 s2
    SString operator +(const SString& s1, const SString& s2) {
        SString newstr(s1.length() + s2.length() + StrCapacity);
        newstr.append(s1);
        newstr.append(s2);
        return newstr;
    }
```

C++中需从某函数返回一个复合类型的新对象的过程往往伴随多个低效重复的数据拷贝负荷。为了提高效率,现代 C++引入移动语义,基本方法是在类设计中重载赋值运算符和定义移动构造函数。

```
//move constructor
SString(SString&& str) {*this = std::move(str);}
//move assignment operator
SString& operator = (SString&& rhs) {
    if (this != &rhs) {
        _items.reset(); _items = move(rhs._items);
        _length = rhs._length; _capacity = rhs._capacity;
        rhs._length = 0; rhs._capacity = 0;
    }
    return *this;
}
```

7. 获取串的子串

substr( )成员函数返回当前串实例中从序号 idx 开始的长度为 len 的子串。当前串对象的长度为_length，idx 与 len 应满足 0≤idx<idx+len≤_length，否则返回空串。

```
// substring of len chars from position idx
SString substr(int idx, int len) const {
    int j = 0;
    if (idx < 0) idx = 0; // start at front when pos < 0
    SString newstr(len + StrCapacity);
    if (idx >= 0 && len > 0 && (idx + len <= _length)) {
        while (j < len) {
            newstr._items[j] = _items[idx + j];
            j++;
        }
        newstr._length = len;
        newstr._items[len] = '\0';
    }
    return newstr;
}
```

8. 查找子串

find( )成员函数在当前串实例中查找与参数 substr 指定的串有相同内容的子串，若查找成功，返回子串的序号，即子串在主串中首次出现时第一个字符的序号；如果当前串不包含子串 substr，则返回−1。

子串的查找算法描述如图 4.2 所示。

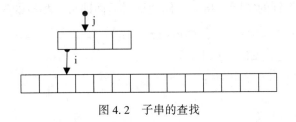

图 4.2　子串的查找

相应的编码如下：

```
// index of first occurrence of substr
```

```cpp
int find(const SString& substr) const {
    int i = 0, j = 0;
    bool found = false;
    int sublen = substr.length();
    if (sublen == 0)
        return 0;
    while (i < _length - sublen) {
        j = 0;
        while (j < sublen && _items[i + j] == substr._items[j])
            j++;
        if (j >= sublen) {
            found = true;
            break;
        }
        else
            i++;
    }
    if (found)
        return i;
    else
        return npos;
}
```

9. 转化为 C 式串

c_str()成员函数将串对象的内容转化为 C 式串,即以 null 结尾的字符数组,只需获得成员变量_items 智能指针的实际所指的存储地址后返回即可。相应的编码如下:

```cpp
// explicit conversion to char *
const char * c_str() const {
    return _items.get();
}
```

10. 输出串对象

```cpp
ostream& operator<<(ostream& os, const SString& rhs) {
```

```
    os << rhs.c_str();
    return os;
}
```

这是本模块设计的一个全局实用工具函数，通过重载"<<"运算符，在控制台上显示串对象的内容，该辅助函数对于一个完整的类型定义是非常有用的。

4.2.3 字符串的其他操作的实现

对字符串的处理，除了需要前面实现的几种基本操作外，经常还需要插入、删除、替换、逆转等其他操作，这些操作都建立在基本操作之上，因此可以通过组合调用前面的基本操作来实现。

1. 串的插入

在字符串的指定位置插入另一个串，成员函数的签名如下：

SString& insert(int i, const SString& s2);

它将参数 s2 表示的串插入到当前串实例的位置 i 处，i 应满足条件 $0 \leqslant i \leqslant$ _length。该函数的实现算法描述如下：

* 用 substr 操作将当前串分成两个子串，前 i 个字符组成子串 sub1，后_length-i 个字符组成子串 sub2。
* 构造一个有足够空间的新串 newstr，用 append 操作将 sub1、s2 和 sub2 依次连接起来。
* 修改当前实例的数据成员_length、_capacity，特别地，成员_itmes 指向 newstr 对象的内部空间。

串的插入操作过程描述如图 4.3 所示。

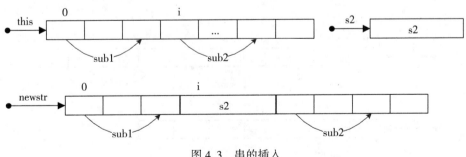

图 4.3　串的插入

串的插入算法的完整实现代码如下:

```
// 串的插入:将 s2 插入到主串第 i 位置处
SString& insert(int i, const SString& s2) {
    SString sub1 = substr(0, i);
    SString sub2 = substr(i, _length - i);
    SString newstr(_length + s2._length + StrCapacity);
    newstr.append(sub1);
    newstr.append(s2);
    newstr.append(sub2);
    _length = newstr._length;
    _capacity = newstr._capacity;
    _items.reset();
    _items = move(newstr._items);
    return *this;
}
```

2. 串的删除

删除串中指定位置开始的一段子串,成员函数的签名如下:

```
SString& erase(int i, int n = npos);
```

它删除当前串实例中从位置 i 开始的长度为 n 的子串,i 和 n 应满足条件 $0 \leqslant i \leqslant i+n \leqslant \_$length。该方法的实现算法描述如下:

● 将当前串实例的前 i 个字符视作 sub1,从第 i 个字符开始的长度为 n 的子串视作 sub2,后_length-i-n 个字符视作 sub3。用智能指针构造有相应空间大小的字串 sub3,将相应的内容拷贝到 sub3 指向的存储空间。

● 将 sub3 的内容拷贝到 sub2。

串的删除操作过程描述如图 4.4 所示。

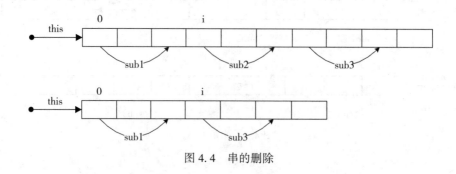

图 4.4　串的删除

串的删除算法的完整实现代码如下:

```
// 删除串中第 i 位置开始的长度为 n 的子串
SString& erase( int i = 0, int n = npos) {
    // int sub1begin = 0;
    int sub1len = i;
    int sub2begin = i;
    int sub2len = (n ! = npos) ? n : ( _ length - sub1len);
    int sub3begin = sub1len + sub2len;
    int sub3len = _ length - sub3begin;
    unique_ ptr<char[ ]> sub3;
    if (sub3len ! = 0) {
        sub3 = make_ unique<char[ ]>(sub3len);
        for (int j = 0; j < sub3len; j++) {
            sub3[j] = _ items[sub3begin + j];
        }
        for (int j = 0; j < sub3len; j++) {
            _ items[sub2begin + j] = sub3[j];
        }
        sub3.reset();
    }
    _ length = sub1len + sub3len;
    _ items[ _ length] = '\0';
    return *this;
}
```

3. 串的替换

将串中指定的子串(它在主串中的首次出现)替换成新的子串, 成员函数的签名如下:

```
SString& replace(const SString& oldsub, const SString& newsub);
```

它将当前串实例中 oldsub 子串的首次出现替换成 newsub 子串。该方法的实现算法描述如下:

- 用成员函数 find( ) 找到 oldsub 子串在当前串实例中的位序 i。

- 将当前串实例的前 i 个字符视作 sub1, 中间的子串 sub2 与参数 oldsub 串相同, 它之后的子串视作 sub3。用智能指针构造有相应空间的数组 sub3, 将相应的内容拷贝到 sub3

指向的存储空间。

• 将第 2 个参数 newsub 串的内容拷贝到原 sub2 开始的地方，接着将 sub3 的内容拷贝到其后。

串的替换操作过程描述如图 4.5 所示。

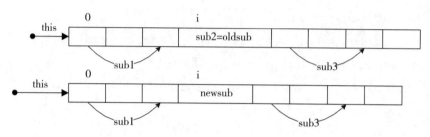

图 4.5　串的替换

串的替换算法的完整实现代码如下：

```
// 将串中 oldsub 子串替换成 newsub 子串
SString& replace(const SString& oldsub, const SString& newsub) {
    int cnt = oldsub.length();
    int sub1len = this->find(oldsub);
    if (sub1len != npos) {
        int sub3begin = sub1len + cnt;
        int sub3len = _length - sub3begin;
        unique_ptr<char[]> sub3 = make_unique<char[]>(sub3len);
        for (int i = 0; i < sub3len; i++) {
            sub3[i] = _items[sub3begin + i];
        }
        int newsublen = newsub.length();
        int newLen = sub1len + sub3len + newsublen;
        if (newLen >= _capacity - 1) {
            increCapacity(newLen + StrCapacity - _capacity);
        }
        for (int i = 0; i < newsublen; i++) {
            _items[sub1len + i] = newsub._items[i];
        }
```

```
        sub3begin = sub1len + newsublen;
        for (int i = 0; i < sub3len; i++) {
            _items[sub3begin + i] = sub3[i];
        }
        _length = newLen;
        _items[_length] = '\0';
        sub3.reset();
    }
    return *this;
}
```

4. 串的逆转

将串中字符序列逆转，方法签名如下：

`SString& reverse();`

逆转算法描述如下：

- 初始设 i 为原串最后一个字符的位置；
- 进入循环，交换 i 处和 dst＝_length－1－i 处的内容，循环次数只需为串长度的一半。

串的逆转操作过程描述如图 4.6 所示。

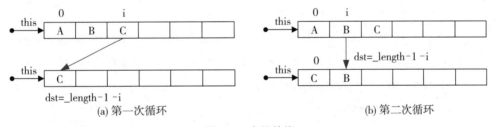

(a) 第一次循环　　　　　　　　　　　　(b) 第二次循环

图 4.6　串的替换

串的逆转算法的完整实现代码如下：

```
SString& reverse() {
    char tmp;
    int cnt = _length / 2;
    int i = _length - 1;
    for (int dst = 0; dst < cnt; dst++, i--) {
        tmp = _items[dst];
```

```
        _items[dst] = _items[i];
        _items[i] = tmp;
    }
    return * this;
}
```

【例 4.5】 顺序串类 SString 的应用。

```
#include <iostream>
#include <string>
#include "../dsa/SString.h"
using namespace std;
int main() {
    const char * a = "Hello"; SString s1(a);
    cout<< s1.c_str() << " length: " << s1.length() << endl;
    cout<< "reversed: " << s1.reverse() << endl;
    s1.reverse();
    const char * b = "World"; SString s2(b); SString s0;
    s0.append(s1); s0.append(1,' '); s0.append(s2); s0.append
(1, '!');
    cout<< s0.c_str() << endl;
    cout<< s1 + " " + s2  + "!" << endl;
    cout<< s1 << " at index " << s0.find(s1) << " of " << s0 << endl;
    cout<< s2 << " at index " << s0.find(s2) << " of " << s0 << endl;
    SString s4("Programming");
    cout<< s0 << endl;
    cout<< s2 << " replaced with " << s4 << endl;
    cout<< s0.replace(s2, s4)<<endl;
    cout<< s0.insert(s1.length()," C++ ")<<endl;
    return 0;
}
```

程序运行结果如下：

```
Hello  length: 5
reversed: olleH
Hello at index 0 of Hello World!
```

World at index 6 of Hello World!

Hello World!

World replaced with Programming

Hello Programming!

Hello C++ Programming!

4.3 字符串的链式存储结构及其实现

串的链式存储结构是指用链表的方式来存储串的内容。链式串的一种简单的实现方式是，链表的每个结点容纳一个字符，并指向后一个字符结点。在建立链式串时，按实际需要分配存储，即在运行过程中动态地分配结点，每个结点的值是一个字符，串的链式存储结构如图 4.7 所示。

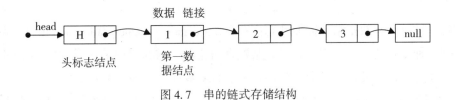

图 4.7 串的链式存储结构

在图 4.7 中，串 s = "123"，其内容用单向链表存储，串长度为 3，相应的链表有 1 个头结点和 3 个数据结点，每个数据结点容纳一个字符。

4.3.1 字符串的链式存储结构的定义

实现链式存储结构，需要定义一个结点结构（struct）或类（class），结点由值域和指针域组成，值域保存数据元素的值，指针域则包含指向其他结点的指针，指针域又称链域。现代 C++可以直接使用标准 C/C++语言中的指针，指针类型的变量可以用来记录具体对象的地址，即指向相应的实例。因此，在 C++程序设计中可以定义"自引用结构/类"（self referential structure/class）来表示链式存储结构中的结点。

1. 声明自引用的结点结构

自引用的串结点结构包含指向同类实例的指针成员变量，而其数据域的类型为 char

83

型，用于保存数据元素的字符值。链式串的结点结构 LSNode 声明如下：

```
struct LSNode {
    char item;                  //存放结点值
    LSNode * next;              //指向后继结点的指针
                                //构造值为 c 的结点
    LSNode(char c = '_'): item(c), next(nullptr) {}
};
```

结构 LSNode 的定义中声明了两个成员变量：item 和 next。成员 item，构成结点的值域，用于记载(结点)数据；成员 next 是一种指针类型，构成结点的链域，用于指向后继结点。所以 LSNode 构成自引用的结构。链式串中的结点设计成独立的 LSNode 结构，一个具体结点就是用 LSNode 结构定义和创建的一个实例。C++程序通过用指针类型的链域将多个实例(结点对象)链接起来，就可以实现多种动态的数据结构，如链表、二叉树、图等结构，在后面的章节中我们还会多次用到这种方法。

2. 创建并使用结点对象

创建和维护动态数据结构需要动态内存分配(dynamic memory allocation)。内存空间是计算机中一种重要的资源，程序在需要某数据对象时，需为之申请所需的内存空间并初始化，其后才可操作、使用该对象；当不再需要该对象时，应及时释放其空间。

C++使用 new 操作符创建对象并为之分配内存，使用 delete 操作符销毁对象并释放其内存。例如：

```
LSNode *p, *q;              //声明 p 和 q 是指向 LSNode 的指针变量
p = new LSNode ();         //创建 LSNode 类型的对象,由 p 指向
q = new LSNode ();         //创建 LSNode 类型的对象,由 q 指向
```

结点对象的两个成员变量 item 和 next 记录该实例的状态，称为实例(成员)变量，由 p 引用对象的这两个实例成员变量的语法格式为 p->item 和 p->next。通过下述语句可将 p、q 两个结点对象链接起来：

```
p->next = q;
```

这时，称结点对象 p 的 next 成员变量指向结点对象 q，简称结点 p 指向结点 q。

对于动态生成的串结点，当不再需要它们时，需销毁结点，释放相应的资源。下面的 dispose( )是用来实施清理资源操作的一个全局实用工具函数，在后面的链式串类中会用到。

```
//Free the existing resource 释放由 first 开始的链表
void dispose(LSNode * first) {
```

```
    LSNode * q = first;LSNode * p;
    while (q ! = nullptr) {
        p = q; q = q->next;
        delete p;
    }
}
```

3. 链式串类

我们定义如下的 LinkedString 类来实现链式存储结构的串，该类声明如下：

```
#include <iostream>
#include <sstream>
#include <stdexcept>
#include <assert.h>
using namespace std;
const int npos = -1; const int StrCapacity = 32;
class LinkedString {
private:
    LSNode * _head;    //_head 指向链表头结点
    int _length;
public:
    ......
};
```

LinkedString 类用单向链表的方式实现串的链式存储结构，成员变量有_head 和 _length。_length 记录串实例包含的有效字符的个数，_head 指向单向链表的仅作为标志的头结点。头结点的数据域 item 存储的信息不起作用，而该结点的链域 next 指向第一个数据结点。若字符串为空，则头结点的链域 next 为 nullptr。

4.3.2　字符串的链式存储结构基本操作的实现

串的基本操作作为 LinkedString 类的成员函数予以实现，下面分别描述实现这些操作的算法。

1. 串的初始化与串的销毁

用缺省构造函数创建并初始化一个串对象，它创建一个仅包含头结点的空串。重载的拷贝构造函数构造并复制另一个串(链表)实例；最后一个重载的构造函数是从 C 样式字符串构造一个串(链表)实例。多种形式的构造函数编码如下：

```cpp
//构造仅有头结点的空单向链表
LinkedString() {
    _head = new LSNode('>');    //头结点是个标志结点
    _length = 0;
}
//copy constructor. 构造并复制另一个串(链表)
LinkedString(const LinkedString& a){
    _head = new LSNode('>');    //头结点是个标志结点
    _length = a._length;
    _head->next = makeLink(a._head->next);
}
//Copy assignment operator.
LinkedString& operator=(const LinkedString& other) {
    if (this != &other) {
        //Free the existing resource.
        ::dispose(_head->next);
        _head->next = makeLink(other._head->next);
        _length = other._length;
    }
    return *this;
}
//make/copy linked string    从其他链表复制数据链
LSNode * makeLink(LSNode * first, int cnt = npos) const {
    if (first == nullptr)return nullptr;
    int strlen = (cnt != npos) ? cnt : (unsigned short)npos;
    int n = 1;
    LSNode * front = new LSNode(first->item);
    LSNode * p = first->next;
```

```
    LSNode * q = front; LSNode * t;
    while (p ! = nullptr) {
        t = new LSNode(p->item);
        n++;
        q->next = t; q = t;
        p = p->next;
        if (n >= strlen) break;
    }
    return front;
}
//construct from c-style char array 从 C 样式字符串构造
LinkedString(const char * first, int cnt = npos) {
    _head = new LSNode('>');     //头结点是个标志结点
    int len = 0;
    while ( * (first + len) ! = '\0')
        len++;
    _length = ((cnt ! = npos) && (cnt < len)) ? cnt : len;
    _head->next = makeLink(first, _length);
}
//assign const char * s
LinkedString& operator = (const char * cstr) {
    int len = 0;
    while ( * (cstr + len) ! = '\0')
        len++;
    ::dispose(_head->next);
    _head->next = makeLink(cstr, len);
    _length = len;
    return * this;
}
//construct from c-style char array 从 C 样式字符串构造串链
LSNode * makeLink(const char * first, int cnt = npos) const {
    int len = 0;
    while ( * (first + len) ! = '\0')
```

```
        len++;
    int strlen = ((cnt ! = npos) && (cnt < len)) ? cnt : len;
    if (strlen = = 0)
        return nullptr;
    LSNode * front = new LSNode( * first);
    char * p = (char *)first + 1;
    LSNode * q = front;
    LSNode * t;
    for (int i = 1; i < strlen; i++) {
        t = new LSNode( * p++);     //建立结点 t
        q->next = t;
        q = t;
    }
    return front;
}
```

在 C++中，对象的销毁将自动调用对象所属类的析构函数。LinkedString 类的析构函数编码如下：

```
//deconstructor. 析构函数
~LinkedString() {
    ::dispose(_head);
}
```

2. 获取串的长度

该操作告知串包含的字符的个数。用名字为 length ( )或 size( )的成员函数来实现。假设 LinkedString 类中没有设立专门的成员变量记录串中的字符个数，当需要知道串的大小时，必须从第一个数据结点计数到最后一个结点。我们的设计是用成员变量 _ length 动态记录字符个数，因而返回其值即可告知串的长度。编码如下：

```
//返回链串的长度
int length() const {
    return _length;
}
int size() const {
    int n = 0;
```

```
LSNode * p = _ head->next;
while (p ! = nullptr) {
    n++;
    p = p->next;
}
return n;
}
```

3. 判断串状态是否为空

将这个测试操作定义为成员函数 empty( )。当头结点的链域 next 为 nullptr 时，或当数据成员_length 等于 0 时，串为空状态，成员函数 empty( )返回值 true。相应的编码如下：

```
// 判断链串是否为空
bool empty( ) const {
    return _ head->next = = nullptr;
    // return _ length = = 0;
}
```

LinkedString 类采用动态分配方式为每个结点分配内存空间，程序中可以认为系统所提供的可用空间足够的大，因此不必判断链式存储结构的串是否已满。如果系统空间已用完，无法分配新的存储单元，则产生运行时异常。

4. 获得或设置串的第 i 个字符值

在链式结构中，不能像顺序结构一样根据结点的序号直接找到该结点，而必须从表头顺着链找到相应的结点。通过重载"取下标运算符[ ]"实现获得或设置串的第 i 个字符值的功能，它提供对串对象进行类似于数组的访问。就像 C++的数组下标从 0 开始一样，我们用从 0 开始的索引参数 i 来指示串中字符的位置。

```
const char operator [](int i) const {
    LSNode * p = findNode(i);
    if(p = =nullptr)
        throw out_ of_ range( "Index Out Of Range Exception in
            LinkedString:" + to_ string(i));
    return p->item;
}
char& operator [ ] (int i) {
```

```
    LSNode * p = findNode(i);
    if (p == nullptr)
        throw out_of_range("Index Out Of Range Exception in
            LinkedString:" + to_string(i));
    return p->item;
}

LSNode * findNode(int i) const {
    if ((i < 0) || (i >= _length))
        return nullptr;
    int n = 0;                      // count of elements
    LSNode * q = _head->next;
    while (n < i) {
        n++;
        q = q->next;
    }
    return q;
}
```

5. 在串的末端追加另一个串

成员函数 append( )将指定串 s2 加入当前串实例的尾部。相应的编码如下:

```
//向字符串的末尾添加另一串 s2,连接两个串
LinkedString& append(const LinkedString& s2) {
    if (! s2.empty()) {
        LSNode * q = backNode();
        q->next = makeLink(s2._head->next);
        _length += s2.length();
    }
    return *this;
}
LSNode * backNode(const LSNode * first) const {
    LSNode * q = (LSNode * ) first;
    while (q->next != nullptr)q = q->next;
    return q;
```

```
}
LSNode * backNode() const{return backNode(_head);}
```

对于两个串的连接操作，通过关于类 LinkedString 重载运算符 '+'，这样两个串 str1 和 str2 的连接操作会产生一个新的串对象，该过程可以表示为：

```
str3 = str1+ str2;
//重载运算符'+',连接两个串 s1 和 s2
LinkedString operator +(const LinkedString& s1, const
LinkedString& s2) {
    LinkedString newstr;
    newstr.append(s1);
    newstr.append(s2);
    return newstr;
}
```

该操作返回一个新的串对象，其过程往往伴随多个低效重复的拷贝负荷。为了提高效率，在 LinkedString 类设计中重载赋值运算符和定义移动构造函数。

```
//move constructor
LinkedString(LinkedString&& str) {
    *this = std::move(str);
}
//move assignment operator
LinkedString& operator = (LinkedString&& rhs) {
    if (this ! = &rhs) {
        //Free the existing resource.
        ::dispose(_head->next);
        _head->next = rhs._head->next;
        _length = rhs._length;
        rhs._length = 0;
        rhs._head->next = nullptr;
    }
    return *this;
}
```

6. 获取串的子串

substr()成员函数返回当前串实例中从序号 idx 开始的长度为 len 的子串。当前串对象的长度为_length，idx 与 len 应满足 $0 \leqslant idx < idx+len \leqslant \_length$，否则返回空串。

```
// substring of len chars from position idx
LinkedString substr(int idx, int len) const {
    if (idx < 0) idx = 0;     // start at front when idx < 0
    LinkedString newstr;
    if (idx >= 0 && len > 0 && (idx + len <= _ length)) {
        int j = 0;
        LSNode * q = findNode(idx);
        newstr._ head->next = makeLink(q,len);
        newstr._ length = len;
    }
    return newstr;
}
```

7. 查找子串

find( )成员函数在当前串实例中查找与参数 substr 指定的串有相同内容的子串，若查找成功，返回子串的序号，即子串在主串中首次出现时第一个字符的序号；如果当前串不包含子串 substr，则返回−1 子串的查找算法描述参见图 4.2，相应的编码如下：

```
// index of first occurrence of substr
int find(const LinkedString& substr) const {
    int i = 0, j = 0;
    int sublen = substr.length();
    if (sublen == 0)
        return 0;
    LSNode * p = _ head->next;
    LSNode * q;
    while (i < _ length - sublen) {
        j = 0;
        q = substr._ head->next;
        while (j < sublen) {
            if (p->item ! = q->item)
                break;
            j++; q = q->next;
```

```
        p = p->next;
    }
    if (j = = sublen)
        return i;
    i++;
    p = p->next;
    }
    return npos;
}
```

8. 输出串对象

```
ostream& operator<<(ostream& os, const LinkedString& rhs) {
    if (! rhs.empty()) {
        LSNode * p = rhs.head()->next;
        while (p ! = nullptr) {
            os << p->item;
            p = p->next;
        }
    }
    return os;
}
```

对于串的插入、删除、替换、逆转等其他操作,都可以通过组合前面介绍的基本操作予以实现,读者可以参考顺序串 SString 类的实现,在 LinkedString 类中实现相应的操作。

习　题　4

4.1　写出 LinkedString 类中以 C 样式字符串为参数的构造函数:

```
LinkedString(const char * first, int cnt = npos);
```

4.2　写出 LinkedString 类中实现查找字符操作的函数:

```
int find(char c);
```

4.3　写出 LinkedString 类中实现插入操作的函数:

```
LinkedString& insert(int i, const LinkedString& s2);
```

4.4 写出 LinkedString 类中实现删除操作的函数:

```
LinkedString& erase(int i = 0, int cnt = npos);
```

4.5 写出 LinkedString 类中实现替换操作的函数:

```
LinkedString&  replace ( const  LinkedString&  oldsub,  const
LinkedString& newsub);
```

4.6 写出 LinkedString 类中实现追加若干个字符的函数:

```
LinkedString& append(int cnt, char c);
```

4.7 编程实现寻找两个字符串中的最长公共子串的操作。

4.8 分别在 SString 和 LinkedString 类中编程实现获取以 C++标准库 string 表示的串的操作:

```
string str();
```

4.9 设 string s="datastructure",则用表达式_____可以返回串中字符的个数,其结果等于_____,用 find( )定位字符't'的下标的表达式是_____,其结果等于_____。表达式 s. substr(4, 9)的值为_____。s 的非空子串的数目是_____。

第5章 排序算法

日常生活中，有序的数据便于处理，计算机数据处理中亦是如此。排序是将某种数据结构按照其数据元素的关键字值的大小以递增或递减的次序排列的过程，它是计算机数据处理中的重要基本操作，有着广泛的应用。

本章介绍排序操作相关的基本概念，讨论多种经典排序算法，包括插入、交换、选择和归并等排序算法，分析、比较各种排序算法的运行效率。

本章在算法与数据结构库项目 dsa 中增加排序算法模块，并用名为 sorttest 的应用程序型项目实现对各种排序算法的测试和演示程序。

5.1 数据序列及其排序

5.1.1 排序操作相关基本概念

1. 数据序列、关键字和排序

数据序列(data series)是特定数据结构中的一系列数据元素，它是待加工处理的数据元素的有限集合。以学生信息系统为例，每个学生的信息是待处理的数据元素，若干相关学生的信息则组成一个待加工处理的数据序列，如某个院系同年级的学生成绩数据。

数据序列的排序(sort)是指按其数据元素的关键字的值以递增或递减的次序排列的过程，排序建立在数据元素间的比较操作基础之上。一个数据元素可由多个数据项组成，以数据元素的某个数据项作为比较和排序的依据，则该数据项称为排序关键字(sort key)。例如，学生信息由学号、专业、姓名、成绩等多个数据项组成。如果按学号排序，则学号就是排序关键字；如果按成绩排序，则成绩成为排序关键字。在数据序列中，如果某一关键字能唯一地标识一个数据元素，则称这样的关键字为主关键字(primary key)。不同数据元素，其主关键字的值也不同，因此用主关键字进行排序会得到唯一确定的结果。例如，在一所学校，学生的学号是唯一的，可以作为学生信息排序的主关键字，而学生的姓名则可能有重复，姓名不是主关键字，依据姓名排序的结果可能不是唯一的。

排序是计算机数据处理中的重要基本操作，有着广泛的应用，排好序的数据往往便于进行数据处理。

2. 内排序与外排序

根据被处理的数据规模大小，排序过程中涉及的存储器类型可能不同，由此，排序问题一般可分为内排序和外排序两大类：

（1）内排序：如果待排序的数据序列中的数据元素个数相对较少，在整个排序过程中，所有的数据元素及中间数据可以同时保留在内存中。

（2）外排序：待排序的数据元素非常多，它们必须存储在磁盘等外部存储介质上，在整个排序过程中，需要多次访问外存逐步完成数据的排序。

显然，内排序是基础，外排序建立在内排序的基础之上，但增加了一些复杂性。

3. 排序算法的性能评价

有些排序算法穷举待排序序列中所有需要比较的元素，因而时间开销相对较大，但思路往往很直接，所需内存空间较小。有些排序算法对数据采用化大集合为小集合并分而治之（divide and conquer）的策略，从而解决看似复杂的问题，并相对降低时间开销，但往往需要相对精巧的思路设计，并且算法实施需要一定的内存空间。像评价其他算法一样，对排序算法的性能也主要是从算法的时间复杂度和空间复杂度两个方面进行评价的。

（1）时间复杂度：是指排序算法包含的基本操作的重复执行次数与待排序的数据序列长度之间的关系。数据排序过程中的基本操作是数据元素的比较与移动操作，分析某个排序算法的时间复杂度，就是要确定该算法在执行过程中，数据元素比较次数和数据元素移动次数与待排序的数据序列长度之间的关系。

（2）空间复杂度：是指排序算法所需内存空间与待排序的数据序列长度之间的关系。数据的排序过程需要一定的内存空间才能完成，这包括待排序数据序列本身所占用的内存空间，以及其他附加的内存空间。分析某个排序算法的空间复杂度，就是要确定该算法在执行过程中，所需附加的内存空间与待排序数据序列的长度之间的关系。

一个好的排序算法应该具有相对低的时间复杂度和空间复杂度，即算法应该尽可能减少运行时间，占用较少的额外空间。

4. 排序算法的稳定性

用主关键字进行排序会得到唯一的结果，而用可能有重复的非主关键字进行排序，则结果不是唯一的。假设，在数据序列中有两个数据元素 r_i 和 r_j，它们的关键字 k_i 等于 k_j，且在未排序时，r_i 位于 r_j 之前。如果排序后，元素 r_i 仍在 r_j 之前，则称这样的排序算法是稳定的排序（stable sort）。如果排序后，元素 r_i 和 r_j 的顺序可能保持不变也可能会发生改变，这样的排序称为不稳定的排序（unstable sort）。

本章主要讨论几种经典的内排序算法。为了将注意力集中在算法的本质上，如不作特别说明，假设待排序的数据序列保存在一个数组中，并假定每个数据元素只含关键字，排序一般都是按关键字值非递减的次序对数据进行排列。关键字为某种可比较的类型，在 C++ 语言中，这是要求该类型已对运算符"<"进行了重载，而在 C# 语言中，这意味着该类型实现了 IComparable 接口。在现代编程语言中，也常用 Lambda 表达式等方式定义某种类型的不同元素之间的比较规则。

在算法与数据结构库项目 dsa 中设计一个 SortAlgoritms 模块（包括 .cpp 和 .h 文件），在其中以全局函数模板的形式实现本章将要详细讨论的各种排序算法。它们具有如下签名形式：

```
template<typename T> void InsertSort(T * items, int cnt);
template<typename T> void ShellSort(T * items, int cnt);
template<typename T> void BubbleSort(T * items, int cnt);
template<typename T> void QuickSort(T * items,int cnt, int nLower =
0,int nUpper =-16);
template<typename T> void SelectSort T * items, int cnt);
template<typename T> void HeapSort(T * items, int cnt);
template<typename T> void MergeSort(T * items, int cnt);
```

5.1.2　C++标准库中的排序算法

C++标准库的 algorithm 模块定义了许多用以执行特定算法的模板函数，如排序、查找和复制数组的操作算法。这些算法通过迭代器遍历容器，而不是直接访问容器，而大多数 C++标准库容器类都提供了迭代器，因而，这些模板函数具有较好的通用性，大多数容器都可以使用相同的算法。

algorithm 模块以具有多种重载形式的 sort 函数提供排序功能。函数 sort( ) 应用 QuickSort 算法进行排序，该排序算法效率较高[时间复杂度为 $O(n\log_2 n)$]，但属于不稳定排序，亦即，如果两元素相等，则其原顺序在排序后可能会发生改变。

algorithm 模块中还包括有 stable_sort( ) 函数，它应用 MergeSort 算法进行排序，执行效率较高[时间复杂度为 $O(n\log_2 n)$]，而且是稳定的排序，亦即，如果两元素相等，则其原顺序在排序后保持不变。

函数 sort( )具有下列几种签名形式:

(1) template<class Iterator> void sort (Iterator first, Iterator last);

对容器或数组中 [first, last) 范围内的元素进行非降序排序。序列的元素类型需是可比较的类型,即该类型通过对运算符"<"进行重载来定义元素间的比较协议,据此对整个序列中的元素进行排序。

(2) template<class Iterator, class Comparison>

void sort((Iterator first, Iterator last, Comparison pred);

对容器或数组中 [first, last) 范围内的元素进行排序,排序所依据的比较规则由参数 pred 表示。C++标准库提供了多种函数对象来表达"比较"规则,可以用 Lambda 表达式定义与所需函数对象兼容的匿名函数,以在语义上表达出被排序元素之间不同的比较规则,sort 函数使用指定的"比较"规则对数据序列中的元素进行排序。

函数 stable_sort( )和 sort( )具有相同的语法格式。

下面的例子演示自定义类型不同元素相比较规则的表达及用于 sort 函数的典型方法。

【例 5.1】 学生类型的定义与学生信息表的排序演示。

假设已将定义 Student 结构的模块置于工具库 dsa. lib 中(参见第 2 章的习题),Student 对象缺省的比较规则是通过在 struct Student 中重载运算符"<"来确定的,在这里两个学生对象之间的比较等价于比较这两个学生对象的学号,重载运算符"<"的编码如下:

```
bool Student::operator<(const Student& y) const {
    return id < y.id;
}
```

在应用程序中可以直接调用 sort 函数,以按照 Student 类定义的缺省比较方式完成学生信息表的排序,Student 类型的对象的缺省比较方式定义为按学生的学号来比较。如果要按其他的方式比较并排序,则可以通过传递 3 个参数调用 sort 函数来完成,其中第三个参数指定比较元素时要调用的"比较"函数对象,该函数对象实例定义数据元素之间的比较规则。

设计 StudentUtils 模块(. cpp 和 . h 文件)包含以下代码,其中,称为 CompareKey 的枚举类(enum class)帮助类型定义了几个符号枚举常数;定义一个称为 ComparisonBy 的全局帮助函数,它实现的功能是,根据参数 k 的值(若干枚举常数中的一个)来构造"比较"函数对象以定义数据元素之间的比较规则。

```
#include <functional>
#include "../dsa/Student.h"
enum class CompareKey { ID, Name, Age, Score, IDD, NameD, AgeD,
```

```
ScoreD };
    function<bool(Student&, Student&)>
            ComparisonBy(CompareKey k = CompareKey::ID) {
        function<bool(Student&, Student&)> cmp;
        switch (k) {
        case CompareKey::Name:
            cmp = [](Student& x, Student& y) {return x.name < y.name; };
            break;
        case CompareKey::Age:
            cmp = [](Student& x, Student& y) {return x.age < y.age; };
            break;
        case CompareKey::Score:
            cmp =[](Student& x, Student& y) {return x.score<y.score; };
            break;
        case CompareKey::IDD:
            cmp = [](Student& x, Student& y) {return y.id < x.id; };
            break;
        case CompareKey::NameD:
            cmp = [](Student& x, Student& y) {return y.name < x.name;};
            break;
        case CompareKey::AgeD:
            cmp =[](Student& x, Student& y) {return y.score<x.score;};
            break;
        case CompareKey::ScoreD:
            cmp =[](Student& x, Student& y) {return y.score<x.score;};
            break;
        default:
            cmp = [](Student& x, Student& y) {return x.id < y.id; };
            break;
        }
        return cmp;
    };
```

在下面的 main( ) 函数内分别按学号、成绩和姓名对学生信息表进行排序。

```cpp
#include <iostream>
#include <vector>
#include <algorithm>
#include "StudentUtils.h"
using namespace std;
void Show(const vector<Student>& items);
void SetData(vector<Student>& items);
int main() {
    vector<Student> items;
    SetData(items);Show(items);
    cout<<"按学号排序:"<<endl;
    sort(items.begin(), items.end());Show(items);
    cout<< "按成绩排序:" << endl;
    sort(begin(items), end(items), ComparisonBy(CompareKey::
Score));
    Show(items);
    cout<< "按姓名排序:" << endl;
    sort(items.begin(), items.end(), ComparisonBy(CompareKey::
Name));
    Show(items);
    cout<< "按学号倒排序:" << endl;
    sort(items.begin(), items.end(), ComparisonBy(CompareKey::
IDD));
    Show(items);
    return 0;
}
void SetData(vector<Student>& items) {
    items.push_back(Student(3016, "张超", 17.1, 89));
    items.push_back(Student(3053, "马飞", 19.4, 80));
    items.push_back(Student(3041, "刘羽", 21, 96));
    items.push_back(Student(3025, "赵备", 18.5, 79));
    items.push_back(Student(3039, "关云", 20, 85));
}
```

```
void Show( const vector<Student>& items) {
    cout<<"学号 \t 姓名 \t 年龄 \t 成绩"<<endl;
    for ( size_t j = 0; j < items.size(); j++) {
        cout << items[j].str() << endl;
    //cout<<items[j].id<<" \t"<<items[j].name<<" \t"<< items[j]
.score<<endl;
    }
}
```

运行这个程序，将显示学生信息表的各种排序结果。

5.2　插 入 排 序

插入排序(insertion sort)基于一个简单的基本思想：将待排序的数据序列依次有序地插入成一个有序的数据序列。该算法将整个数据序列视为由两个子序列组成：处于前面的已排序的子序列和处于后面的待排序的子序列；在排序过程中，分趟将待排序的数据元素，按其关键字值的大小插入到前面已排序的子序列中，从而得到一个新的、元素个数增1 的有序序列，重复该过程，直到全部元素插入完毕。下面介绍直接插入排序算法和希尔排序算法。

5.2.1　直接插入排序算法

1. 算法的基本思想

直接插入排序(straight insertion sort)分趟将待排序数据依次有序地插入成一个有序的数据序列，其核心思想是：在第 m 趟插入第 m 个数据元素 k 时，前 $m-1$ 个数据元素已组成有序数据序列 S_{m-1}，将 k 与 S_{m-1} 中各数据元素依次进行比较并插入到适当位置，得到新的序列 S_m 仍是有序的。

设有一个待排序的数据序列为 items = {36, 91, 31, 26, 61}，直接插入排序算法的执行过程如下：

(1)初始化：以 items[0]=36 建立有序子序列 S_0={36}，m=1。

(2)在第 m 趟，欲插入元素值 k=items[m]，在 S_{m-1} 中进行顺序查找，找到 k 值应插入的位置 i；从序列 S_{m-1} 末尾开始到 i 位置的元素依次向后移动一位，空出位置 i；将 k 置入

items$[i]$，得到有序子序列 S_m，m 自增 1。例如，当 $m=1$ 时，$k=91$，$i=1$，$S_1=\{36,91\}$。当 $m=2$ 时，$k=31$，$i=0$，$S_2=\{31,36,91\}$。

(3)重复步骤(2)，依次将其他数据元素插入到已排序的子序列中。

图 5.1 显示了对上述数据序列的直接插入排序过程。

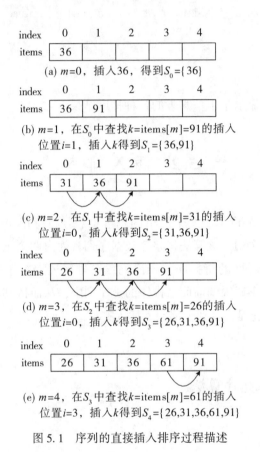

图 5.1　序列的直接插入排序过程描述

2. 数组的直接插入排序算法实现

```cpp
template <typename T>
void InsertSort(T * items, int cnt) {
    T k;
    int m;
    int i, j;
    for (m = 1; m < cnt; m++) {
        k = items[m];
```

```
        for (i = 0; i < m; i++) {
            if (k < items[i]) {
                for (j = m-1; j >= i; j—)
                    items[j+1] = items[j];
                items[i] = k;
                break;
            }
        }
        show(m, items, cnt);
    }
}
```

SortAlgoritms 模块中还定义了名为 show 的帮助函数，用以显示当前排序趟数及数据序列的值。

```
template <typename T>
void show(int i, T * itmes, int cnt) {
    if (i == 0) {cout << "数据序列：";}
    else {cout << "第 " << i << " 趟排序后：";}
    for (int j = 0; j < cnt; j++) cout << itmes[j] << " ";
    cout << endl;
}
```

【例 5.2】　整型数组的直接插入排序算法测试。

```
#include <iostream>
#include "../dsa/SortAlgorithms.h"
using namespace std;
int main(int argc, char * argv[]) {
    const int CNT = 6;
    int items[] = { 36, 91, 31, 26, 61, 37 };
    cout << "排序前数据序列"; show(0, items, CNT);
    InsertSort(items, CNT);
    cout << "排序后 "; show(0, items, CNT);
    return 0;
}
```

程序运行结果如下：

数据序列： 36 91 31 26 61 37

第 1 趟排序后：36 91 31 26 61 37

第 2 趟排序后：31 36 91 26 61 37

第 3 趟排序后：26 31 36 91 61 37

第 4 趟排序后：26 31 36 61 91 37

第 5 趟排序后：26 31 36 37 61 91

排序后数据序列：26 31 36 37 61 91

3. 算法分析

数据排序的基本操作是数据元素的比较与移动，下面来分析在直接插入排序算法中，数据元素的比较次数和数据元素的移动次数与待排序数据序列的长度之间的关系。由对查找过程的分析可知，在具有 m 个数据元素的有序线性表中顺序查找一个数据元素的平均比较次数为 $(m+1)/2$(参见查找算法一章的分析)。所以，直接插入排序过程中的平均比较次数为：

$$C = \sum_{m=1}^{n-1} \frac{m+1}{2} = \frac{1}{4}n^2 + \frac{1}{4}n - \frac{1}{2} \approx \frac{n^2}{4}$$

由对插入过程的分析可知，在长度为 m 的数据序列中，在等概率条件下，插入一个数据元素的平均移动次数是 $m/2$，即需要移动序列全部数据元素的一半。所以，直接插入排序过程中的平均移动次数为：

$$M = \sum_{m=1}^{n-1} \frac{m}{2} = \frac{n(n-1)}{4} \approx \frac{n^2}{4}$$

由以上两个方面的分析可知，直接插入排序算法的时间复杂度为 $O(n^2)$。

直接插入排序过程只需几个辅助变量，其存储空间的大小与序列的长度无关，所以算法的空间复杂度为 $O(1)$。

很明显，对于关键字相同的元素，直接插入排序不会改变它们原有的次序。所以，直接插入排序算法是稳定的排序。

直接插入排序算法在每趟的插入过程中，要首先用查找操作在有序子表中确定待排序元素应插入的位置。可以用更高效的二分查找算法代替顺序查找算法完成在有序表中查找的工作，这样可以降低平均比较次数。但是，用二分查找算法代替顺序查找算法并不能减少移动数据元素操作的次数，故算法的总体时间复杂度仍为 $O(n^2)$。在查找算法一章将讨论顺序查找和二分查找算法的实现及其特性。

改进后的算法实现如下所示：

```
template <typename T>
void InsertSortBS(T * items, int cnt) {
    T k;
    int i, j, m;
    for (m = 1; m < cnt; m++) {
        k = items[m];
        i = BinarySearch(k,items,cnt,0, m);
        if (i >= 0)
            while (items[i] == k) i++;
        else
            i = ~i;
        for (j = m-1; j >= i; j—)
            items[j+1] = items[j];
        items[i] = k;
        show(m, items,cnt);
    }
}

template <typename T>
inline int BinarySearch(T k, T * items, int cnt, int si = 0, int
length=-16) {
        if (length == -16)length = cnt;
        int mid = 0, left = si;
        int right = left + length - 1;
        while (left <= right) {
            mid = (left + right) /2;
            if (k == items[mid]) return mid;
            else if (k < items[mid]) right = mid - 1;
            else left = mid + 1;
        }
        if (k > items[mid]) mid++;
        return ~mid;
};
```

5.2.2 希尔排序算法

1. 算法的基本思想

希尔排序(Shell sort)又称缩小增量排序(diminishing increment sort),它也属于插入排序类的方法。其基本思想是:先将整个序列分割成若干子序列分别进行排序,待整个序列基本有序时,再进行全序列直接插入排序,这样可使排序过程加快。

直接插入排序每次比较的是相邻的数据元素,一趟排序后数据元素最多移动一个位置。如果待排序序列的数据元素个数为 n,假定序列中第 1 个数据元素的关键字值最大,排序后的最终位置应该是序列的最后一个单元,则将它从序列头部移动到序列尾部需要运行 $n-1$ 步。如果有某种办法将该元素一次移动到尾部或尽可能靠近尾部,那么排序的速度就可能快得多。希尔排序算法在排序之初,将位置相隔较远的若干数据元素归为一个子序列,因而进行相互比较的是位置相隔较远的数据元素,这就使得数据元素移动时能够跨越多个位置;然后逐渐减少被比较数据元素间的距离(缩小增量),直至距离为 1 时,各数据元素都已按序排好。

2. 数组的希尔排序算法实现

```
template <typename T>
void ShellSort(T * items, int cnt) {
    T t; int i, j, m = 1;
    int n = cnt, jump = cnt /2;
    while (jump > 0) {
        for (i = jump; i < n; i++) {
            j = i - jump;
            while (j >= 0) {
                if (items[j] > items[j + jump] ) {
                    t = items[j];
                    items[j] = items[j + jump];
                    items[j + jump] = t;
                    j -= jump;
                }
                else
```

```
                    j = -1;
                }
            }
            cout << "jump = " << jump << " ";
            show(m, items,cnt); m++; jump /= 2;
        }
    }
```

在希尔排序算法的代码中有三重循环：

（1）最外层循环（while 语句）：控制增量 jump，其初值为数组长度 n 的一半，以后逐次减半缩小，直至增量为 1。整个序列分割成 jump 个子序列，分别进行直接插入排序。

（2）中层循环（for 语句）：相隔 jump 的元素进行比较、交换，完成一轮子序列的直接插入排序。

（3）最内层循环（while 语句）：将元素 items[j] 与相隔 jump 的元素 items[j+jump] 进行比较，如果两者是反序的，则执行交换。重复往前（j-= jump）与相隔 jump 的元素再比较、交换；当 items[j]<=items[j+jump] 时，表示元素 items[j] 已在这趟排序后的位置，不需交换，则退出最内层循环。

例如，对于一个待排序的数据序列 items = {36, 91, 31, 26, 61, 37, 97, 1, 93, 71}，数据序列长度 n=10，初始增量 jump=n/2。希尔排序的执行过程如下所述：

（1）jump=5，j 从第 0 个位置元素开始，将相隔 jump 的元素 items[j] 与元素 items[j+jump] 进行比较。如果反序，则交换，依次重复进行完一趟排序，得到序列 {36, 91, **1**, 26, 61, 37, 97, 31, 93, 71}。

（2）jump=2，相隔 jump 的元素组成子序列 {36, 1, 61, 97, 93} 和子序列 {91, 26, 37, 31, 71}。在子序列内比较元素 items[j] 与元素 items[j+jump]，如果反序，则交换，依次重复。得到序列 {**1**, 26, **36**, 31, **61**, 37, **93**, 71, **97**, 91}。

（3）jump=1，在全序列内比较元素 items[j] 与元素 items[j+jump]，如果反序，则交换；得到序列 {1, 26, 31, 36, 37, 61, 71, 91, 93, 97}。

【例 5.3】 整型数组的希尔排序算法测试。

```
const int CNT = 10;
int items[] = {36,91,31,26,61,37,97,1,93,71};
ShellSort(items, CNT);
cout<< "排序后 "; show(0, items, CNT);
```

程序运行结果如下：

数据序列: 36 91 31 26 61 37 97 1 93 71

jump = 5 第 1 趟排序后：36 91 1 26 61 37 97 31 93 71

jump = 2 第 2 趟排序后：1 26 36 31 61 37 93 71 97 91

jump = 1 第 3 趟排序后：1 26 31 36 37 61 71 91 93 97

排序后数据序列：1 26 31 36 37 61 71 91 93 97

3. 算法分析

希尔排序算法的时间复杂度分析比较复杂，实际所需的时间取决于每次排序时增量的取值。研究证明，若增量的取值比较合理，希尔排序算法的时间复杂度约为 $O(n(\log_2 n)^2)$。希尔排序算法的空间复杂度为 $O(1)$。希尔排序算法是一种不稳定的排序算法，对于关键字相同的元素，排序可能会改变它们原有的次序。

5.3 交 换 排 序

在基于交换的排序算法中有两个算法非常经典：冒泡排序(bubble sort)和快速排序(quick sort)。冒泡排序是一种直接的交换排序算法；快速排序是目前平均性能较好的一种排序算法，C++标准库算法模块中的 sort( )函数采用 quick sort 算法进行排序。

5.3.1 冒泡排序

1. 冒泡排序基本思想

冒泡排序算法的基本思想简单直接：依次比较相邻的两个数据元素的关键字值，如果反序，则交换它们的位置。对于一个待排序的数据序列，经过一趟交换排序后，具有最大值的数据元素将移到序列的最后位置，值较小的数据元素向最终位置移动一位，这一趟交换过程又称为一趟起泡。如果在一趟排序中，没有发生一次数据交换(起泡)，则说明序列已排好序。

对于有 n 个数据元素的数据序列，最多需 $n-1$ 趟排序，第 m 趟对从位置 0 到位置 $n-m-1$ 的数据元素与其后一位的元素进行比较、交换，如果该趟没有发生一次数据的交换，则整个序列的排序过程结束。因此，冒泡排序算法可用二重循环实现。

2. 数组的冒泡排序算法实现

```
template <typename T>
```

```
void BubbleSort(T * items, int cnt) {
    T t; bool exchanged = false;
    for (int m = 1; m < cnt; m++) {
        exchanged = false;
        for (int j = 0; j < cnt - m; j++) {
            if (items[j + 1] < items[j]) {
                t = items[j];
                items[j] = items[j + 1];
                items[j + 1] = t;
                exchanged = true;
            }
        }
        show(m, items, cnt);
        if (! exchanged)break;
    }
}
```

假设有一个待排序的数据序列为 items = {36, 91, 31, 26, 61, 37}，在该序列上进行冒泡排序的过程如图 5.2 所示。

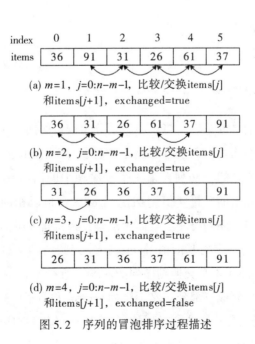

图 5.2　序列的冒泡排序过程描述

算法测试的程序运行结果如下:

第 1 趟排序后: 36 31 26 61 37 91

第 2 趟排序后: 31 26 36 37 61 91

第 3 趟排序后: 26 31 36 37 61 91

第 4 趟排序后: 26 31 36 37 61 91

3. 算法分析

BubbleSort 函数用两重循环分趟实现交换排序算法。外循环控制排序趟数,在最好的情况下,序列已排序,只需一趟仅包含比较操作的排序即可,进行比较操作的次数为 $n-1$,进行移动操作的次数为 0,算法的时间复杂度为 $O(n)$;最坏的情况是序列已按反序排列,这时需要 $n-1$ 趟排序,每趟过程中进行比较和移动操作的次数均为 $n-m$,算法的时间复杂度为 $O(n^2)$。

就平均情况而言,冒泡排序算法的时间复杂度为 $O(n^2)$。

在冒泡排序过程中,需要一个辅助变量来交换两个数据元素,其存储空间的大小与序列的长度无关,故冒泡排序算法的空间复杂度为 $O(1)$。

从交换的过程易看出,对于关键字相同的元素,排序不会改变它们原有的次序,故冒泡排序是稳定的。

5.3.2 快速排序

1. 快速排序算法基本思想

快速排序采用分而治之的策略,将长序列划分为较短的两个子序列分别进行处理,对子序列则是进一步地分而治之。其基本思路是:将长序列以其中的某值为基准(这个值称作枢纽 pivot)分成两个独立的子序列,第一个子序列中的所有元素的关键字值均比 pivot 小,第二个子序列所有元素的关键字值则均比 pivot 大;再以相同的方法分别对两个子序列继续进行排序,直到整个序列有序。具体做法是,在待排序的数据序列中任意选择一个元素(例如选择第一个元素)作为基准值 pivot,由序列的两端交替地向中间进行比较、交换,使得所有比 pivot 小的元素都交换到序列的左端,所有比 pivot 大的元素都交换到序列的右端,这样序列就被划分成三部分:左子序列,pivot 和右子序列。再对两个子序列分而治之,分别进行同样的操作,直到子序列的长度为 1。每趟排序过程中,将找到基准值 pivot 在序列中的最终排序位置,并据此将原序列分成两个小序列。

2. 数组的快速排序算法实现

```cpp
template <typename T>
void QuickSort(T * items, int cnt, int nLower = 0, int nUpper = -16) {
    if (nUpper == -16)nUpper = cnt - 1;
    if (nLower < nUpper) {
        int nSplit = Partition(items, cnt, nLower, nUpper);
        cout<<"left = "<<nLower<<" right = "<<nUpper<<" Pivot = "<<
nSplit<<"\t";
        show(0, items, cnt);
        QuickSort(items, cnt, nLower, nSplit - 1);
        QuickSort(items, cnt, nSplit + 1, nUpper);
    }
}

template <typename T>
int Partition(T * items, int cnt, int nLower, int nUpper) {
    T t, pivot = items[nLower];
    int nLeft = nLower + 1; int nRight = nUpper;
    while (nLeft <= nRight) {
        //Find item out of place
        while (nLeft <= nRight && items[nLeft] < pivot)
            nLeft = nLeft + 1;
        while (nLeft <= nRight && items[nRight] > pivot)
            nRight = nRight - 1;
        if (nLeft < nRight) {
            t = items[nLeft];
            items[nLeft] = items[nRight];
            items[nRight] = t;
            nLeft = nLeft + 1;
            nRight = nRight - 1;
        }
    }
    t =items[nLower];items[nLower] = items[nRight];
```

```
    items[nRight] = t;
    return nRight;
}
```

QuickSort 函数以递归方式实现快速排序算法。设 nLower 和 nUpper 分别表示待排序的子序列的左右边界，Partition 方法选取子序列的第一个元素为基准值 pivot 进行一趟排序，将作为基准值的元素交换到它在最终完全排好序的序列中的应有位置，并将该位置值作为方法的返回值返回到调用它的 QuickSort 方法中，记录在变量 nSplit 中。这样经一趟排序后，原序列分为两个子序列，序列元素下标分别为［nLower，nSplit - 1］和［nSplit + 1，nUpper］。对两个子序列再分别调用 QuickSort 方法进行递归排序。

在 Partition 方法中，选取子序列的第一个元素作为基准值 pivot，开始时变量 nLeft 和 nRight 分别表示子序列除基准值外的第一个元素和最后一个元素的位置，while（nLeft <= nRight）循环进行一轮比较，nLeft，nRight 分别从序列的最左、右端开始向中间扫描。在左端发现大于 pivot 或右端发现小于或等于 pivot 的元素，则交换到另一端，并收缩两端的范围，最终确定基准值 pivot 应有的最终排序位置。最后将 pivot 交换到该位置，并将该位置值作为方法的结果返回。

假设有一个待排序的数据序列为 items = ｛36，91，31，26，61，37｝，在这个序列上进行快速排序的过程描述如图 5.3 所示。算法测试的程序运行结果如下：

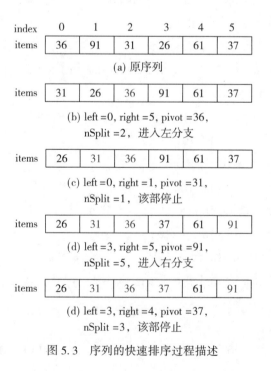

图 5.3　序列的快速排序过程描述

```
left = 0 right = 5 Pivot = 2    数据序列：31 26 36 91 61 37
left = 0 right = 1 Pivot = 1    数据序列：26 31 36 91 61 37
left = 3 right = 5 Pivot = 5    数据序列：26 31 36 37 61 91
left = 3 right = 4 Pivot = 3    数据序列：26 31 36 37 61 91
                               排序后数据序列：26 31 36 37 61 91
```

3. 算法分析

快速排序的执行时间与序列的初始排列及基准值的选取有关。最坏情况是，当序列已排序时，例如，对于序列{1，2，3，4，5，6，7，8}，如果选取序列的第一个元素作为基准值，那么分成的两个子序列将分别是{1}和{2，3，4，5，6，7，8}，而且它们各自仍然是已排序的。这样导致必须经过 $n-1=7$ 趟才能完成最终的排序。在这种情况下，其时间复杂度为 $O(n^2)$，排序速度已退化，比冒泡排序法还慢。一般而言，对于接近已排序的数据序列，快速排序算法的时间效率并不理想。

快速排序的最好情况是，每趟排序将序列分成两个长度相同的子序列。

研究证明，当 n 较大时，对平均情况而言，快速排序名符其实，其时间复杂度为 $O(n\log_2 n)$。但当 n 很小时，或基准值选取不适当时，快速排序的时间复杂度可能退化为 $O(n^2)$。在算法实现中，常常以随机方法在待排序的数据序列中选择一个元素作为初始基准值，而不是固定选第一个元素。

快速排序是递归过程，需要在系统栈中传递递归函数的参数及返回地址，算法的空间复杂度为 $O(\log_2 n)$。

快速排序算法是不稳定排序算法。对于关键字相同的元素，排序可能会改变它们原有的次序。

5.4 选 择 排 序

选择排序算法常用的有以下两种：直接选择排序（straight selection sort）和堆排序（heap sort）。

5.4.1 直接选择排序

1. 直接选择排序算法基本思想

直接选择排序的基本思想是：依次选择出待排序数据中的最小者将其有序排列。具体过程是：对于有 n 个元素的待排序数据序列 items，第 1 趟排序，比较 n 个元素，找到关键字最小的元素 items[minIdx]，将其交换到序列的首位置 items[0]；第 2 趟排序，在余下的 $n-1$ 个元素中选取最小的元素，交换到序列的 items[1] 位置；这样经过 $n-1$ 趟排序，完成 n 个元素的排序。

2. 数组的直接选择排序算法实现

```
template <typename T>
void SelectSort(T * items, int cnt) {
    T t;
    int minIdx;
    for (int m = 1; m < cnt; m++) {
        minIdx = m - 1;
        for (int j = m; j < cnt; j++) {
            if (items[j] < items[minIdx])
                minIdx = j;
        }
        if (minIdx ! = m - 1) {
            t = items[m - 1];
            items[m - 1] = items[minIdx];
            items[minIdx] = t;
        }
        show(m, items, cnt);
    }
}
```

SelectSort 方法用一个二重循环实现直接选择排序。外层 for 循环控制 $m=1$：$n-1$ 趟排序，每趟排序找到一个最小值置于 items[$m-1$]；内层 for 循环控制 $j=m$：$n-1$ 在序列剩余的数据元素中进行每趟的比较，找到关键字最小的元素 items[minIdx]，然后与 items[$m-1$]交换。

假设有一个待排序的数据序列为 items = {36, 91, 31, 26, 61}，在其上进行直接选择排序的过程描述如图 5.4 所示。算法测试的程序运行结果如下：

    minIdx = 3 本趟排序后：26 91 31 36 61
    minIdx = 2 本趟排序后：26 31 91 36 61
    minIdx = 3 本趟排序后：26 31 36 91 61

minIdx＝4 本趟排序后：26 31 36 61 91

排序后数据序列：26 31 36 61 91

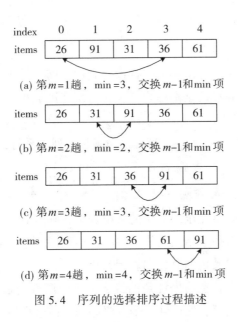

(a) 第 $m=1$ 趟，min $=3$，交换 $m-1$ 和 min 项

(b) 第 $m=2$ 趟，min $=2$，交换 $m-1$ 和 min 项

(c) 第 $m=3$ 趟，min $=3$，交换 $m-1$ 和 min 项

(d) 第 $m=4$ 趟，min $=4$，交换 $m-1$ 和 min 项

图 5.4　序列的选择排序过程描述

3. 算法分析

在直接选择排序算法中，比较操作的次数与数据序列的初始排列无关。对于有 n 个数据元素的待排序数据序列，在第 m 趟排序中，查找最小值所需的比较次数为 $n-m$ 次。所以，直接选择排序算法总的比较次数为

$$C = \sum_{m=1}^{n-1} (n - m) = \frac{1}{2} n (n - 1) \approx \frac{n^2}{2}$$

序列的初始排列对算法执行中数据元素的移动次数是有影响的。最好的情况是，数据序列的初始状态已是按数据元素的关键字值递增排列的，那么算法执行中无需移动元素，数据移动操作的次数 $M=0$。最坏情况是，每一趟排序过程都要交换数据元素的位置，此时总的数据元素移动次数为 $M=3\times(n-1)$。所以，直接选择排序算法的时间复杂度为 $O(n^2)$。

在直接选择过程中，需要一个辅助存储空间来交换两个数据元素，这与序列的长度无关，故算法的空间复杂度为 $O(1)$。

直接选择排序算法是不稳定的。对于关键字相同的元素，排序可能会改变它们原有的次序。

5.4.2 堆排序

1. 堆排序算法

直接选择排序算法每趟选择最小值，都没有利用上前一趟进行比较所得到的结果，重复的操作比较多。堆排序算法的基本思想是：在每次选择最小或最大值时，利用以前的比较结果以提高排序的速度。

n 个元素的序列 $\{k_0, k_1, \cdots, k_{n-1}\}$ 当且仅当满足下列关系时，称为堆：

$$\begin{cases} k_i \geq k_{2i+1}, \\ k_i \geq k_{2i+2}, \end{cases} \quad i = 0, 1, \cdots, \frac{n-1}{2}$$

如果将此序列看成是一个完全二叉树的数组表示，则对应的完全二叉树中所有非终端结点的值均大于等于其左右孩子结点的值，树的根结点(堆顶)的值为序列的最大值。在树与二叉树一章将讨论完全二叉树的概念和表示方法。

先将序列建成一个堆，若在输出堆顶的最大值后，调整剩余的序列重新建成一个堆，则可以取得次大值。如此反复，便得到一个有序序列，该过程称为堆排序。

2. 数组的堆排序算法实现

```cpp
//将以 items[s]为根结点的子树调整成堆
template <typename T>
void HeapAdjust(T * items, int cnt, int s, int m) {
    int i = s;
    int j = 2 * i + 1;          //第 j 个元素是第 i 个元素的左孩子
    T t = items[i];             //获得第 i 个元素的值
    while (j < m - 1) {
        if (items[j] < items[j + 1])
            j++;                //如果右孩子值较大时,j 表示右孩子
        if (t < items[j]) {     //根小,子树调整成堆
            items[i] = items[j];    //设置第 i 个元素为 j 的值
            i = j;                  //i,j 向下滑动一层
            j = 2 * i + 1;
        }
        else break;
```

```
    }
    items[i] = t;
}
template <typename T> void HeapSort(T * items, int cnt) {
    T t;
    int i, n = items.Length;
    for (i =(n-1)/2; i >=0; i--){        //从最后一个非终端结点建大顶堆
        HeapAdjust(items,cnt, i, n);
    }
    //show(0, items, cnt);
    for (i = n - 1; i > 1; i--) {
        t = items[0]; items[0] = items[i];
        items[i] = t;                    //根(最大)值交换到后面
        HeapAdjust(items, cnt, 0, i);    //调整成堆
    }
}
```

HeapSort 方法实现堆排序算法，它从最后一个非终端结点开始调用 HeapAdjust 方法 $(n+1)/2$ 次，将待排序列建成堆。再调用 HeapAdjust 方法 $n-2$ 次，每次将根(最大值)交换到依次缩小的序列尾部。

当序列长度 n 较小时，不提倡使用堆排序算法，当 n 较大时，堆排序算法还是很有效的，它的时间复杂度为 $O(n\log_2 n)$，即使在最坏的情况下亦能保持这样的时间复杂度，相对于快速排序，这是堆排序的一大优点。

堆排序算法在运行过程中需要一个辅助存储空间来交换两个数据元素，这与序列的长度无关，故算法的空间复杂度为 $O(1)$。

堆排序排序算法是不稳定的，对于关键字相同的元素，排序会改变它们原有的次序。

5.5 归 并 排 序

有序的数据便于处理，如果待排序序列内已存在某种有序性，排序算法利用上这种内在的有序性，那么将加快排序操作的运行。

1. 归并排序算法基本思想

将两个有序子数据序列合并，形成一个大的有序序列的过程称为归并(merge)，又称两路归并。对于有 n 个元素的待排序数据序列，两路归并排序算法的过程如下：

(1)将待排序序列看成是 n 个长度为 1 的已排序子序列。

(2)依次将两个相邻的子序列合并成一个大的有序序列。

(3)重复步骤(2)，合并更大的有序子序列，直到完成整个序列的排序。

可见，归并排序算法是以分而治之的策略先对较小的子序列排序，接着将已排序的子序列归并为大的有序序列。

2. 数组的归并排序算法实现

```
template <typename T>
void MergeSort(T * items, int cnt) {
    int len = 1;                 //已排序的序列长度,初始值为 1
    T * temp = new T[cnt];       //temp 所需空间与 items 一样
    do {
        MergePass(items,temp,cnt,len); //将 items 中元素归并到 temp 中
        show(0, temp, cnt);len *= 2;
        MergePass(temp,items,cnt,len); //将 temp 中元素归并到 items 中
        show(0, items, cnt);len *= 2;
    } while (len < cnt);
    delete[] temp;
}
//一趟归并排序, 将 src 中元素归并到 dst 中
template <typename T>
void MergePass(T * src, T * dst,int cnt, int len) {
    int i = 0, j;
    cout<< "len = " << len << "  ";
    while (i < cnt - 2 * len) {     //src 至少包含两块子序列
        Merge(src, dst, cnt, i, i + len, len);
        i += 2 * len;
    }
cout<< " i = " << i << " i+len = " << i + len << "  ";
```

```
    if (i + len < cnt)       //src 余下不足两块子序列,再一次归并
        Merge(src, dst,cnt, i, i + len, len);
    else          //src 余下不足一块子序列,直接复制到 dst
        for (j = i; j < cnt; j++)
            dst[j] = src[j];
}
//一次归并,将 src 中的两个有序子序列归并到 dst 中
template <typename T>
void Merge(T * src, T * dst, int cnt, int r1, int r2, int n) {
    int i = r1, j = r2, k = r1;
    while (i < r1 + n && j < r2 + n && j < cnt) {
        if (src[i]<src[j]) {        //较小的值送到 dst 中
            dst[k] = src[i];k++; i++;
        }
        else {
            dst[k] = src[j];k++; j++;
        }
    }
    while (i < r1 + n) {        //将一子序列余下的值复制到 dst 中
        dst[k] = src[i];k++; i++;
    }
    while (j < r2 + n && j < cnt) {        //将另一子序列余下的值复制到 dst 中
        dst[k] = src[j];k++; j++;
    }
}
```

　　MergeSort 函数实现两路归并排序算法。待排序的数据序列存放在数组 items 中，temp 是排序中使用的一个辅助数组，它具有与 items 相同的长度。变量 len 是归并过程中当前已排序的子序列的长度，初始值为 1，每次归并后，len 的值扩大一倍。一轮外循环（do…while 循环）中通过两次调用 MergePass 方法完成两趟归并排序，分别从 items 归并到 temp，再从 temp 归并到 items，使得排序后的数据序列仍保存在数组 items 中。

　　MergePass 函数完成一趟归并排序。它调用 Merge 方法，依次将数组 src（例如 items）中相邻两个有序子序列归并到数组 dst（例如 temp）中，子序列的长度为 len。如果相邻的子序列已归并完，数组 src 中仍有数据，则将其复制到 dst 中。

Merge 函数完成两个有序子序列的归并,将数组 src 中相邻的两个子序列(起始位置分别为 r_1 和 r_2,长度为 n,n 为形参,其值由调用者设定为当前子序列的长度):

$$src[r1], \cdots, src[r1+n-1] \text{ 和 } src[r2], \cdots, src[r2+n-1]$$

归并到 dst 中:

$$dst[r1], \cdots, dst[r1+n+n-1]$$

假设有一个待排序的数据序列为 items = { 36, 91, 31, 26, 61, 37, 97, 1, 93, 71 },在其上进行两路归并排序的过程描述如图 5.5 所示。算法测试的程序运行结果如下:

len=1　数据序列: 36 91 26 31 37 61 1 97 71 93

len=2　数据序列: 26 31 36 91 1 37 61 97 71 93

len=4　数据序列: 1 26 31 36 37 61 91 97 71 93

len=8　数据序列: 1 26 31 36 37 61 71 91 93 97

　排序后数据序列: 1 26 31 36 37 61 71 91 93 97

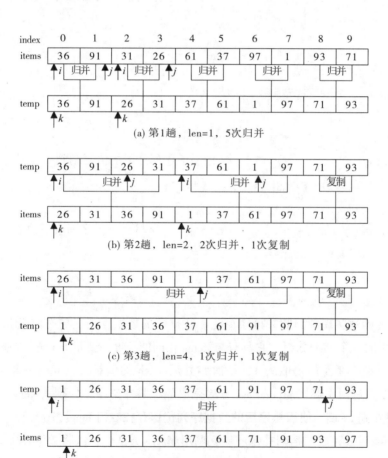

图 5.5　序列的两路归并排序过程描述

3. 算法分析

Merge 方法完成两个有序子序列的归并，需要进行 $O(\text{len})$ 次比较。MergePass 方法完成一趟归并排序，需要调用 Merge 方法 $O(n/\text{len})$ 次。MergeSort 方法实现归并排序算法，需要调用 MergePass 方法 $O(\log_2 n)$ 次。所以，归并算法的时间复杂度为 $O(n\log_2 n)$。

归并排序算法在运行过程中需要与存储原数据序列的空间相同大小的辅助空间，所以它的空间复杂度为 $O(n)$。

归并排序算法是稳定的，对于关键字相同的元素，排序不会改变它们原有的次序。

习　题　5

5.1　设要将序列 $(12, 61, 8, 70, 97, 75, 53, 26, 54, 61)$ 按非递减顺序重新排列，则：

冒泡排序一趟的结果是 _____

插入排序一趟的结果是 _____

二路归并排序一趟的结是 _____

快速排序一趟的结果(以原首元素为枢轴)是 _____

上述算法中稳定的排序算法有 _____。

5.2　设有一个待排序的数据序列，其关键字序列如下：$\{3, 17, 12, 61, 8, 70, 97, 75,$ $53, 26, 54, 61\}$，试写出下列排序算法对这个数据序列进行排序的中间及最终结果：

(1) 直接插入排序；

(2) 希尔排序；

(3) 冒泡排序；

(4) 快速排序；

(5) 选择排序；

(6) 归并排序。

5.3　说明本章介绍的各个排序算法的特点，并比较它们的的时间复杂度与空间复杂度。

5.4　排序算法的稳定性的含义是什么？说明本章介绍的各个排序算法的稳定性。

5.5　排序的关键字不同，排序的结果也不一样。说明 C++程序中指定排序关键字的一些方法。

5.6　分析用冒泡排序对数据序列 items = $\{70, 30, 12, 61, 80, 20, 97, 46\}$ 进行升序排序所需的比较操作的总次数。

5.7　分析快速排序在最好情况和最坏情况下的时间复杂度。

第6章 线 性 表

线性表(linear list)是一种基本的线性数据结构,其数据元素间具有顺序的逻辑关系,并且可以在线性表的任意位置进行插入和删除数据元素的操作。线性表数据结构可以用顺序存储结构和链式存储结构两种方式实现,前者称为顺序表,后者称为链表。

本章首先学习线性表在逻辑结构层次方面的特性,然后讨论以顺序存储结构实现的线性表和以链式存储结构实现的线性表的结点结构和各种操作的实现方法,并分析和比较这些不同实现的优缺点。

本章在算法与数据结构库项目 dsa 中增加顺序表和链表等模块,用名为 liststest 的应用程序型项目实现对这些数据结构的测试和演示程序。

6.1 线性表的概念及类型定义

线性数据结构是一组具有某种共性的数据元素按照某种逻辑上的顺序关系组成的数据集合。线性结构的数据元素之间具有顺序关系,除第一个和最后一个数据元素外,每个元素只有一个前驱元素和一个后继元素,第一个数据元素没有前驱元素,最后一个元素没有后继元素。

线性表(linear list)是一种典型的线性数据结构,其数据元素之间具有顺序关系,并且可以在表中任意位置进行插入和删除数据元素的操作。

线性表中元素的类型可以是数值型或字符串型,也可以是其他更复杂的自定义数据类型。例如:

数字表:个位数字表{0,1,2,…,9}可以看成是一个线性表,数据元素是单个数字,数据元素间是按顺序排列的。

学生成绩表:一个班级学生的成绩列表可以看成是一个线性表,数据元素是"学生"类型的数据实体,对应于单个学生的学号、姓名、成绩等信息。

科研设备信息表:一个实验室的科研设备信息表可以看成是一个线性表,数据元素是"设备"类型的数据实体,对应于单台设备的编号、类型、名称和保管人等信息。

6.1.1　抽象数据类型层面的线性表

1. 线性表的数据元素

当我们讨论线性表时，我们使用具有某种抽象类型的数据元素 a_i 表示线性表中位置 i 的数据元素。线性表是由 $n(n \geqslant 0)$ 个数据元素 a_0，a_1，a_2，…，a_{n-1} 组成的有限序列，记作：

$$\text{LinearList} = \{a_0,\ a_1,\ a_2,\ \cdots,\ a_{n-1}\}$$

其中，n 表示线性表的元素个数，称为线性表的长度。若 $n = 0$，则表示线性表中没有元素，我们称之为空表；若 $n>0$，对于线性表中第 i 个数据元素 a_i，有且仅有一个直接前驱数据元素 a_{i-1} 和一个直接后继数据元素 a_{i+1}，而 a_0 没有前驱数据元素，a_{n-1} 没有后继数据元素。

线性表中的数据元素至少具有一种相同的属性，我们称这些数据元素属于同一种抽象数据类型。具体设计线性表的物理实现时，元素的数据类型将具体化，各元素的具体类型可以相同，也可以不同，但是至少具有一种相同的属性。例如，在 C++标准库中的线性表（用 vector 类模板实例化的类，如 vector<int>、vector<char>和 vector<string>等），元素的类型可以是相同的整数 int 类型、字符 char 类型或字符串 string 类型。在 C#类库中的线性表（ArrayList 类），元素的类型可以是相同的；如果数据元素的类型不相同，则可以用 object 类来描述它们，以表明它们至少具有某种相同的性质（都是某种类型的对象），因为 object 类是 C#中类层次的根类，所有其它的类都是由 object 类派生出来的。在这个意义上，可以简单地说，线性表中的数据元素具有相同的类型。

线性表在实现方式上，可以选择两种存储结构方式之一：顺序存储结构和链式存储结构。用顺序存储结构实现的线性表称为顺序表（sequenced list），用链式存储结构实现的线性表称为链表（linked list）。

2. 线性表的基本操作

线性表的数据元素之间具有顺序关系，可以在表中任意位置进行插入和删除数据元素的操作。线性表结构所具有的典型操作有：

Initialize：初始化。创建一个线性表实例，并对该实例进行初始化，例如设置表状态为空。

Get/Set：访问。对线性表中指定位置的数据元素进行取值或置值操作。

Count：求长度。求线性表的数据元素的个数。

Insert：插入。在线性表指定位置上，插入一个新的数据元素，插入后，其所有元素仍构成一个线性表。一种常见的插入操作是在表尾添加一个新元素（Add）。

Remove：删除。删除线性表指定位置的数据元素，同时保证更改后的线性表仍然具有线性表的连续性。

Copy：复制。重新复制一个线性表。

Join：合并。将两个或两个以上的线性表合并起来，形成一个新的线性表。

Search：查找。在线性表中查找满足某种条件的数据元素。

Sort：排序。对线性表中的数据元素按关键字的值，以递增或递减的次序进行排列。

Traversal：遍历。按次序访问线性表中的所有数据元素，并且每个数据元素恰好访问一次。

6.1.2　C++中的线性表类

在 C++标准库中定义了一个基于顺序结构的线性表类模板 vector 和一个基于链式结构的线性表类模板 list，它们都是编程中常用的数据集合类型。线性表实例所包含的元素数目可按需动态增加，可在表中任意位置进行插入和删除数据元素的操作，一般的数组不具备这种方便的特性。

应用 vector 和 list 类模板可以定义强类型列表，在列表（实例）上进行操作时，元素的类型要与列表（实例）定义时声明的类型保持一致，即具有所谓的类型安全性。vector 容器可以随机访问、连续存储，其长度（即元素的个数）可以灵活改变。list 容器是双向链接列表，可在容器中的任何位置双向访问、快速插入和快速删除，但不具有随机访问容器中的任一元素的能力。forward_list 容器是单向链表，在容器中可方便地向前访问，但不能反向访问。

【例 6.1】　以顺序表求解约瑟夫（Joseph）环问题。

约瑟夫环问题：有 n 个人围坐在一个圆桌周围，把这 n 个人依次编号为 1，2，…，n。从编号是 s 的人开始报数，数到第 d 个人离席，然后从离席的下一位重新开始报数，数到 d 的人离席……如此反复，直到最后剩一个人在座位上为止。比如当 $n=5$，$s=1$，$d=2$ 的时候，离席的顺序依次是 2，4，1，5，最后留在座位上的是 3 号。

解决这个问题的直接思路是：建立一个有 n 个元素的线性表，每个元素分别表示某个人，利用取模运算实现环形位置记录，当某人该出环时，删除表中相应位置的数据元素。实现这种直接思路的程序为：

```
#include <vector>
#include <iostream>
```

```cpp
using namespace std;
void JosephusRing( int n, int s, int d);
void Show( const vector<int>& alist) {
    for ( const auto& o: alist) cout << o << " ";
    cout<< endl;
}
int main() {
    //JosephusRing(50000, 1, 2);
    JosephusRing(5, 1, 2);
    return 0;
}
void JosephusRing( int n, int s, int d) {
    //n 为总人数,从第 s 个人开始数起,每次数到 d。
    int i, j, k;
    vector<int> aRing;
    for ( i = 0; i < n; i++) {
        aRing.push_ back(i+1); //n 个人依次插入线性表
    }
    Show( aRing);
    i = s - 2; //第 s 个人的下标为 s-1,i 初始指向第 s 个人的前一位置
    k = n;　　//每轮的当前人数
    while ( k > 1) {//n-1 个人依次出环
        j = 0;
        while ( j < d) {
            j++;//计数
            i = (i + 1) % k; //将线性表看成环形
        }
        cout << "out: " << aRing[ i] << endl;
        aRing.erase( begin( aRing) + i);
        k--;
        i = (i - 1) % k;
        Show( aRing);
    }
```

```
    cout<< aRing[0] << " is the last person"<<endl;
}
```

程序运行结果如下：

```
1 2 3 4 5      out： 2
1 3 4 5        out： 4
1 3 5          out： 1
3 5            out： 5
3              3 is the last person
```

上面这个解决方案的思路是简单直接的，但是算法的实际运行效率非常低，本章后面将进行分析并实现改进的算法。

6.2 线性表的顺序存储结构

线性表的顺序存储结构指的是用一组连续的内存空间来顺序存放线性表的数据元素，数据元素在内存空间中的物理存储次序与它们的逻辑次序是一致的，即某数据元素 a_i 与其其前驱数据元素 a_{i-1} 及后继数据元素 a_{i+1} 无论在逻辑上还是在物理存储上，它们的位置都是相邻的。用顺序存储结构实现的线性表称为顺序表（sequenced list）。

如前所述，线性表中的数据元素都属于同一种抽象数据类型，因此每个数据元素在内存中占用的存储空间的大小是相同的。假设每个数据元素占据 c 个存储单元，第一个数据元素的地址为 $\text{Loc}(a_0)$，它也是整个顺序表存储数据的起始地址，则第 i 个数据元素 a_i 的地址为：

$$\text{Loc}(a_i) = \text{Loc}(a_0) + i \times c, \ i = 0, \ 1, \ 2, \ \cdots, \ n-1$$

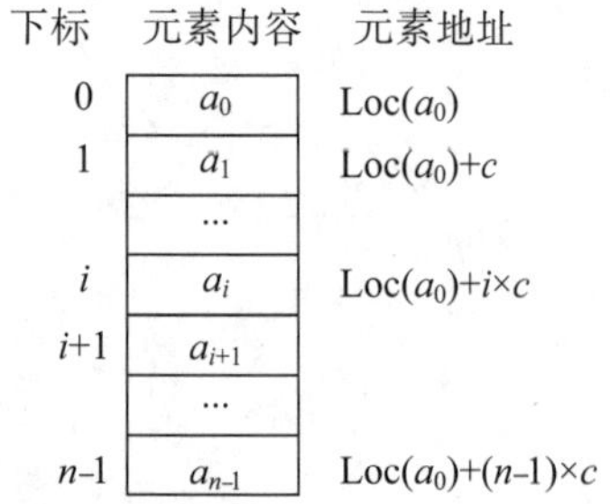

可见，每个数据元素的地址是该元素在线性表中逻辑位序（或称下标）的线性函数，该地址可以直接由下标通过公式计算出来，每次寻址一个元素所花费的时间都是相同的。因此，顺序表中的每个数据元素是可以随机访问的，访问一个数据元素所需的时间与该元素的位置以及顺序表中元素的个数没有关系。顺序表的存储结构如图 6.1 所示。

下标	元素内容	元素地址
0	a_0	$\text{Loc}(a_0)$
1	a_1	$\text{Loc}(a_0)+c$
	...	
i	a_i	$\text{Loc}(a_0)+i \times c$
$i+1$	a_{i+1}	
	...	
$n-1$	a_{n-1}	$\text{Loc}(a_0)+(n-1) \times c$

图 6.1　线性表的顺序存储结构

6.2.1 顺序表的类型定义

程序中的数组对象可以得到连续的存储空间，因此数组可以作为实现顺序表的基础，数组空间大小按需分配，故应采用动态分配内存的方式。本节将顺序表用 C++语言的自定义类模板刻画和实现出来，不妨将该类模板命名为 SequencedList。在该类的定义中，成员变量_items 是指针类型变量，将记录顺序表的数据元素所占用的存储空间，构成一个一维数组，数组的元素类型标记为 T，即与泛型顺序表的类型参数 T 相同的类型；成员变量_count 表示顺序表的长度，即顺序表中元素的个数；成员变量_capacity 记录顺序表的当前容量。SequencedList 类模板声明如下：

```
#include <stdexcept>
#include <string>
#include <sstream>
using namespace std;
const int LCapacity = 16;
template <typename T>
class SequencedList {
private:
    T * _items;          //存储数据元素的数组
    int _count;          //顺序表当前元素个数
    int _capacity;       //顺序表当前容量
public:
    其他成员……
}
```

线性表的各操作算法将作为 SequencedLis 类模板的成员函数予以实现。完整定义好该类模板后，就可用它来声明定义各种实例类，如 SequencedList<int>、SequencedList<string> 等。用不同的实例类则可以声明和构造顺序表实例，用来表示一个具体的线性表对象。通过在这个对象上调用类模板中定义的公共(public)的成员函数来操作线性表对象。

SequencedList 类模板的实现文件和头文件分别命名为 SequencedList.cpp 和 SequencedList.h，下面介绍的各种操作算法的实现(即成员函数的编码)都以内联(inline)方式在头文件中直接给出。SequencedList 作为一个独立模块添加到 dsa 算法与数据结构库项目，而本章的测试与应用程序则置于名为 liststest 的应用程序型项目。

6.2.2 顺序表的操作

1. 顺序表的初始化

设计类的构造函数用来创建并初始化顺序表对象，为顺序表实例预分配存储空间，并设置顺序表为空状态或指定状态。该操作的实现编码如下：

```
//构造空顺序表,分配 c 个存储单元,不带参数时,构造具有 16 个单元的空表
SequencedList( int c = LCapacity) {
    _ items = new T[c];              //分配 c 个存储单元
    _ capacity = c;
    _ count = 0;                     //此时顺序表长度为 0
    }
}
```

构造函数可以有多个重载形式，方便调用者以不同方式初始化顺序表对象。下面是一个重载的构造函数，它以其参数指定的一个数组中的若干个元素作为初值来构造顺序表实例，该操作的实现编码如下：

```
//以一个数组(或其他容器)中的元素构造顺序表
template<typename ITR>
SequencedList( const ITR first, int cnt) {
    ITR fr = (ITR)first;
    _ count = cnt>0? cnt:1;          //元素个数
    _ capacity = _ count + LCapacity;
    _ items = new T[_ capacity];
    for ( int i = 0; i < cnt; i++) {
        _ items[i] = * fr++;
    }
}
```

按照 C++设计自定义类的惯例，设计拷贝构造函数以提供从一个已有的对象来构造一个新对象的机制，设计拷贝赋值运算符重载，以提供将已有的对象赋值给另一个已有的对象的机制。

```
// copy constructor. 构造顺序表,它复制另一个顺序表
SequencedList( const SequencedList& a) {
```

```
    _count = a._count;      //顺序表长度
    _capacity = a._capacity;
    _items = new T[_capacity];
    for (int i = 0; i < _count; i++) {
        _items[i] = a._items[i];
    }
}
// copy assignment operator,复制另一个顺序表
SequencedList& operator = (const SequencedList& rhs) {
    if (this ! = &rhs){
        delete[] _items;                    //释放现有存储空间
        _count = rhs._count;
        _capacity = rhs._capacity;
        _items = new T[_capacity];     //分配新存储空间
        for (int i = 0; i < _count; i++) {    //copy rhs
            _items[i] = rhs._items[i];
        }
    }
    return *this;       //允许 a=b=c
}
```

SequencedList 类的析构函数(destructor)在顺序表对象结束其生命周期时被自动执行,以完成释放成员_items 指向的内存空间的善后工作。SequencedList 类的设计遵循了 RAII 原则,使之成为安全可靠的软件组件,所属对象实例在初始构造时向系统申请内存资源,而在销毁析构过程中释放资源。

```
// deconstructor
~SequencedList() { delete[] _items; }
```

2. 返回顺序表长度

该操作告知线性表实例中的数据元素的个数,将这个操作以成员函数 count() 或 size() 的形式实现,以 const 修饰表明这个函数不修改实例的状态,是个只读过程。编码如下:

```
//返回顺序表长度
int size() const {
    return _count;
```

```
    }
```

3. 判断顺序表的空状态和满状态

通过定义布尔类型的成员函数 empty( )来实现判断顺序表为空的功能,如果 empty( )返回值为 true,表明顺序表为空;如果返回值为 false,则表明顺序表为非空。

在设计上,当成员变量_count 等于 0 时,顺序表为空状态,此时 empty( )函数返回 true,否则返回 false。功能实现如下:

```
//判断顺序表是否为空
bool empty() const {
    return _count == 0;
}
```

通过定义布尔类型的成员函数 full( )来实现判断顺序表当前预分配的空间已满的功能,如果 full( )返回值为 true,则表明顺序表当前预分配空间已满;如果返回值为 false,则表明顺序表非满。full( )和 empty( )都应设计为只读过程。功能实现如下:

```
//判断顺序表当前存储空间是否已满
bool full(int cnt=0) const {
    return _count+cnt >= _capacity;
}
```

后面将看到,顺序表预分配的存储空间可以而且应该根据需要而动态地调整,在使用顺序表进行应用编程时,如果原分配的空间已用完,就需要扩大预分配的存储空间。一般可以认为系统所能提供的可用空间是足够大的,在绝大多数情况下可以满足扩大存储空间的需求。如果系统无法分配新的存储空间,则产生运行时异常。

4. 获取或设置顺序表的容量

定义公有成员函数 capacity( )供外部获取顺序表的当前容量。获取顺序表的容量,仅是简单地返回数据成员_capacity 所记录的值。

```
//返回顺序表当前存储空间容量
int capacity() const {
    return _capacity;
}
```

定义公有成员函数 setCapacity( )供外部为顺序表设置新的容量。需要依次进行以下操作:重新分配指定大小的存储空间作为顺序表的"数据仓库"(新数组),将原数组中的数据元素逐个拷贝到新数组,释放原数组占据的空间。后面将看到,在执行插入等操作时,当_count 等于_capacity 时，表明顺序表当前预分配的存储空间已装满数据元素，在进行后续的操作前，需要调用 setCapacity( )函数重新分配存储空间。该操作的实现编码如下：

```cpp
void setCapacity(int newCapa){
    T * newspace = new T[newCapa];
    if (_count > newCapa) _count = newCapa;
    for (int i = 0; i < _count; i++)
        newspace[i] = _items[i];
    delete[] _items;      //释放旧存储空间
    _items = newspace;
    _capacity = newCapa;
}
```

5. 获取或设置指定位置的数据元素值

通过重载"[ ]"运算符来提供获得或设置顺序表的第 i 个数据元素值的功能，并实现对顺序表实例进行类似于数组的访问。就像 C++的数组下标从 0 开始一样，我们用从 0 开始的索引参数 i 来指示顺序表的第 i 个元素。该操作的实现编码如下：

```cpp
const T& operator [](int i) const{
    if (i >= 0 && i < _count)
        return _items[i];
    else
        throw out_of_range("Index Out Of Range Exception
            in SequencedList:" + to_string(i));
}
T& operator [] (int i) {
    if (i >= 0 && i < _count) {
        return _items[i];
    }
    else
        throw out_of_range("Index Out Of Range Exception
            in SequencedList:" + to_string(i));
}
```

第一个形式提供读的功能，第二个形式提供设置的功能。

6. 查找具有特定值的元素

在线性表中顺序查找具有特定值 k 的元素的过程为:从线性表的第一个数据元素开始,依次检查线性表中的数据元素是否等于 k,若当前数据元素与 k 相等,则查找成功;否则,继续与下一个数据元素进行比较,当完成与线性表的全部数据元素的比较后仍未找到,则返回查找不成功的信息。上述操作分别用 contains() 成员函数和 index() 成员函数实现,contains() 函数查找成功时返回 true,不成功则返回 false。index() 函数查找成功时返回 k 值首次出现位置,否则返回-1。该操作的实现编码如下:

```cpp
// 查找线性表是否包含 k 值,查找成功时返回 true,否则返回 false
bool contains(const T& k) const {
    int j = index(k);
    if (j ! = -1)
        return true;
    else
        return false;
}
//查找 k 值在线性表中的位置,查找成功时返回 k 值首次出现位置,否则返回-1
int index(const T& k) const {
    int j = 0;
    while (j < _count && _items[j] ! = k)
        j++;
    if (j = = _count)
        return -1;
    else
        return j;
}
```

上面两个函数的定义中,用符号"&"将参数 k 修饰为引用方式,强调在函数调用时是通过传递引用方式来传递参数,是 C++中提高参数传递效率的一种常用方式。

7. 在顺序表的指定位置插入数据元素

在线性表指定位置上,插入一个新的数据元素,插入后,其所有元素仍构成一个线性表。要想在顺序表的第 i 个位置上插入给定值 k,使得插入后的线性表仍然保持连续性,首先必须将第 $n-1$ 到第 i 个位置上的数据元素依次向后移动一个位置,即依次向后移动从

a_{n-1} 到 a_i 的数据元素，以空出第 i 个位置的内存单元，然后在第 i 个位置上放入给定值 k，并调整元素个数，其过程如图 6.2 所示，图中 n 表示数组中数据元素的个数，它等于顺序表的数据成员 _count 的值。

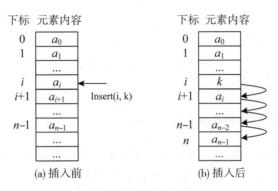

图 6.2 顺序表中插入数据元素

该操作的实现编码如下：

```
//在顺序表的第 i 个位置上插入数据元素 k
void insert(int i, const T& k) {
    if (full()) {
        setCapacity(2 * _capacity); //将现有容量加倍
    }
    if (i < 0) i = 0;
    if (i > _count) i = _count;
    if (i < _count) {
        for (int j = _count - 1; j >= i; j--)
            _items[j + 1] = _items[j];
    }
    _items[i] = k;
    _count++;
    return;
}
```

一种常见的插入操作是在线性表的表尾添加(push_back)一个新元素，算法实现如下：

```
    //将 k 添加到顺序表的结尾处
    void push_back(const T&  k) {
```

```
if (full())
    setCapacity(2 * _capacity); //double capacity
_items[_count] = k;
_count++;
}
```

在执行插入或添加操作时,当_count 等于_capacity 时,表明顺序表当前预分配的存储空间已装满数据元素,在进行后续的操作前,需要调用 setCapacity( )成员函数重新分配存储空间。

8. 删除顺序表指定位置的数据元素

删除线性表指定位置的数据元素,同时保证更改后的数据集合仍然具有线性表的连续性。若想删除顺序表的第 i 个数据元素,使得删除后线性表仍然保持连续性,则必须将顺序表中原来的第 $i+1$ 到第 $n-1$ 位置上的数据元素依次向前移动,并调整元素个数。数据元素移动次序是从 a_{i+1} 到 a_{n-1},将 a_{i+1} 移动到位置 i 上,实际上就是删除了 a_i,如图 6.3 所示,图中 n 表示数组中数据元素的个数,它等于顺序表的成员变量_count 的值。

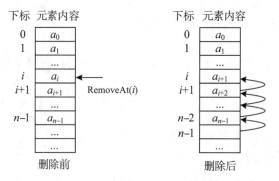

图 6.3　删除顺序表中的数据元素

算法实现如下:
```
//删除顺序表的第 i 个数据元素
void removeAt(int i) {
    if (i >= 0 && i < _count) {
        for (int j = i + 1; j < _count; j++)
            _items[j - 1] = _items[j];
        _count--;
    }
}
```

```
    else
        throw out_of_range("Index Out Of Range Exception
            in SequencedList:" + to_string(i));
}
```

一种常见的删除操作是从表中移除特定对象的第一个匹配项，算法实现如下：

```
//删除顺序表中首个出现的 k 值数据元素
void remove(const T& k) {
    int i = index(k); //查找 k 值的位置
    if (i ! = -1) {
        for (int j = i + 1; j < _count; j++)     //删除第 i 个值
            _items[j - 1] = _items[j];
        _count--;
    }
    else
        throw out_of_range("值未找到,无法删除:");
}
```

9. 输出顺序表

```
template <typename T>
ostream& operator<<(ostream& os, const SequencedList<T>& rhs) {
    os << "SequencedList: ";
    if (! rhs.empty()) {
        for (int i = 0; i < rhs.count(); i++) {
            os << rhs[i] << "   ";
        }
    }
    os << endl;
    return os;
}
```

这是本模块设计的一个全局实用工具函数，通过重载"<<"运算符，在控制台上显示顺序表对象的内容。

比在控制台上显示信息更为一般的操作，是以字符串的形式返回对顺序表对象而言有意义的值，这可以通过在顺序表 SequencedList 类中定义成员函数 str() 来实现。

```
string str(bool needTypeName = false) const {
    ostringstream ss;
    if (needTypeName)
        ss << "SequencedList: ";
    if (! empty()) {
        for (int i = 0; i < _count; i++) {
            ss << _items[i] << "   ";
        }
    }
    ss << endl;
    return ss.str();
}
```

以上两个辅助函数对于一个完整的类型定义是非常有用的。

10. 定义迭代器对象

在类中设计迭代器对象和相关的支持机制,方便客户端以迭代器模式遍历本类对象,这样本类型数据能被更广泛的算法所接受。

```
using iterator = T *;
iterator begin() const {return _items;}
iterator end() const {return _items + _count;}
```

6.2.3　顺序表操作的算法分析

上一节给出了顺序表类的定义及顺序表各种基本操作算法的编程实现代码,从代码中可以看出,不同的操作可能会有不同的效率特性。有些操作实现所蕴涵的原操作的执行次数与表中数据元素的个数无关,如判断顺序表的空状态、返回顺序表的长度、获取或设置指定位置的数据元素的值等操作,所以这些操作的时间复杂度为 $O(1)$;而有些操作实现所蕴涵的原操作的执行次数与表中数据元素的个数呈线性关系,如在线性表中查找给定值、插入和删除数据元素等操作,所以这些操作的时间复杂度为 $O(n)$。

如果暂不考虑有时可能会发生的内存空间的重分配问题,在顺序表中进行插入和删除数据元素的操作时,算法所花费的时间主要用在移动数据元素上。插入的位置不同,则移动数据元素的次数也不同;若在表头(即表的第 0 个位置)插入新的数据,则移动操作的次数为 n(n 为顺序表中数据元素的个数);若在顺序表的最后一个位置插入新的数据,则移动操作次数为 0。设在第 i 个位置插入新的数据的概率为 p_i，则在顺序表中插入一个数据元素所做的平均移动次数为

$$\sum_{i=0}^{n} (n - i) \times p_i$$

如果在各位置插入数据元素的概率相同，即

$$p_0 = p_1 = \cdots = p_n = \frac{1}{n + 1}$$

则插入操作的平均移动次数为

$$\sum_{i=0}^{n} (n - i) \times p_i = \frac{1}{n + 1} \sum_{i=0}^{n} (n - i) = \frac{1}{n + 1} \times \frac{n(n + 1)}{2} = \frac{n}{2}$$

上述分析表明，插入一个数据元素的操作，在等概率条件下，平均需要移动线性表全部数据元素的一半，所以插入操作的时间复杂度为 $O(n)$。

同理，在等概率条件下，删除一个数据元素的操作平均需要移动线性表全部数据元素的一半，所以删除操作的时间复杂度也为 $O(n)$。

综上所述，顺序表具有以下特点：

(1)随机访问：顺序表中数据元素的存储次序直接反映了其逻辑次序，可以直接访问任意位置的数据元素，时间复杂度为 $O(1)$；

(2)存储密度高：所有的存储空间都可以用来存放数据元素；

(3)插入和删除操作的效率不高：每插入或删除一个数据元素，都可能需要移动大量的数据元素，其平均移动次数是线性表长度的一半，时间复杂度为 $O(n)$；

(4)需预分配一定大小的内存空间：为顺序表内部数组预分配内存空间时，需要给出存储单元个数，即内存空间大小，这个数值只能根据不同的情况估算。可能出现因空间估算过大而造成系统内存资源的浪费，或因空间估算过小而在随后的某个操作中不得不重新分配存储空间。

【例 6.2】 以顺序表求解约瑟夫环问题的改进算法。

在例 6.1 中实现的算法多次使用删除操作，即每当一个数据元素出环时，删除表中相应位置的元素，这时必须移动其他元素(vector 类完成该操作)，操作的时间复杂度高。为了避免这个问题，下面的程序没有使用删除操作，而是采用了一种设置特殊标志的变通方法，将应出环元素相应位置的值置为零(将 0 作为空单元的标志)，以后在计数时跳过值为零的单元。当 $n = 5$，$s = 1$，$d = 2$ 时，基于这种思路的约瑟夫环问题执行过程如图 6.4 所示。本例用 SequencedList 类替换 vector 类，也是对自定义类的一种测试。程序实现代码如下：

```
#include <iostream>
```

```
#include "../dsa/SequencedList.h"
using namespace std;
void JosephusRingNew(int n, int s, int d) {
    const int KilledValue = 0;
    int i, j, k;
    SequencedList<int> ring1;
    for (i = 0; i < n; i++) {
        ring1.push_back(i + 1);          //n 个人依次插入线性表
    }
    cout << ring1;
    i = s-2;    //第 s 个人的下标为 s-1,i 初始指向第 s 个人的前一位置
    k = n;      //每轮的当前人数
    while (k > 1) { //n-1 个人依次出环
        j = 0;
        while (j < d) {
            i = (i + 1) % n;            //将线性表看成环形
            if (ring1[i] ! = KilledValue)
                j++;                     //计数
        }
        cout << "out:  " << ring1[i] << endl;
        ring1[i] = KilledValue;          //第 i 个人出环,设置第 i 个位置为空
        k--;cout << ring1;
    }
    i = 0;
    while (i < n && ring1[i] == KilledValue) //寻找最后一个人
        i++;
    cout << "The last person is " << ring1[i] << endl;
}
int main() {
    JosephusRingNew(5, 1, 2);
    return 0;
}
```

程序运行结果如下:

```
SequencedList:1 2 3 4 5    out: 2
SequencedList:1 0 3 4 5    out: 4
SequencedList:1 0 3 0 5    out: 1
SequencedList:0 0 3 0 5    out: 5
SequencedList:0 0 3 0 0    The last person is 3
```

粗略地测算一下前后两种算法实现的运行速度：如果去掉算法中显示中间结果的语句，对于 $n=50000$ 的情况，例 6.1 中的算法耗时 1.295 秒，而本例的算法耗时仅 0.011 秒，相差 100 多倍。

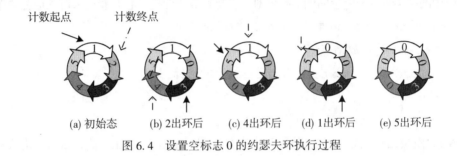

图 6.4　设置空标志 0 的约瑟夫环执行过程

6.3　线性表的链式存储结构

线性表的链式存储结构是指将线性表的数据元素分别存放在一个个链结点（link node）中，每个链结点由数据元素域和一个或若干个指针域组成，指针用来指向其他结点。这样，线性表数据元素之间的逻辑次序就由结点间的链接关系来表示，逻辑上相邻的结点在物理上不一定相邻。用链式存储结构实现的线性表称为线性链表（linear linked list），简称链表（linked list）。

指向线性链表第一个结点的指针称为线性链表的头指针，一个线性链表由头指针指向链表的头结点（head node），头结点的链指向第一个数据结点（first node），每个数据结点的链指向其后继结点，最后一个结点的链为空（nullptr）。链表的数据结点个数称为链表的长度，长度为 0 时称为空表。

线性链表根据结点所包含的链的个数可分为单向链表和双向链表两种。

6.3.1　线性链表的结点结构

线性表的数据元素分别存放在链表的结点中，结点由值域和指针域组成，值域保存数据元素的值,指针域则包含指向其他结点的指针,指针域又称链域。这样,线性表数据元素之间的逻辑次序就由结点间的链接来实现。

在现代 C++程序中可以直接使用标准 C/C++语言中的指针,指针类型的变量可以用来记录具体对象的地址,即指向相应的实例。因此,在 C++程序设计中可以定义"自引用结构/类"(self referential structure / class)来表示链表的结点结构,自引用结构包含指向同类实例的指针成员变量。

1. 声明自引用的结点结构

自引用的结构包含一个指向同一类型对象的指针成员变量,它起着记录对象地址的作用。

```
template <typename T> struct SLNode {
    T item;//存放结点值
    SLNode<T>* next;//指向后继结点的指针
    ......
}
```

SLNode 模板结构的定义中声明了两个成员变量:item 和 next。成员 item,构成结点的值域,用于记载(结点)数据;成员 next 构成结点的链域,用于指向同类的某个对象,例如数据集合中的其他结点。所以 SLNode<T>结构构成自引用的结构。成员变量 next 称为链(link),它是一种指针类型,在功能上,将一个 SLNode<T>结构的对象与另一个同类型的对象"链接"起来,实现结点间的链接。

链表中的结点设计成独立的 SLNode<T>结构,一个具体结点就是用 SLNode<T>结构定义和创建的一个实例。C++程序通过用指针类型的链域将多个实例(结点对象)链接起来,就可以实现多种动态的数据结构,如链表、二叉树、图等结构,在后面的章节中我们还会多次用到这种方法。

2. 创建并使用结点对象

创建和维护动态数据结构需要动态内存分配(dynamic memory allocation)。内存空间是计算机中一种重要的资源,程序在需要某数据对象时,需为之申请所需的内存空间并初始化,其后才可操作、使用该对象;当不再需要该对象时,应及时释放其空间。

C++使用 new 操作符创建对象并为之分配内存,使用 delete 操作符销毁对象并释放其内存。例如:

```
SLNode<string> *p, *q;    //声明 p 和 q 是指向 SLNode<string>的指针变量
p = new SLNode<string>(); //创建 SLNode<string>类型的对象,由 p 指向
q = new SLNode<string>(); //创建 SLNode<string>类型的对象,由 q 指向
```

结点对象的两个成员变量 item 和 next 记录该实例的状态，称为实例（成员）变量，由 p 引用对象的这两个实例成员变量的语法格式为 p->item 和 p->next。通过下述语句可将 p、q 两个结点对象链接起来：

```
p->next = q;
```

这时，称结点对象 p 的 next 成员变量指向结点对象 q，简称结点 p 后继指向结点 q。链表的结点结构和链接起来的两个结点如图 6.5 所示。

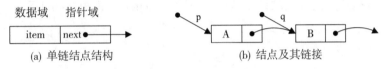

       (a) 单链结点结构　　　　　　　　　　　　(b) 结点及其链接

图 6.5　结点结构及其链接

在后面即将详细描述的单向链表 SLinkedList 模块（".h" 和 ".cpp" 源文件）中设计了一个全局实用工具函数，用于释放链表相应的资源，在各种单向链表类中会用到。

```
//释放由 first 开始的链表
template <typename T>
void dispose(SLNode<T> * first) {
    SLNode<T> * q = first;SLNode<T> * p;
    while (q != nullptr) {
        p = q; q = q->next;
        delete p;
    }
}
```

6.3.2　单向链表

在线性链表中，如果每个结点只有一个链，则只能表达一种链接关系，这种结构称为单向链表（single linked list），单向链表各结点的链指向其后继结点。在单向链表的具体实现中，一种常用的方式是在链表的第一个数据结点之前附设一个结点，称为头结点。头结点的数据域可以存储任意信息，而该结点的链域则存储第一个数据结点的地址。

图 6.6 是一个单向链表的结构示意图，图中头指针 head 指向头结点，若线性表为空，则头结点的链域内容为 nullptr，否则指向第一个数据结点。从头指针 head 开始，沿链表的方向前进，就可以顺序访问链表中的每个结点。

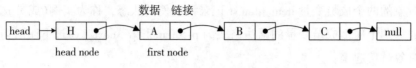

图 6.6　单向链表结构示意图

1. 单向链表的结点类

用 C++语言描述单向链表的结点结构，声明 SLNode<T>模板结构如下：

```
template <typename T>
struct SLNode {
    T item;                    //存放结点值
    SLNode<T> * next;          //指向后继结点的指针
    //构造函数,构造值为 k 的结点
    SLNode(const T& k): item(k),next(nullptr) { }
    //缺省构造函数,构造缺省值的结点
    SLNode(): next(nullptr), item{} { }
    //析构函数
    ~SLNode() { }
};
```

2. 单向链表类

用 C++语言描述单向链表，声明 SLinkedList<T>模板类如下：

```
template <typename T>
class SLinkedList {
private:
    SLNode<T> * _head;      //_head 指向链表头结点
    int _count;             //_count 记录数据结点的数目
public:
    //获取和设置头结点
    const SLNode<T> * head() const{return _head;}
    SLNode<T> * & head() {return _head;}
    ......
}
```

线性表的各种操作将作为 SLinkedList 类模板的不同成员函数予以实现。一个 SLinkedList<T>类型的实例(对象)表示一条具体的单向链表,它的成员变量_head 作为该链表的头指针,指向链表中仅作为标志的头结点,头结点的链域(_head->next)指向第一个数据结点。当头结点的链域为 nullptr 时,表示链表为空,其元素个数为 0。成员变量_head 和_count 设计为私有的(private),不允许该类以外的模块直接访问。但链表 SLinkedList 类提供公有成员函数 head( )和 count( )允许客户端来间接访问_head 和_count。这种设计满足面向对象编程封装性的要求。

3. 单向链表的操作

单向链表的常用操作通过下述 SLinkedList 类的若干函数成员实现:

(1)单向链表的创建与初始化和链表的销毁。用 SLinkedList 类的缺省构造函数创建一条空链表,它仅包含一个头结点,操作实现如下:

```
//构造仅有头结点的空单向链表
SLinkedList():_count(0){
    _head = new SLNode<T>();   //头结点是个标志结点
}
```

用某一数组中的一组数值初始化一个单向链表:通过重载 SLinkedList 类的构造函数来实现。在建立单向链表的过程中,使用 new 操作符创建 SLNode 类型的对象作为一个新的结点,并依次链入链表的末尾,如图 6.7 所示。设变量 rear 指向原链表的最后一个结点,q 指向新创建的结点,则下列语句将 q 结点链在 rear 结点之后,并更新 rear,使其指向新链尾结点:

```
rear->next = q;      //q结点链入原链表尾
rear = q;            //更新 rear,指向新链尾结点
```

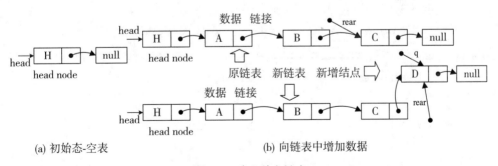

图 6.7 建立单向链表

这样就将 q 作为最后一个结点链入到表中，重复上述操作可以建立一条单向链表，该初始化操作的代码实现如下：

```cpp
//以一个数组(或其他容器)中的元素构造单向链表
SLinkedList(const T * first, int cnt) {
    _count = cnt > 0 ? cnt : 1;              //链表的长度
    _head = new SLNode<T>();                 //头结点是个标志结点
    //_head->next = makeLink(first, cnt);
    SLNode<T> * rear = _head;
    SLNode<T> * q;
    for (int i = 0; i < _count; i++) {
        q = new SLNode<T>(first[i]);     //建立结点 q
        rear->next = q;
        rear = q;
    }
}
```

拷贝构造函数和重载拷贝赋值运算符编码如下：

```cpp
// copy constructor. 构造并复制另一个链表
SLinkedList(const SLinkedList<T>& a) {
    _head = new SLNode<T>();    //头结点是个标志结点
    _count = a._count;
    _head->next = makeLink(a);
}

// copy assignment operator,复制另一个链表
const SLinkedList& operator = (const SLinkedList& rhs) {
    if (this ! = &rhs) {
        ::dispose(_head->next);    //释放现有存储空间
        _count = rhs._count;
        _head->next = makeLink(rhs);
    }
    return * this;                 //允许 a = b = c
}

//make/copy from another SLinkedList 从其他链表复制数据链表
SLNode<T> * makeLink(const SLinkedList& otherStr) {
```

```
    if (otherStr.empty())
        return nullptr;
    SLNode<T> * p = otherStr._head->next;
    SLNode<T> * front = new SLNode(p->item);
    SLNode<T> * q = front, *t;
    p = p->next;
    while (p ! = nullptr) {
        t = new SLNode<T>(p->item);     //建立结点 t
        q->next = t;
        q = t;
        p = p->next;
    }
    return front;
}
```

对象的销毁将自动调用对象所属类的析构函数。SLinkedList 类的析构函数编码如下：

```
//deconstructor. 析构函数
~SLinkedList() {::dispose(_head); }
```

SLinkedList 类的设计遵循了 RAII 原则，所属对象实例在初始构造时向系统申请内存资源，而在销毁析构过程中释放资源。链表中的某些结点不是在构造链表时加入的，而是在链表实例后期的插入数据结点的操作中加入的，相应的删除数据元素的操作就应该负责释放相应结点的工作，参见后面介绍的插入和删除数据元素的操作实现。

（2）返回链表的长度。该操作告知线性链表的数据元素个数，用名字为 count( )或 size ( )的成员函数来实现。假设没有设立专门的成员变量记录表中的元素个数，当需要知道元素的数目时，必须从第一个数据结点计数到最后一个结点。我们的设计是用成员变量 _count 动态记录表中的元素个数，因而返回其值即可告知链表实例的数据元素个数。编码如下：

```
//返回链表的长度
int count() const {return _count;}
int size() const {
    int n = 0;
    SLNode<T> * p = _head->next;
    while (p ! = nullptr) {
        n++;
```

```
        p = p->next;
    }
    return n;
}
```

(3)判断单向链表是否为空。用 bool 类型的成员函数 empty( )实现该操作,如果 empty( )返回值为 true,表明链表为空;如果 empty( )返回值为 false,则表明链表为非空。在 empty( )函数的设计上,当头结点的链域(即_head->next)为 nullptr 时,表示链表为空, empty( )函数应指示 true;否则,指示 false。或者检测成员变量_count 是否为零。下面是将两个条件一起检测,编码如下:

```
//判断单向链表是否为空
bool empty() const {
    return (_head->next == nullptr) && (_count == 0);
}
```

在链表的实现中,采用动态分配方式为每个结点分配内存空间,当有一个数据元素需要加入链表时,就向系统申请一个结点的存储空间,在编程时可认为系统能提供的可用空间是足够大的,一般不必判断链表是否已满。如果内存空间已用完,系统无法分配新的存储单元,则产生运行时异常。

如果仍想在链表类中定义一个 full( )成员函数,可以让它总是返回 false,编码如下:

```
bool full() const {return false;}
```

(4)获取或设置指定位置的数据元素值。在链表的实现中,不能像顺序结构一样根据数据结点的序号直接找到该结点,链表不具有随机访问特性。在单向链表的每个结点中都有一个指向后继结点的链域,如果以索引参数 i 来指定结点的位置,则必须从表头顺着链找到相应的结点,以达到进一步获取或设置该结点的值的目的。

我们仍然用从 0 开始的索引参数 i 来指示线性链表的第 i 个数据元素。操作实现如下:

```
//找到下标 i 处的结点指针
SLNode<T>* findNode(int i) const {
    if ((i < 0) || (i >= _count))
        return nullptr;
    int n = 0;              //count of elements
    SLNode<T>* q = _head->next;
    while (n < i) {
        n++;
        q = q->next;
```

```
    }
    return q;
}

const T& operator [](int i) const {
    SLNode<T>* p = findNode(i);
    if (p == nullptr)
        throw out_of_range("Index Out Of Range Exception in
                    SLinkedList:" + to_string(i));
    return p->item;
}

T& operator [] (int i) {
    SLNode<T>* p = findNode(i);
    if (p == nullptr)
        throw out_of_range("Index Out Of Range Exception in
                    SLinkedList:" + to_string(i));
    return p->item;
}
```

（5）输出单向链表。将已建立的单向链表按顺序在控制台输出其每个结点的值。从_head->next 所指向的结点（这是链表的第一个数据结点）开始，首先访问结点，再沿着其链方向到达后继结点，访问该结点，直至达到链表的最后一个结点。

设 q 指向链表中的某结点，由结点 q 到达其后继结点的语句是：

```
q = q->next;
```

输出整个链表的操作实现编码如下：

```
//输出_head 指向的单向链表
void show(bool showTypeName = false) {
    if (showTypeName)cout<<"SLinkedList:  ";
    SLNode<T>* q = _head->next;
    while (q != nullptr) {
        cout << q->item << " -> ";
        q = q->next;
    }
    cout << " |." << endl;
}
```

在本模块中也可设计一个全局实用工具函数，通过重载 "<<" 运算符，在控制台上显示链表对象的内容。

```
template <typename T>
ostream& operator<<(ostream& os, const SLinkedList<T>& rhs) {
    os << "SLinkedList: ";
    if (! rhs.empty()) {
        SLNode<T>* q = (rhs.head())->next;
        while (q! =nullptr) {
            os << q->item << " -> ";
            q = q->next;
        }
    }
    os << "|.";
    return os;
}
```

比在控制台上显示更为一般的操作，是以字符串的形式返回对链表对象有意义的值，即返回一个更能描述链表实例的字符串，这可以通过在链表 SLinkedList 类中定义 str( ) 成员函数来实现。

```
string str(bool needTypeName = false) const {
    ostringstream ss;
    if (needTypeName)
        ss << "SLinkedList: ";
    SLNode<T>* q = _head->next;
    while (q ! = nullptr) {
        ss << q->item << " -> ";
        q = q->next;
    }
    ss << "|.";
    return ss.str();
}
```

（6）插入结点。在单向链表中插入新的结点，如果以索引参数 i 来指定结点的位置，则必须先从表头顺着链找到相应的结点，再插入新的结点，过程如图 6.8 所示。

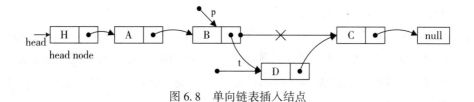

图 6.8　单向链表插入结点

生成值为 k 的新结点并做相应准备工作如下：

SLNode<T> * p, * q;

SLNode<T> * t = new SLNode<T>(k);

找到正确的插入位置后，设 p 指向链表中的某结点，在结点 p 之后插入结点 t，形成新的链表。语句如下：

t->next = p->next;

p->next = t;

由此可见，在单向链表中插入结点，只要修改相关的几条链，而不需移动数据元素。完整的操作实现编码如下：

```
//在表的第 i 个位置上插入数据元素 k
void insert(int i, const T& k) {
    SLNode<T> * p = _head;
    SLNode<T> * q = p->next;
    if (i < 0) i = 0;
    int j = 0;
    while (q! = nullptr) {
        if (j == i)break;
        p = q;
        q = q->next;
        j++;
    } //p = findPrevNode(i);
    SLNode<T> * t = new SLNode<T>(k);
    t->next = p->next;
    p->next = t;
    _count++;
}
```

由于在单向链表中无法直接访问结点的前驱结点，所以算法中设置 p 作为 q 的前驱结点，q 每前进一步，p 也跟随前进。

插入操作中的一种常见情况是在线性表的表尾添加一个新元素 k，可以通过调用 insert(size( )，k)来达成，不过这种方式分别通过执行 size( )和 insert( )两个操作重复地遍历链表的所有结点直至找到最后的结点，时间效率低。可通过在链表类中定义一个 push_back( )成员函数来实现该操作，完整的操作实现编码如下：

```
void push_ back(const T& k) {
    SLNode<T> * t = new SLNode<T>(k);
    SLNode<T> * p = backNode( );
    p->next = t;
    _ count++;
}

// 找到最后一个结点的指针
SLNode<T> * backNode( ) const {
    SLNode<T> * q = _ head;
    while (q->next ! = nullptr) {
        q = q->next;
    }
    return q;
}
```

(7) 删除结点

要在单向链表中删除指定位置的结点，需要把该结点从链表中退出，并改变相邻结点的链接关系。该结点所占用的存储单元，在 C/C++语言实现中必须归还给系统，而在 C#/Java 语言实现中，该结点所占的存储单元由系统管理，适时自动回收。

删除结点的操作过程如图 6.9 所示，设 p 指向单向链表中的某一结点，从链中删除 p 的后继结点 q 的语句是：

```
p->next = q->next;
delete q;
```

执行该操作前要根据不同的要求定位将被删除的结点 q 和它的前驱结点 p。

执行上述语句之后，则建立了新的链接关系，替代了原链接关系。因此，在单向链表中删除结点，只要修改相关的几条链，而不需移动数据。

如果需要删除结点 p 自己，则必须修改 p 前驱结点的 next 链。由于单向链表中的结点没有指向前驱结点的链，无法直接修改 p 前驱结点的 next 链。所以，在单向链表中，要删除 p 的后继结点，操作简单；而要删除结点 p 自己，则操作比较麻烦。

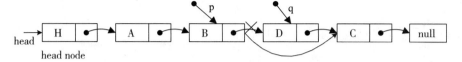

图 6.9　单向链表删除结点

删除结点操作的实现程序如下：

// 删除链表中首个出现的 k 值数据元素

```
bool remove( const T& k) {
    SLNode<T> * p = _ head;
    SLNode<T> * q = p->next;
    while (q ! = nullptr) {
        if (k = =q->item) {
            p->next = q->next;
            delete q;
            _ count --;
            return true;
        }
        p = q;
        q = q->next;
    }
    return false;
}
```

// 删除链表的第 i 个数据元素

```
void removeAt( int i) {
    int j = 0;
    SLNode<T> * p = findPrevNode(i);
    if(p = =nullptr)
        throw out_ of_ range( "Index Out Of Range Exception in
            SLinkedList: " + to_ string(i));
    SLNode<T> * q = p->next;
    p->next = q->next;
    delete q;
```

```
    _ count --;
}
// 找到下标 i 处结点的前驱结点的指针
SLNode<T> * findPrevNode(int i) const {
    if ((i < 0) || (i >= _count))
        return nullptr;
    int n = 0;     // count of elements
    SLNode<T> * q = _head->next;
    SLNode<T> * p = _head;
    while (n < i) {
        n++;
        p = q;
        q = q->next;
    }
    return p;
}
```

(8)单向链表逆转

设已建立一条单向链表,现欲将各结点的链域 next 改为指向其前驱结点,使得单向链表逆转过来,操作过程描述如图 6.10 所示。

设 p 指向链表的某一结点,front 和 q 分别指向 p 的前驱和后继结点,则使 p->next 指向其前驱结点的语句是:

```
p->next = front;
```

单向链表逆转算法描述如下:

①第 1 次循环时,front = nullptr,p 指向链表的第一个数据结点,执行语句:

```
p->next = front;
```

②以 p! =nullptr 为循环条件,front、p 和 q 等变量沿链表方向前进而依次更新,对于 p 指向的每一个结点,执行语句:

```
p->next = front;
```

③循环结束后,front 指向原链表的最后一个结点,该结点应成为新链表的第 1 个数据结点,需由_head->next 指向,语句为:

```
_head->next = front;
```

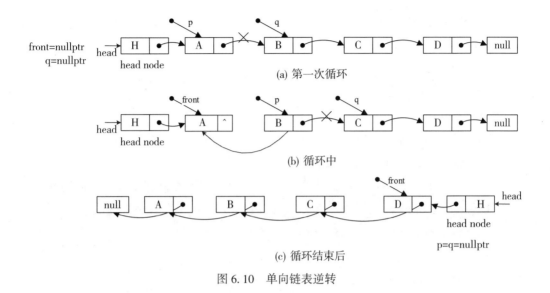

(a) 第一次循环

(b) 循环中

(c) 循环结束后

图 6.10　单向链表逆转

【例 6.3】　单向链表逆转算法实现与测试。

下面的程序代码，reverse( )是在 SLinkedList 类中定义的成员函数，而 SLinkedList 类模块与其他章节中的数据结构与算法模块一样置于 dsa 算法与数据结构类库中。测试模块 SLinkedListTest. cpp 则置于 liststest 应用程序项目中，故在测试代码中，需引入 dsa 目录中相应的头文件，编译、链接该程序时还需指明引用 dsa 类库。

```
//将单向链表逆转
void reverse( ) {
    SLNode<T> * p = _head->next;
    SLNode<T> * q = nullptr;
    SLNode<T> * front = nullptr;
    while (p ! = nullptr) {
        q = p->next;
        p->next = front;   //p->next 指向 p 结点的前驱结点
        front = p;
        p = q;
    }
    _head->next = front;
}
```

测试类代码如下：

```
#include <iostream>
```

```
#include <cstdlib>
#include "../dsa/SLinkedList.h"
#include "../dsa/dsaUtils.h"
using namespace std;
int main() {
    const int CNT = 8; int ia[CNT];
    RandomizeData(ia, CNT);
    SLinkedList<int> alist(ia,CNT);    //以 8 个随机值建立单向链表
    cout<< alist.str(true) << endl;    //alist.show(true);
    cout<< "count: " << alist.count() << endl;
    cout<< "Reverse!" << endl;
    alist.reverse(); alist.show(true);
    cout<< "count: " << alist.count() << endl;
    return 0;
}
```

程序运行结果如下:

```
SLinkedList: -99 -> 81 -> -79 -> -32 -> 91 -> -52 -> -68 -> -85 -> . |
count: 8
Reverse!
SLinkedList: -85 -> -68 -> -52 -> 91 -> -32 -> -79 -> 81 -> -99 -> . |
count: 8
```

4. 线性表的两种存储结构性能的比较

线性表的两种不同实现,即选用不同的存储结构,各有如下优缺点:

(1)元素的随机访问特性。顺序表能够如同访问数组元素一样,直接访问数据元素,即顺序表可以根据元素的下标直接引用任意一个数据元素;而链表不能直接访问任意指定位置的数据元素,只能从链表的第一个结点开始,沿着链的方向,依次查找后继结点,直至到达指定的位置,才可以访问该结点的数据元素。

(2)插入和删除操作。顺序表的插入和删除操作不太方便,有时需要移动大量元素;而链表则容易进行插入和删除操作,只要简单地改动相关结点的链即可,不需移动数据元素。

(3)存储密度。顺序表每个单元(即数据结点)的存储密度高,数据结点的全部空间都用来存放数据元素。而链表的结点存储密度较低,每个结点不仅要包含数据的值,还要包

含其后继结点的指针。

(4)存储空间的动态利用特性。顺序表中不易动态利用存储空间,例如进行插入操作时,要判断顺序表预分配的存储空间是否已满,当原空间已满时,则需重新分配存储空间,并将原空间中的数据拷贝到新的空间,然后才进行插入操作。预分配的存储空间如果过大,会造成空间的浪费;过小,则会造成频繁的存储空间重分配的问题。而在链表中插入一个结点,程序会动态地向系统申请一个存储单元,只要系统资源够用,就会分配到需要的存储空间,所以链表进行插入操作时无需判断是否已满,也没有数据移动的问题。

(5)查找和排序。顺序表具有元素的随机访问特性,查找和排序可以较方便地实施多种算法,如折半查找和快速排序算法等。在链表中实施一些查找和排序算法相对复杂。相关章节将具体介绍查找和排序算法的不同实现。

由以上多个操作的算法实现分析可知,顺序表 SequencedList 和链表 SLinkedList,都实现了"线性表"这个抽象数据结构的基本操作。无论是 SequencedList 类还是 SLinkedList 类,都可以用来建立具体的线性表实例,通过线性表实例调用插入或删除等操作函数进行相应的操作。一般情况下,解决某个问题关注的是线性表的抽象功能,而不必关注线性表的存储结构及其实现细节。

6.3.3 单向循环链表

如果在单向链表中,将最后一个结点的链域设置为指向链表的头结点,则这样的链表呈现为环状,称为单向循环链表(circular linked list),如图 6.11 所示。

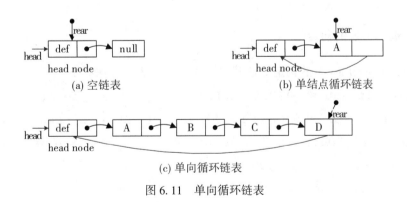

图 6.11 单向循环链表

在循环链表中设置了一个仅作为开始标志的头结点,链表的_head 成员指向头结点,头结点的链域(_head->next)指向第一个数据结点。设置成员变量_rear 指向循环链表的最后一个数据结点(相对第一个数据结点而言),所以有_rear->next 等于_head,_rear 起着尾指针的作用。

当_head->next == nullptr 或_head == _rear 时，循环链表为空，如图 6.11(a)所示。当(_head->next)->next == _head 时，循环链表只有一个数据结点，如 6.11(b)所示的单结点循环链表。一般情况则如 6.11(c)所示，单向循环链表的所有结点链接成一条环路，即从链表中任意一结点出发，沿着链的方向，访问链表中所有结点之后，又回到出发点。

循环链表的结点与普通的单向链表的结点类型相同，而且循环链表类的实现也不必从头设计，我们可以利用面向对象技术，从单向链表类 SLinkedList 中导出(派生)一个新类作为循环链表类的实现。

用 C++语言描述单向循环链表，声明泛型类 CircularLinkedList<T>如下：

```cpp
template <typename T>
class CircularLinkedList: public SLinkedList<T> {
    SLNode<T> * _rear;
    ......
};
```

一个 CircularLinkedList 类型的对象表示一条单向循环链表，该类继承自 SLinkedList 类，继承的成员_head 作为链表的头指针，指向链表中仅作为标志的头结点，头结点的链域则指向第一个数据结点。派生类也继承了基类的其他 public/protected 成员；对基类中声明的虚函数，派生类可以重写(override)，即为声明的函数提供新的实现。这些函数在基类中用 virtual 修饰符声明，而在派生类中，将被重写的函数用 override 修饰符声明。

循环链表的操作将作为 CircularLinkedList 类的成员函数予以实现。部分操作的实现代码如下：

1. 单向循环链表的初始化

用 CircularLinkedList 类的构造方法建立一条循环链表，算法如下：

```cpp
CircularLinkedList():SLinkedList() { _rear = _head;}
CircularLinkedList(const T * first, int cnt): SLinkedList() {
    _rear = _head;
    SLNode<T> q = nullptr;
    for (int i = 0; i < cnt; i++) {
        q =new SLNode<T>(first[i]);
        rear->next = q;
        rear = q;
    }
```

```
    q->next = _ head;
}
```

循环链表的初始化操作与普通链表的初始化操作类似，主要差别在于合理地设置导出类的新成员_rear。

2. 判断循环链表是否为空

该操作的实现编码如下：

```
bool empty() override { return _ head = = _ rear;}
```

当尾结点指针_rear 等于头结点指针_head 时，说明循环链表仅包含一个头结点，而没有数据结点。

6.3.4 双向链表

前面介绍的单链线性链表，每个结点只有一个链，也就只能表达一种链接关系，一般情况下，链指向后继的结点，结点中并没有记载前驱结点的信息。所以，单向链表的这种结构对于向后的操作较方便，而对向前的操作则很不方便。例如，要查找某结点的前驱结点，每次都必须从链表的头指针开始沿着链表方向逐个结点进行检测。

如果在结点结构中再增加一个链用于指向前驱结点，则会产生一种双向链表，它会极大地方便实现既向前又向后的操作。双向链表(doubly linked list)的每个结点除了保存数据的成员变量 item 之外，还有两个作为链的成员变量：prior 指向前驱结点，next 指向后继结点。图 6.12 所示为双向链表的结构示意图。

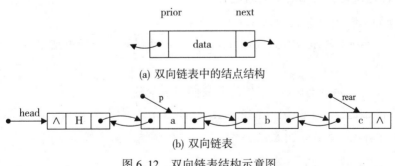

(a) 双向链表中的结点结构

(b) 双向链表

图 6.12　双向链表结构示意图

1. 双向链表的结点结构

为描述具有双链的结点结构，用 C++语言声明 DLNode 结构模板如下：

```
template <typename T>
struct DLNode {
    T item;                              //存放结点值
    DLNode<T> * prior, * next;      //指向前驱与后继结点的指针
    //构造函数,构造值为 k 的结点
    DLNode(const T& k): item(k), prior(nullptr), next(nullptr){ }
    //缺省构造函数,构造缺省值的结点
    DLNode(): item{}, prior(nullptr), next(nullptr) { }
    //析构函数
    ~DLNode() {}
};
```

用 DLNode<T>结构定义和构造的实例即可表示双向链表中的一个结点对象。

2. 双向链表类

用 C++语言描述双向链表结构, 声明 DLinkedList<T>类如下:

```
template <typename T>
class DLinkedList {
private:
    DLNode<T> * _head;      //指向链表作为标志的头结点
    int _count;                //_count 记录数据结点的数目
public:
    //构造仅有头结点的空双向链表
    DLinkedList(): _count(0) {
        _head = new DLNode<T>();      //头结点是个标志结点
    }
    //copy constructor. 构造并复制另一个链表
    DLinkedList(const DLinkedList<T>& a) {
        _head =new DLNode<T>();      //头结点是个标志结点
        _count =a._count;
        _head->next =makeLink(a._head->next);
    }
    //copy assignment operator,复制另一个链表
    const DLinkedList& operator = (const DLinkedList& rhs){
```

```
    if (this ! = &rhs) {
        ::dispose(_head->next);   //释放现有存储空间
        _count =rhs._count;
        _head->next =makeLink(rhs._head->next);
    }
    return *this;                        //允许 a = b = c
}
//deconstructor. 析构函数
~DLinkedList() {
    ::dispose(_head);
}
......
}
```

用 DLinkedList<T>类构造的一个实例即可用来表示一条双向链表对象，它的缺省构造方法建立一条仅有头结点的空链表。双向链表比单向链表在结点结构上增加了一个链，但给链表的操作带来很大的便利，能够沿着不同的链向两个方向移动，从而既可以找到后继结点，也可以找到前驱结点。

设 p 指向双向链表中的某一数据结点(尾结点除外)，则双向链表具有下列本质特征：(p->prior)->next 等于 p，(p->next)->prior 等于 p。

而当 p 指向双向链表的最后一个结点时，由于线性表的最后一个数据元素没有后继数据元素，所以有 p->next 等于 nullptr。

双向链表的头结点的前向链总为空，即有_head->prior 等于 nullptr。

3. 双向链表的操作

双向链表的操作分别用 DLinkedList 类的不同方法成员来实现，下面介绍部分操作代码。

(1)判断双向链表是否为空

算法如下：

bool empty{ return _head->next ==nullptr; } }

(2)在双向链表中插入结点

在双向链表中插入新的结点，如果以索引参数 i 来指定结点的位置，则必须从表头顺着链找到相应的结点，再插入新的结点，过程如图 6.13 所示。

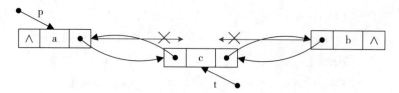

图 6.13 双向链表插入结点

生成值为 k 的新结点并做相应准备工作如下：

```
DLNode<T> *p, *q;
DLNode<T>* t = new DLNode<T>(k);
```

找到正确的插入位置后，设 p 指向链表中的某结点，在结点 p 之后插入结点 t，形成新的链表。语句如下：

```
t->prior = p;
t->next = p->next;
(p->next)->prior = t;
p->next = t;
```

由此可见，在双向链表中插入结点，不需移动数据元素，只要修改相关的几条链，但比单向链表需要维护的工作多一些。完整的插入操作的实现代码如下：

```
//在表的第 i 个位置上插入数据元素 k
void insert(int i, const T& k) {
    DLNode<T>* p = _head;
    DLNode<T>* q = p->next;
    if (i < 0) i = 0;
    int j = 0;
    while (q != nullptr) {
        if (j == i) break;
        p = q; q = q->next; j++;
    }
    DLNode<T>* t = new DLNode<T>(k);
    t->next = p->next;
    t->prior = p; p->next = t;
    if (q != nullptr) q->prior = t;
    _count++;
}
```

（3）双向链表删除结点

在双向链表中删除给定位置的结点，需要把该结点从链表中退出，并改变相邻结点的链接关系。

删除结点的操作过程如图 6.14 所示，首先根据不同的要求定位将被删除的结点 q 和它的前驱结点 p，执行下列语句将结点 q 从链表中退出：

p->next = q->next;

(p->next)->prior = p;

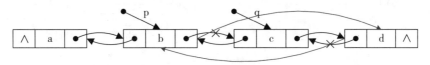

图 6.14　双向链表删除结点

执行上述语句之后，则建立了新的链接关系，替代了原链接关系。因此，在双向链表中删除结点，只要修改相关的几条链，而不需移动数据。完整算法如下：

```
//删除链表的第 i 个数据元素
void removeAt(int i) {
    int j = 0;
    DLNode<T> * q = findNode(i);
    if (q == nullptr)
        throw out_of_range("Index Out Of Range Exception in
                DLinkedList: " + to_string(i));
    DLNode<T> * p = q->prior;
    p->next = q->next;
    (p->next)->prior = p;
    delete q;
    _count--;
}
```

读者不难参考前面的内容实现双向链表的其他操作。

4. 双向循环链表

双向链表中，如果最后一个结点 rear 的 next 链指向链表的头结点，而链表的头结点的 prior 链指向最后一个结点 rear，便形成双向循环链表(circular double linked list)，即在双向循环链表中有下列关系成立：rear->next 等于 head，head->prior 等于 rear。

当 head->next 等于 nullptr 或 head 等于 rear 时，循环链表为空。当 head->next 不等于 nullptr 且 head->prior 等于 head->next 时，链表只有单个数据结点，如图 6.15 所示。

双向循环链表类的定义及其查找、插入和删除等操作的实现可以参照前面介绍的单向循环链表类和一般双向链表类的相关方法，此处从略。

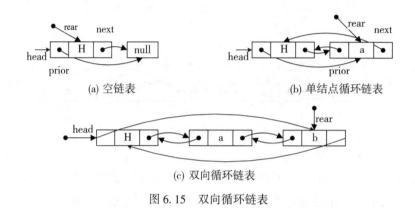

(a) 空链表   (b) 单结点循环链表

(c) 双向循环链表

图 6.15　双向循环链表

习　题　6

6.1　编程实现下列操作。在单向链表中：

(1)构造单向链表，其数据从另一个链表"移动"过来，移动构造函数声明为：

```
SLinkedList(SLinkedList&& str);
```

(2)返回第 i 个结点的值，函数声明为：

```
T& GetNodeValue(int i);
```

(3)在链表尾添加值 k，函数声明为：

```
void push_back(const T& k);
```

(4)删除链表尾结点，函数声明为：

```
void pop_back();
```

(5)查找表中是否有值为 k 的节点，函数声明为：

```
bool contains(const T& k);
```

(6)删除链表中首个出现的值为 k 的节点，函数声明为：

```
bool remove(const T& k);
```

(7)在当前链表后追加另一个链表，形成一条单向链表。函数声明为：

```
void AddRange(const SLinkedList<T> & sll2);
```

6.2　分别在 SequencedList 和 SLinkedList 类中编程实现获取以字符串表示的对象内容的操作：

```
string str();
```

6.3　编程实现下列操作。在双向线性链表中：

(1)构造双向链表，它复制另一个链表，构造函数声明为：

```
DLinkedList(const DLinkedList<T> & a);
```

(2)删除值为 k 的结点，函数声明为：

```
bool remove(const T& k);
```

(3)查找值为 k 的结点，函数声明为：

```
int index(const T& k);
```

(4)编程实现获取以字符串表示对象内容的操作，函数声明为：

```
string str();
```

(5)在表尾添加一个新元素，函数声明为：

```
void push_ back(const T& k);
```

6.4　编程实现一个不包含起标志作用的头结点的单向链表类。它的头结点是链表的第一个数据结点。提示：在该方案中一些操作的实现需判断链表是否是单结点的情况。

6.5　编写可运行的程序，在其中利用 vector 类模板定义和初始化一个 int 类型的线性表，在表中添加和插入新的元素；定义一个自定义 Student 类，定义和初始化一个 Student 类型的线性表，在表中添加和插入新的元素。说明线性表与数组主要特性上的异同。

第7章 栈与队列

栈和队列是两种特殊的线性数据结构，其数据元素之间也都具有顺序的逻辑关系，但栈和队列的插入和删除操作限制在特殊的位置，栈具有后进先出的特性，队列则具有先进先出的特性。在实现方式上，栈和队列都可以采用顺序存储结构和链式存储结构。

本章首先学习栈与队列的相关概念和抽象数据类型的定义，然后分析不同存储结构实现方式的差异。栈和队列数据结构在实际问题求解中有着广泛的应用，本章将给出若干栈与队列的应用举例。

本章在算法与数据结构库项目 dsa 中增加顺序栈、链式栈、顺序队列和链式队列等模块，用名为 stackqueuetest 的应用程序型项目实现对这些数据结构的测试和演示程序。

7.1 栈的概念及类型定义

7.1.1 栈的基本概念

栈（stack）是一种特殊的线性数据结构，其数据元素之间具有顺序的逻辑关系，但与线性表可以在表中任意的位置进行插入和删除操作不同，栈只允许在数据集合的一端进行插入和删除数据元素的操作。向栈中插入数据元素的操作称为入栈（push），从栈中删除数据元素的操作称为出栈（pop）。每次删除的数据元素总是最后插入的那个数据元素，因此栈是一种"后进先出"（last in first out，LIFO）的线性结构。栈就像某种只有单个出入口的仓库，每次只允许一件件地往里面堆货物（入栈），然后一件件地往外取货物（出栈），不允许从中间放入或抽出货物。

栈结构中允许进行插入和删除操作的那一端称为栈顶（stack top），另一端则称为栈底（stack bottom）。栈顶的当前位置随着插入和删除操作的进行而动态地变化，标识栈顶当前位置的变量称为栈顶指针。栈结构及其操作如图 7.1 所示，图中，数据元素的入栈次序为 1→2→3→4，出栈次序为 4→3→2→1。对于一个数据元素序列，通过控制其元素入栈和出栈时机，可以得到多种不同的出栈排列。

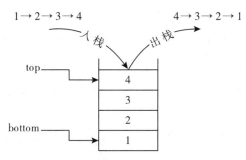

图 7.1　栈结构及其入栈、出栈操作

7.1.2　抽象数据类型层面的栈

1. 栈的数据元素

和线性表一样，栈也是由若干数据元素组成的有限数据序列。我们用抽象数据元素 a_i 表示栈的某个数据元素，对于由 $n(n \geqslant 0)$ 个数据元素 a_0，a_1，a_2，$\cdots$，a_{n-1} 组成的栈结构可以记为：

$$\text{Stack} = \{a_0, a_1, a_2, \cdots, a_{n-1}\}$$

其中，n 表示栈中数据元素的个数，称为栈的长度。若 $n=0$，则栈中没有元素，我们称之为空栈。栈中的数据元素至少具有一种相同的属性，我们称这些数据元素属于同一种抽象数据类型。

栈作为一种特殊的线性结构，可以如同线性表一样采用顺序存储结构和链式存储结构实现。顺序存储结构实现的栈称为顺序栈(sequenced stack)，链式存储结构实现的栈称为链式栈(linked stack)。

2. 栈的基本操作

在一个栈数据结构上可以进行下列基本操作：

Initialize：栈的初始化。创建一个栈实例，并进行初始化操作，例如设置栈实例的状态为空。

Count：数据元素计数。返回栈中数据元素的个数。

Empty：判断栈的状态是否为空，即判断栈中是否已加入数据元素。

Full：判断栈的状态是否已满，即判断为栈预分配的空间是否已占满。

Push：入栈。该操作将一个数据元素插入栈中作为新的栈顶元素。在入栈操作之前必须判断栈的状态是否已满，如果栈不满，则直接接收新元素入栈；否则产生栈上溢错误（stack overflow exception）；或者，为栈先重新分配更大的空间，然后接收新元素入栈。

Pop：出栈。该操作取出当前栈顶的数据元素，下一个数据元素成为新的栈顶元素。在出栈操作之前，必须判断栈的状态是否为空。如果栈的状态为空，则产生栈下溢错误（stack underflow exception）。

Peek：探测栈顶。该操作获得栈顶数据元素，但不移除该数据元素，栈顶指针保持不变。

例如，对于数据序列{a，b，c}依次进行{ Push(a)，Push(b)，Pop( )，Push(c)，Pop( )}的操作，被实施该操作序列的栈实例的状态随着相应操作而进行的变化如图 7.2 所示。

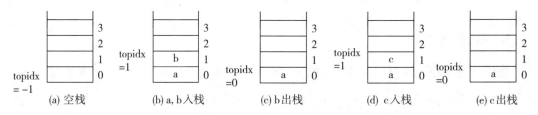

图 7.2　栈状态随插入和删除操作而进行的变化

7.1.3　C++中的栈类

在 C++标准库中定义了一个栈类模板 stack，栈类刻画了一种数据后进先出的集合，是编程中常用的数据集合类型。

【例 7.1】　利用栈进行数制转换。

数制转换是计算机实现计算的一个基本问题。十进制数 N 和其他 d 进制数的转换具有下列关系：

$$N = a_n \times d^n + a_{n-1} \times d^{n-1} + \cdots + a_1 \times d^1 + a_0$$

数制转换就是要确定序列{a_0，a_1，a_2，$\cdots$，a_n}，其解决方法很多，其中一个简单算法基于下列原理：

$$N = (N/d) \times d + N\%d$$

式中，"/"为整数的整除运算，"%"为求余运算。例如：$(2468)_{10} = (4644)_8$，其运算过程如下：

N	N/d	N%d
2468	308	4
308	38	4
38	4	6
4	0	4

现要编写一个满足下列要求的程序：用户输入任意一个非负十进制整数，程序打印输出与其等值的八进制数。上述计算过程是从低位到高位顺序产生八进制数的各个数位，而打印输出一般来说要求符合人的读数习惯，应从高位到低位进行，这恰好与上述计算过程相反。因此若将计算过程中得到的八进制数的各位顺序进栈，则等完成计算后再依次出栈，并按出栈顺序打印输出的结果即为对应的八进制数，栈能很好地匹配这一过程。程序如下：

```cpp
#include <iostream>
#include <stack>
using namespace std;
void d2o(int n) {
    //对于输入的任意一个非负十进制整数,打印输出与其等值的八进制数
    stack<int> s;
    cout<< "十进制数: " << n << " -> 八进制: ";
    while (n ! = 0) {
        s.push(n % 8);          //"余数"入栈
        n = n /8;               //非零"商"继续运算
    } //end of while
    while (! s.empty()) {    //与"求余"所得相逆的顺序输出八进制的各位数
        cout << s.top();
        s.pop();
    } //while
    cout<< endl;
}
int main(int argc, char * argv[]) {
    int n = 2468;
    if (argc >= 2)
        n = atoi(argv[1]);
    d2o(n);
```

```
    return 0;
}
```

在上述程序中，我们使用栈类模板 stack 定义了一个整数组成的栈 stack<int>对象 s，push()操作要求的参数为整型，top()操作返回的类型也是整型。泛型类实例化后在使用上是类型安全的，而且在应用中能避免隐式类型转换，因而效率更高。

7.2 栈的存储结构及实现

栈既可以采用顺序存储结构实现，也可以用链式存储结构实现。顺序存储结构实现的栈称为顺序栈(sequenced stack)，链式存储结构实现的栈称为链式栈(linked stack)。

7.2.1 栈的顺序存储结构及操作实现

顺序栈用一组连续的存储空间存放进入栈中的数据元素。可以用下面声明的 StackSP 类模板来实现顺序栈。

```
const int SCapacity = 16;
template<typename T> class StackSP {
private:
    const int EMPTY =-1;
    unique_ptr<T[]> _items;
    int _topidx;              //_topidx 为栈顶元素下标
    int _capacity;
public:
    ......
}
```

类中的成员变量有_items，_topidx 和_capacity。成员变量_items 声明为 unique_ptr 型智能指针，将保存动态分配的数组的地址，即准备用_items 数组存储进入栈的数据元素。成员变量_topidx 指示当前栈顶数据元素在数组_items 中的下标，起着栈顶指针的作用。成员变量_capacity 记录为栈实例预分配的存储空间容量，成员变量 EMPTY 起着符号常量的作用。定义好完整的 StackSP 类后，根据该类构造的对象就是一个个具体的栈实例。

StackSP 类模板的实现文件和头文件分别命名为 StackSP. cpp 和 StackSP. h，StackSP 作为一个独立模块添加到 dsa 算法与数据结构库项目。下面介绍的各种操作算法都作为

StackSP 类的函数成员予以实现, 成员函数的编码都以内联(inline)方式在头文件中直接给出。下面分别描述实现这些操作的算法。

1. 栈的初始化

用栈类的构造函数进行栈对象的创建及初始化, 在构造函数中为_items 数组申请指定大小的存储空间, 以备用于存放进入栈的数据元素, 通过使成员变量_topidx 的值为 EMPTY 来设置栈初始状态为空。多种形式的构造函数编码如下:

```
//constructors, 构造具有 initCapa 个存储单元的空栈
StackSP( int initCapa = SCapacity) {
    //cout << "constructoring SequencedStack object" << endl;
    _capacity = initCapa;
    _items = make_unique<T[ ]>(_capacity);
    _topidx = EMPTY;
}
//copy constructor
StackSP( const StackSP& s) {
    _capacity = s._capacity;
    _items = make_unique<T[ ]>(_capacity);
    _topidx = s._topidx;
    for (int i = 0; i <= _topidx; i++) {
        _items[i] = s._items[i];
    }
}
```

StackSP 类的数据成员_items 被设计为 unique_ptr 型智能指针, 其具有安全可靠的析构函数, 因而 StackSP 类不用显式设计析构函数, 依靠编译器为之自动生成的析构函数即可可靠地释放资源, 这依然遵循了 RAII 原则, 使 StackSP 类成为安全可靠的软件组件。

2. 返回栈中元素的个数

该操作告知栈中已有的数据元素的个数, 将这个操作以成员函数 size( )或 count( )的形式实现, 以 const 修饰表明这个函数不修改实例的状态, 是个只读过程。编码如下:

```
int size() const { return _topidx + 1; };
int count() const { return _topidx + 1; };
```

3. 判断栈是否为空和判断栈是否为满

通过定义布尔类型的成员函数 empty( )来实现判断栈是否为空的测试功能。在设计上，当成员变量_topidx 等于 EMPTY 时，表明栈为空状态，empty( )函数返回 true，否则返回 false。

通过定义布尔类型的成员函数 full( )来实现判断栈当前预分配的空间已满的功能。在设计上，当栈顶指针_topidx 已指向数组当前预分配存储空间中的最后一个单元时，表明栈为满状态，full( )函数应该返回 true，否则返回 false。

full( )和 empty( )都应设计为只读过程。功能实现编码如下：

```
bool empty() const { return _topidx == EMPTY; };
bool full() const { return _topidx >= _capacity - 1;};
```

4. 入栈

定义成员函数 push( )实现入栈操作。该操作将数据元素插入栈中作为新的栈顶元素。当栈的当前预分配存储空间尚未满时，移动栈顶指针，这里是将栈顶数据元素下标变量_topidx 自加 1，将新数据 k 放入_topidx 位置，作为新的栈顶数据元素。

当栈实例当前预分配的存储空间已装满数据元素，在进行后续的操作前，需要调用本类中定义的私有成员函数 increCapacity 重新分配存储空间，并将原数组中的数据元素逐个拷贝到新数组。

实现编码如下：

```
void push(const T& k) {
    if (full())increCapacity(SCapacity);
    _topidx++;
    _items[_topidx] = k;
}
//扩充顺序栈的容量
void increCapacity(int amount = SCapacity) {
    _capacity += amount;
    int cnt = _topidx + 1;
    //create newly sized array
    auto newspace = make_unique<T[]>(_capacity);
    for (int i = 0; i < cnt; i++)
        newspace[i] = _items[i];
    _items.reset();
```

```
_items = move(newspace);//assign _items to the new larger array
}
```

可见，如果为栈预分配的空间大小合理，栈处于非满状态，push 操作的时间复杂度为 $O(1)$。如果经常需要增加存储容量以容纳新元素，则 push 操作的时间复杂度成为 $O(n)$。

函数 push() 的形参 k 声明为 const T& 类型，即入栈的数据元素声明为 T 类型。在调用该操作时，实参的类型要与栈实例定义时声明的类型保持一致。例如：定义 s 为 StackSP<string> 类型，则以后入栈语句 s.push(k) 中的实参 k 必须为 string 类型。用符号 & 将参数 k 修饰为引用方式，强调在函数调用时是通过传递引用方式来传递参数，是 C++中提高参数传递效率的一种常用方式。

5. 出栈

定义成员函数 pop() 实现出栈操作。该操作将栈顶的下一个数据元素设为新的栈顶元素。需要先判断栈是否为空，当栈不空时，成员变量_topidx 自减 1，下一位置上的数据元素成为新的栈顶数据元素。此操作的运算复杂度是 $O(1)$。

函数 pop() 的返回值类型声明为 void，即不需返回值的过程。在 C#/Java 等语言的实现中，常将 pop 设计为有返回值类型，即返回出栈的数据元素的值。在这一点上，由于 C++语言的特性，不易安全高效地实现既返回对象值又可能包含(隐式)销毁它的过程，而是将安全高效地返回对象值的功能留给另一成员函数 top()。

编码如下：

```
void pop() {
    if (! empty()) {//栈不空
        _topidx—;
        return;
    }
    else {              //栈空时产生异常
        throw underflow_ error("Stack is empty: ");
    }
}
```

6. 获得/设置栈顶数据元素的值

定义成员函数 top() 实现探测/设置栈顶元素值的操作。该操作获得栈顶数据元素，但不移除该数据元素，栈顶指针_topidx 不变。实现上，当栈非空时，获得变量_topidx 指示的位置处的数据元素，此时该数据元素并不出栈，_topidx 的值保持不变。此方法的运算复

杂度是 $O(1)$。提供 top( )的两种重载形式,第一个形式提供读的功能,第二个形式提供设置的功能。编码如下:

```
const T& top() const {
    if (! empty()) {                    //栈不空
        return _items[_topidx];   //取得栈顶元素
    }
    else {    //栈空时产生异常
        throw underflow_error("Stack is empty: ");
    }
}

T& top() {
    if (! empty()) {                    //栈不空
        return _items[_topidx];   //取得栈顶元素
    }
    else {                              //栈空时产生异常
        throw underflow_error("Stack is Empty: ");
    }
}
```

函数 top( )的返回值声明为类型 T&,即栈顶数据元素具有的类型 T,在调用该操作时,将与栈实例定义时声明的类型保持一致。例如:定义 s 为 StackSP<string>类型,则以后用语句 s. top( )得到的结果是 string 类型。

用符号 & 将函数返回值类型修饰为引用方式,是 C++中一种提高传递返回值效率的常用方式,在此处应用返回引用是安全的,栈顶元素在执行函数 top( )的过程后依然存在。

7. 显示栈中所有数据元素的值

当栈非空时,从栈顶结点开始,直至栈底结点,依次显示各结点的值。编码如下:

```
void show(bool showTypeName = false) const {
    if (showTypeName)
        cout << "SequencedStack: ";
    if (! empty())
        for (int i = _topidx; i >= 0; i--) {
            cout << _items[i] << " -> ";
        }
```

```
cout << " |." << endl;
}
```

比在控制台上显示信息更为一般的操作，是以字符串的形式返回对栈对象而言有意义的值，这可以通过在类中定义一个名为 str( ) 的成员函数来实现。

```
string str( bool showTypeName = false) const {
    ostringstream ss;
    if ( showTypeName)
        ss << "SequencedStack: ";
    if (! empty()) {
        for ( int i = _topidx; i >= 0; i—) {
            ss << _items[i] << " -> ";
        }
    }
    ss << " |.";
    return ss.str();
}
```

【例 7.2】　调用顺序栈的基本操作，测试 StackSP 类。

本章包括本例在内的测试与应用程序置于名为 stackqueuetest 的应用程序型项目中，本例的源文件命名为 SequencedStackTest. cpp，程序如下：

```
#include <iostream>
#include <string>
#include "../dsa/StackSP.h"
using namespace std;
    int main() {
    int i = 0, n = 4;
    StackSP<string> s1(20);
    cout<<"字符串型栈 Push: A B C"<<endl;
    s1.push("A"); s1.push("B"); s1.push("C");
    for (i = 1; i <= n; i += 2) {
        s1.push(to_string(i));
        s1.push(to_string(i+1));
        cout<<"Push: " << i<<" "<<i + 1<< " \t";
        s1.show(true);
```

```
        cout<< "Pop:  " << s1.top();  s1.pop();
        cout<<" \t"<< s1.top()<< "\t";  s1.pop();
        s1.show(true);
    }
    int m = 1357;
    StackSP<int>  s(20);
    cout<< "十进制数:" << m << " ->八进制:";
    while (m ! = 0) {
        s.push(m % 8);
        m = m /8;
    }
    int j = s.count();
    while (j > 0) {
        cout<< s.top(); s.pop();
        j--;
    }
    cout<< endl;
    return 0;
}
```

在控制台窗口可以用如下命令对源文件进行编译,并与算法与数据结构库 dsa. lib 连接装配成可执行的程序文件 SequencedStackTest. exe:

```
cl SequencedStackTest.cpp  .. \Debug \dsa.lib
```

从命令行输入运行 SequencedStackTest. exe 程序,运行结果如下:

字符串型栈 Push:A B C

Push:1 2　　SequencedStack:2 -> 1 -> C -> B -> A ->　|.

Pop: 2 1　　SequencedStack:C -> B -> A ->　|.

Push:3 4　　SequencedStack:4 -> 3 -> C -> B -> A ->　|.

Pop: 4 3　　SequencedStack:C -> B -> A ->　|.

十进制数:1357 -> 八进制:2515

7.2.2　栈的链式存储结构及操作实现

作为一种特殊的线性结构,栈结构如同线性表结构一样也可以采用(单向或双向)链式存储结构来实现，此种类型的栈称为链式栈(linked stack)。在实现方式上，链式栈可以看成一种特殊的链表，因此可以从链表类继承导出链式栈类，这样就可以复用部分设计成果，这一方案留给读者作为编程练习，下面我们直接采用单向链接方式全新设计一个类来实现链式栈。

设计 LinkedStack 类模板实现栈的链式存储：它具有成员变量_top 用以记录栈顶结点，入栈和出栈操作都是针对栈顶指针_top 所指向的结点进行的。结点类型为具有单链的结点结构 SLNode，结点数据域的类型为泛型 T(参见线性表一章)。成员变量_count 用以记录栈中已有的结点数目。完整定义好 LinkedStack 类后，就可以用它来定义一个个具体的栈对象。栈的链式存储结构如图 7.3 所示。

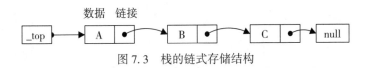

图 7.3　栈的链式存储结构

```
//单向链结点结构 SLNode 在"线性表"一章定义
template <typename T>
class LinkedStack {
private:
    SLNode<T>* _top;
    int _count;
public:
    ......
}
```

链式栈的操作作为 LinkedStack 类的成员函数予以实现，下面分别描述实现这些操作的算法。

1. 栈的初始化

用构造函数创建栈对象并对它进行初始化，设置栈的状态初始为空。

```
LinkedStack() { _top =nullptr;_count = 0;}
//copy constructor
LinkedStack(const LinkedStack& s) {
    _count = s._count; _top = nullptr;
    int n = 0; SLNode<T>* q = _top;
```

```
SLNode<T> * p = s._top; SLNode<T> * t;
while (n < _count) {
    t = new SLNode<T>(p->item);
    if (n == 0) {
        _top = t; q = _top;
    }
    else {
        q->next = t;
        q = t;                  //q->next;
    }
    p = p->next;n++;
}
```

对象的销毁将自动调用对象所属类的析构函数,它释放从栈顶_top 开始的所有结点的内存资源。LinkedStack 类的析构函数编码如下:

```
//deconstructor. 析构函数
~LinkedStack() {
    if (_top ! = nullptr)
        ::dispose(_top);
}
```

成员函数 clear( )释放所有数据结点的内存资源,恢复栈对象的初始状态。

```
void clear() {
    if (_top ! = nullptr)
        ::dispose(_top);
    _top = nullptr; _count = 0;
}
```

2. 返回栈的元素个数

该操作告知栈中已有的数据元素的个数,将这个操作以成员函数 size( )或 count( )的形式实现,以 const 修饰表明这个函数不修改实例的状态,是个只读过程。编码如下:

```
int size() const { return _count; };
int count() const { return _count; };
```

3. 判断栈状态是否为空

通过定义布尔类型的成员函数 empty( ) 来实现判断栈是否为空的测试功能。在设计上，当成员变量_count 等于 0 时，表明栈为空状态，我们也可同时检测_top 是否为 nullptr。此时 empty( ) 函数返回 true，否则返回 false。

empty( ) 应设计为只读过程。功能实现编码如下：

bool empty( ) const { return (_count == 0)&&(_top == nullptr); };

链式栈采用动态分配方式为每个结点分配内存空间，当有一个数据元素需要入栈时，向系统申请一个结点的存储空间，一般可在编程时视系统所提供的可用空间为足够大，所以不需要判断链式栈是否已满。

4. 入栈

定义成员函数 push( ) 实现入栈操作，该操作将数据元素插入栈中作为新的栈顶元素。为将插入的数据元素值 k 构造一个新结点 t，在_top 指向的栈顶结点之前插入结点 t(t->next = _top)，准备作为新的栈顶结点，并更新成员变量_top 指向它(_top = t)，成员变量_count 自加 1。入栈的数据元素是 T 类型，在调用该操作时，实参的类型要与栈实例定义时声明的元素类型保持一致。采用动态分配方式为每个新结点分配内存空间，此方法的运算复杂度是 O(1)。实现编码如下：

```
void push(const T& k) {
    SLNode<T> * t = new SLNode<T>(k);
    t->next = _top; _top = t;
    _count++;
}
```

5. 出栈

定义成员函数 pop( ) 实现出栈操作。该操作将栈顶的后继数据元素设为新的栈顶元素。需要先判断栈是否为空，当栈不空时，成员变量_count 自减 1，栈顶的后继元素成为新的栈顶(_top = _top->next)，销毁原栈顶元素，释放其所占据的空间。此操作的运算复杂度是 O(1)。函数 pop( ) 的返回值类型声明为 void。编码如下：

```
void pop( ) {
    if (! empty( )) {     //栈不空
        SLNode<T> * t = _top;
        _top = _top->next;
```

```
        _count--;
        delete t;
        return;
    }
    else {        //栈空时产生异常
        throw underflow_ error("Stack is empty: ");
    }
}
```

6. 获得栈顶数据元素值

该操作获得栈顶数据元素，但不移除该数据元素，栈顶指针不变。当栈非空时，获得 _top 所指示位置处的数据元素，该数据元素不出栈，_top 变量保持不变。此方法的运算复杂度是 $O(1)$。

```
const T& top() const {
    if (! empty()) {              //栈不空
        return _ top->item;       //取得栈顶元素
    }
    else {                        //栈空时产生异常
        throw underflow_ error("Stack is empty: ");
    }
}

T& top() {
    if (! empty()) {              //栈不空
        return _ top->item;       //取得栈顶元素
    }
    else {                        //栈空时产生牛异常
        throw underflow_ error("Stack is empty: ");
    }
}
```

链式栈的基本操作如图 7.4 所示。

由以上多个操作的算法实现分析可知，顺序栈 StackSP 和链式栈 LinkedStack，都实现了"栈"这个抽象数据结构的基本操作。无论是 StackSP 类还是 LinkedStack 类，都可以用来建立具体的栈实例，通过栈实例调用入栈或出栈函数进行相应的操作。一般情况下，解决某个问题关注的是栈的抽象功能，而不必关注栈的存储结构及其实现细节。

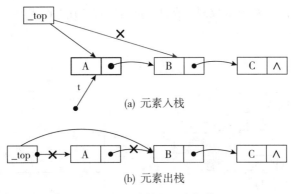

(a) 元素入栈

(b) 元素出栈

图 7.4　链式栈的基本操作

7.2.3　栈的应用举例

栈是一种具有"后进先出"特性的特殊线性结构，适合作为求解具有后进先出特性问题的数学模型，因此栈成为解决相应问题算法设计的有力工具。

1. 基于栈结构的函数嵌套调用

程序中函数的嵌套调用是指在程序运行时，一个函数的执行语句序列中存在对另一个函数的调用，每个函数在执行完后再返回到调用它的函数中继续执行，对于多层嵌套调用来说，函数返回的次序与函数调用的次序正好相反，整个过程具有后进先出的特性，系统通过建立一个栈结构用以协助实现这种函数嵌套调用机制。

例如，执行函数 A 时，A 中的某语句又调用函数 B，系统要做一系列的入栈操作：

(1)将调用语句后的下一条语句作为返回地址信息保存在栈中，该过程称为保护现场；

(2)将 A 调用函数 B 的实参保存在栈中，该过程称为实参压栈；

(3)控制交给函数 B，在栈中分配函数 B 的局部变量，然后开始执行函数 B 内的其他语句。

函数 B 执行完成时，系统则要做一系列的出栈操作才能保证将系统控制返回到调用 B 的函数 A 中：

(1)退回栈中为函数 B 的局部变量分配的空间；

(2)退回栈中为函数 B 的参数分配的空间；

(3)取出保存在栈中的返回地址信息，该过程称为恢复现场，程序继续运行函数 A 的其他语句。

　　函数嵌套调用时系统栈的变化如图 7.5 所示，函数调用的次序与返回的次序正好相反。可见，系统栈结构是实现函数嵌套调用(包括递归调用)的基础。

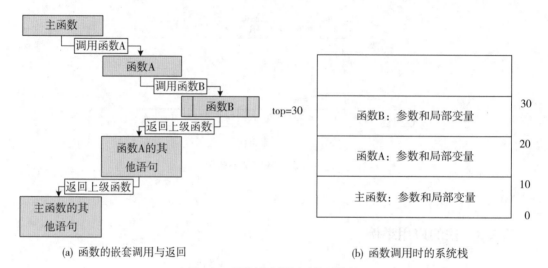

(a) 函数的嵌套调用与返回　　　　　　　　　(b) 函数调用时的系统栈

图 7.5　函数嵌套调用时的系统栈

2. 几个应用栈结构的典型例子

【例 7.3】　判断 C++表达式中括号是否匹配。

在高级编程语言的表达式中，括号一般都是要求左右匹配的，对于一个给定的表达式，可使用栈来辅助判断其中括号是否匹配。

假设在 C++语言的表达式中，只能出现圆括号用以改变运算次序，而且圆括号是左右匹配的。本例声明 MatchExpBracket 类，对于一个字符串 expstr，函数 MatchingBracket(expstr)判断字符串 expstr 中的括号是否匹配。例如，当字符串 expstr 保存表达式"((9−1)∗(3+4))"时，MatchingBracket()函数的算法描述如图 7.6 所示。

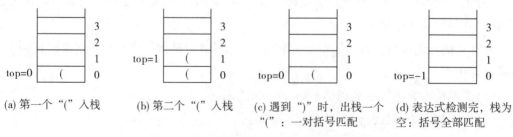

(a) 第一个"("入栈　　(b) 第二个"("入栈　　(c) 遇到")"时，出栈一个　(d) 表达式检测完，栈为
　　　　　　　　　　　　　　　　　　　　　　"(": 一对括号匹配　　空: 括号全部匹配

图 7.6　表达式括号匹配过程中栈状态的变化

函数 MatchingBracket( )的实现算法描述如下：

（1）设 NextToken 是待检测字符串 expstr 的当前字符，s1 是算法设置的一个栈：

若 NextToken 是左括号，则 NextToken 入栈；

若 NextToken 是右括号，则从 s1 中出栈一个符号。若该符号为左括号，表示括号匹配。若出栈值为空或不为左括号时，则表示缺少左括号，期望左括号。

（2）重复上一步。当对表达式串 expstr 检测结束后，若栈为空，表示括号匹配，否则表示缺少右括号，期望右括号。

程序中使用本章已声明的顺序栈 StackSP 模板类，数据元素的类型在声明栈对象时确定为 char 类型，因此入栈和出栈的数据元素都是 char 类型。程序如下：

```cpp
#include "../dsa/StackSP.h"
using namespace std;
string MatchingBracket(const string& expstr);
int main() { //MatchExpBracket.cpp
    string expstr1 = "((9-1)*(3+4)";
    cout<< "待分析表达式" << expstr1 << endl;
    cout << "Matching Bracket: " << MatchingBracket(expstr1) << endl;
}
string MatchingBracket(const string& expstr) {
    StackSP<char> s1(30);   //创建空栈
    char NextToken, OutToken;
    size_t i = 0; bool LlrR = true;
    while (LlrR && i < expstr.size()) {
        NextToken = expstr[i++];
        switch (NextToken) {
        case '(':                   //遇见左括号时,入栈
            s1.push(NextToken);break;
        case ')':                   //遇见右括号时,出栈
            if (s1.empty()) LlrR = false;
            else {
                OutToken = s1.top(); s1.pop();
                if(OutToken! ='(')LlrR =false;//判断出栈的是否为左括号
            }
```

```
        break;
      }
   }
   if (LlrR)
      if (s1.empty()) return "OK!";
      else return "期望)!";
   else return "期望(!";
}
```

程序运行结果如下：

待分析表达式((9-1)*(3+4)

Matching Bracket:期望)!

【例 7.4】 使用栈计算表达式的值。

程序在运行时，经常要计算算术表达式的值，例如：

$$10+20*(30-40)+50 \tag{7-1}$$

我们在源程序中所写的表达式一般将运算符写在两个操作数中间，这种形式的表达式称为中缀表达式。表达式中的运算符具有不同的优先级，当前扫描到的运算符不能立即参与运算，这使得运算规律较复杂，求值过程不能从左到右顺序进行。

还可以有其他形式的表达式，如后缀表达式，它将运算符写在两个操作数之后。式(7-1)可以转化为如下的后缀表达式：

$$10 \quad 20 \quad 30 \quad 40 \quad - \quad * \quad + \quad 50 \quad + \tag{7-2}$$

后缀表达式中的运算符没有优先级，而且后缀表达式不需括号。后缀表达式的求值过程能够严格地从左到右顺序进行，符合运算器的求值规律。从左到右按顺序进行运算，遇到某个运算符时，则对它前面的两个操作数求值，过程如图 7.7 所示。

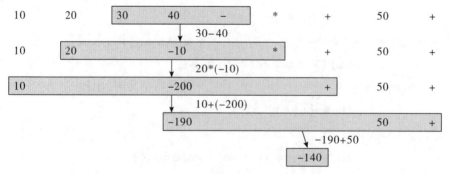

图 7.7 后缀表达式求值过程

为简化问题，本例对整型表达式求值，输入字符串类型的合法的中缀表达式，表达式由双目运算符"+""-""＊"和圆括号"（""）"组成。表达式求值的算法分为两步进行：首先将中缀表达式转换为后缀表达式，再求后缀表达式的值。

1. 将中缀表达式转换为后缀表达式

对于字符串形式的合法的中缀表达式，"（"的运算优先级最高，"＊"次之，"+""-"最低，同级运算符从左到右按顺序运算。

中缀表达式中，当前看到的运算符不能立即参与运算。例如式(7-1)中，第 1 个出现的运算符是"+"，此时另一个操作数没有出现，而后出现的"＊"运算符的优先级较高，应该先运算，所以不能进行"+"运算，必须将"+"运算符保存起来。式(7-1)中"+""＊"的出现次序与实际运算次序正好相反，因此将中缀表达式转换为后缀表达式时，运算符的次序可能改变，必须设立一个栈来存放运算符。转化过程的算法描述如下：

(1)从左到右对中缀表达式进行扫描，每次处理一个字符；

(2)若遇到左括号"（"，入栈；

(3)若遇到数字，原样输出；

(4)若遇到运算符，如果它的优先级比栈顶数据元素的优先级高，则入栈，否则栈顶数据元素出栈，直到新栈顶数据元素的优先级比它低，然后将它入栈；

(5)若遇到右括号"）"，则运算符出栈，直到出栈的数据元素为左括号，表示左右括号相互抵销；

(6)重复以上步骤，直至表达式结束；

(7)若表达式已全部结束，将栈中数据元素全部出栈。

将中缀表达式(7-1)转换为后缀表达式(7-2)时，运算符栈状态的变化情况如图 7.8 所示。

2. 后缀表达式求值

由于后缀表达式没有括号，且运算符没有优先级，因此求值过程中，当运算符出现时，只要取得前两个操作数就可以立即进行运算。当两个操作数出现时，却不能立即求值，必须先保存等待运算符。所以，后缀表达式的求值过程中也必须设立一个栈，用于存放操作数。

后缀表达式求值算法描述如下：

(1)从左到右对后缀表达式字符串进行扫描，每次处理一个字符；

(2)若遇到数字，入栈；

(3)若遇到运算符，出栈两个值进行运算，运算结果再入栈；

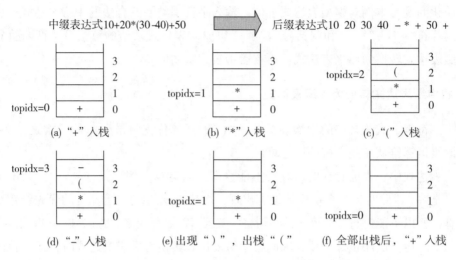

图 7.8　将中缀表达式变为后缀表达式时运算符栈状态的变化情况

(4)重复以上步骤，直至表达式结束，栈中最后一个数据元素是所求表达式的结果。

在后缀表达式(7-2)的求值过程中，操作数栈状态的变化情况如图 7.9 所示。

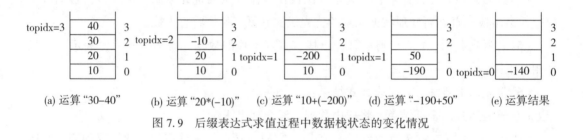

图 7.9　后缀表达式求值过程中数据栈状态的变化情况

本例声明 EvalExp 类对算术表达式求值。它的构造方法以字符串 str 构造表达式对象，expstr 和 pstr 分别表示表达式的中缀和后缀形式。

Transform( )函数将 expstr 中的中缀表达式转换为后缀表达式，保存在第二个参数 pstr 中返回，转换时设立运算符栈 s1。s1 是 SequencedStack 类型的对象，数据元素类型为 string。

Evaluate( )函数对 pstr 中的后缀表达式求值，设立操作数栈 s2。s2 是类 LinkedStack 的对象，数据元素类型为 int。

程序编码如下：

```
#include <iostream>
#include <string>
#include "../dsa/StackSP.h"
```

```cpp
#include "../dsa/LinkedStack.h"
using namespace std;
void transform(const string& expstr,string& pstr);
int evaluate(const string& pstr);
int main() { //EvalExp.cpp
    string expstr = "((1+2)*(4-3)-5+6)*8/2";
    cout<< "Expression string: " << expstr << endl;
    string pstr; transform(expstr,pstr);
    cout<< "Transformed string: " << pstr << endl;
    cout<< "Value: " << evaluate(pstr);
    return 0;
}
voidtransform(const string& expstr,string& pstr) {
    StackSP<char> s1(100);              //创建空栈
    char ch, outchar='';                //string outstr;
    size_t i = 0;
    while (i < expstr.length()) {
        ch = expstr[i];
        switch (ch) {
        case '+':                       //遇到+、-时
        case '-':
            while (! s1.empty() && s1.top()! ='(') {
                outchar = s1.top(); s1.pop();
                pstr.append(1,outchar);
            }
            s1.push(ch);i++;
            break;
        case '*':                       //遇到*、/时
        case '/':
            while (! s1.empty() && (s1.top()= ='*'|| s1.top()= ='/'
)) {
                outchar = s1.top(); s1.pop();
                pstr.append(1, outchar);
```

```
        }
        s1.push(ch);i++;
        break;
    case '(':
        s1.push(ch);                //遇到左括号时,入栈
        i++;
        break;
    case ')':
        while (! s1.empty() && s1.top() ! = '(') {
            outchar = s1.top(); s1.pop();
            pstr.append(1, outchar);
        }
        if (! s1.empty())s1.pop();i++;
        break;
    default:
        while (ch>='0' && ch<='9') {      //遇到数字时
            pstr.append(1, ch); i++;
            if (i < expstr.length())
                ch = expstr[i];
            else
                ch = '=';
        }
        pstr.append(1, '');
        break;
    }
}
while (! s1.empty()) {
    outchar = s1.top(); s1.pop();
    pstr.append(1, outchar);
}
}
```

```
int evaluate(const string& pstr) {
    LinkedStack<int> s2;        //创建空栈
    char ch; size_t i = 0; int x, y, z = 0;
    while (i < pstr.length()) {
        ch = pstr[i];
        if (ch >= '0' && ch <= '9') {
            z = 0;
            while (ch != ' ') {
                z = z * 10 + ch - '0';
                i++; ch = pstr[i];
            }
            i++; s2.push(z);
        }
        else {
            y = s2.top(); s2.pop();
            x = s2.top(); s2.pop();
            switch (ch) {
            case '+': z = x + y; break;
            case '-': z = x - y; break;
            case '*': z = x * y; break;
            case '/': z = x /y; break;
            }
            s2.push(z);i++;
        }
    }
    return  s2.top();
}
```

程序运行结果如下:

Expression string: ((1+2)*(4-3)-5+6)*8/2

Transformed string: 1 2 +4 3 -*5 -6 +8 *2 /

Value: 16

7.3 队列的概念及类型定义

7.3.1 队列的基本概念

与栈一样，队列(queue)也是一种常用的线性数据结构，它的数据元素之间具有顺序的逻辑关系。与线性表可在任意位置进行插入和删除数据元素的操作不同，队列上插入和删除数据元素的操作分别限定在队列结构的两端进行。新的元素只能在队尾插入，而当前能从队列中删除的元素一定是最先插入队列的数据元素，因此队列是一种具有"先进先出"(first in first out，FIFO)特性的线性数据结构，就像日常生活中常见的排队等待某种服务一样，先到先服务，后到排队尾。在算法设计中，当求解具有先进先出特性的问题时，需要用到队列这种数据结构。例如在计算机系统中，如果多个进程需要使用某个资源，它们就要排队等待该资源的就绪。

向队列中插入元素的操作称为入队(enqueue)，删除元素的操作称为出队(dequeue)。允许入队的一端为队尾(rear)，允许出队的一端为队头(front)。标识队头和队尾当前位置的变量分别称为队头指针和队尾指针。没有数据元素的队列称作空队列。

队列结构如图 7.10 所示。设有数据元素 a_0，a_1，a_2，$\cdots$，a_{n-1} 依次入队，则出队次序为：$a_0 \rightarrow a_1 \rightarrow \cdots \rightarrow a_{n-1}$。

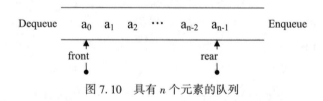

图 7.10 具有 n 个元素的队列

7.3.2 抽象数据类型层面的队列

1. 队列的数据元素

和线性表一样，队列也是由若干数据元素组成的有限数据序列。我们用抽象数据元素 a_i 表示队列的某个数据元素，对于由 $n(n \geq 0)$ 个数据元素 a_0，a_1，a_2，$\cdots$，a_{n-1} 组成的队列结构可以记为

$$Queue = \{\ a_0,\ a_1,\ a_2,\ \cdots,\ a_{n-1}\ \}$$

其中，n 表示队列中的数据元素个数，称为队列的长度。若 n 等于 0，则队列中没有元素，称之为空队列。队列的数据元素至少具有一种相同的属性，我们称这些数据元素属于相同的抽象数据类型。

队列作为一种特殊的线性结构，可以如同线性表以及栈一样采用顺序存储结构和链式存储结构实现。顺序存储结构实现的队列称为顺序队列(sequenced queue)，链式存储结构实现的队列称为链式队列(linked queue)。

2. 队列的基本操作

在一个队列数据结构上可以进行下列基本操作：

Initialize：队列的初始化。创建一个队列实例，并进行初始化操作，例如设置队列状态为空。

Count：队列元素计数。返回队列中数据元素的个数。

Empty：判断队列的状态是否为空，即判断队列中是否已加入数据元素。

Full：判断队列的状态是否已满，即判断为队列预分配的空间是否已占满。

Enqueue：入队。该操作将新的数据元素从队尾处加入队列，该元素成为新的队尾元素。在入队之前必须判断队列的状态是否已满，如果队列不满，则接收新数据元素入队；否则产生队列上溢错误(queue overflow exception)，或者为队列先分配更大的空间，然后接收新元素入队。

Dequeue：出队。该操作取出队头处的数据元素，下一个数据元素成为新的队头元素。在出队之前，必须判断队列的状态是否为空。队列为空则产生下溢错误(queue underflow exception)。

Peek：探测队首。获得队首数据元素，但不移除该元素，队头指针保持不变。

7.3.3 C++中的队列类

在 C++标准库中定义了一个队列类模板 queue<T>，队列类刻画了一种数据先进先出的集合，是编程中常用的数据集合类型。

【例 7.5】 创建字符串 string 型的队列对象并向其添加若干值，打印出队列的内容。

```
#include <iostream>
#include <string>
#include <queue>
using namespace std;
```

```
int main(int argc, char * argv[]) {
    queue<string> q;
    q.push("First"); q.push("Second"); q.push("Third");
    queue<string> q1 = q;
    cout<< "Queue q," << "    \tCount:    " << q.size();
    cout<< " \n q1=q, \tValues:    ";
    int cnt = q1.size();
    for (int i = 0; i < cnt; i++) {
        cout<< q1.front() << "\t"; q1.pop();
    }
    cout<< endl;
    return 0;
}
```

程序运行结果如下：

```
Queue q,       Count:    3
q1 = q,        Values:  First   Second  Third
```

队列的输出序列的顺序与元素入队的顺序一致，这是队列先进先出(FIFO)特性的体现。

7.4　队列的存储结构及实现

队列既可以采用顺序存储结构实现，也可以用链式存储结构实现。用顺序存储结构实现的队列称为顺序队列(sequenced queue)，用链式存储结构实现的队列称为链式队列(linked queue)。

7.4.1　队列的顺序存储结构及操作实现

1. 队列的顺序存储结构

顺序队列用一组连续的存储空间存放队列的数据元素，如图 7.11 所示。可以用下面声明的 QueueSP 类来实现顺序队列。类中的成员变量有_items，_front，_rear 和_capacity。成员变量_items 声明为 unique_ptr 型智能指针，将保存动态分配的数组的地址，即准备用_items 数组存储队列的数据元素。成员变量_front 和_rear 分别作为队首数据元素在数组_

items 中的位置下标和队尾数据元素的下标，构成队首指针和队尾指针。成员变量_capacity 记录为队列实例预分配的空间容量。QueueSP 类设计完整后，用该类定义和构造的对象就是一个个具体的队列实例。

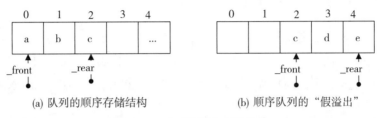

(a) 队列的顺序存储结构　　　　(b) 顺序队列的"假溢出"

图 7.11　队列的顺序存储结构

QueueSP<T>类模板的实现文件和头文件分别命名为 QueueSP. cpp 和 QueueSP. h，该类模板作为一个独立模块添加到 dsa 算法与数据结构库项目。下面介绍的各种操作算法都作为 QueueSP 类的函数成员予以实现，成员函数的编码都以内联(inline)方式在头文件中直接给出。下面分别描述实现这些操作的算法：

```
template<typename T>
class QueueSP {
private:
    int _ capacity;    //internal storage capacity
    int _ front;       //index of first element
    int _ rear;        //index of last element
    unique_ptr<T[]> _items;    //internal storage for elements
public:
    ......
}
```

元素入队或出队时，需要相应修改_front 或_rear 变量的值：一个元素入队时_rear 自加 1，而一个元素出队时_front 自加 1。假设先有 3 个数据元素(a，b，c)已入队，那么_front=0，_rear=2，如图 7.11(a)所示。接着有 2 个数据元素 a 和 b 出队，再接着又有 2 个数据元素(d 和 e)入队，那么_front=2，_rear=4，如 7.11(b)所示。设数组_items 的长度等于 5，此时如果有新的数据元素 f 要入队，应存放于_rear+1 指示的地方，注意此时_rear+1=5，数组下标越界而引起溢出。但此时并非所有预分配的存储空间被占满，数组的头部已空出一些存储单元，因此，这是一种假溢出。

顺序队列中出现的有剩余存储空间但不能进行新的入队操作的溢出现象称为假溢出。

可以看出，上面描述的顺序队列在多次入队和出队操作后，虽然可能会仍有剩余的存储空间，但没有实现重复使用剩余存储单元的机制，因而产生假溢出这样的缺陷。解决假溢出问题的办法是将顺序队列设计成逻辑上的"环形"结构，看似一种顺序循环队列。

2. 顺序循环队列的定义及操作实现

所谓顺序循环队列，是通过"取模"操作，将为顺序队列所分配的连续存储空间，变成一个逻辑上首尾相连的"环形"队列。为实现顺序队列循环利用存储空间，进行入队和出队操作时，_front 和_rear 不是简单加 1，而应该是加 1 后再作取模运算，即入队时队尾指针按照如下规律变化：

_rear = (_rear + 1) % _capacity;

而出队时队头指针按照以下规律变化：

_front = (_front + 1) % _capacity;

顺序循环队列中，_front 指示当前队首数据元素的位置下标，_rear 则指示当前队尾数据元素的下标，_capacity 表示数组 items 的长度，即为队列预分配存储空间的大小。当_rear 和_front 逐步移动达到_capacity−1 位置后，再前进一个位置就又回到 0 位置，因此_rear 和_front 通过取模操作将在数组占据的存储空间中循环移动，使得数组的剩余存储单元可以重复使用，因而不会出现假溢出问题。顺序循环队列如图 7.12 所示。

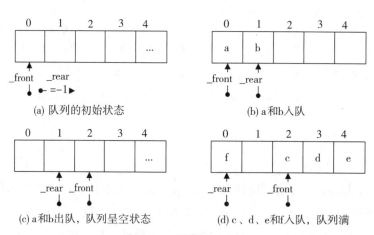

图 7.12　顺序循环队列

顺序循环队列的操作作为 QueueSP 类的方法和属性成员予以实现，下面分别描述实现这些操作的算法。

（1）队列的初始化。用类的构造函数初始化队列实例，在构造函数中首先为_items 数组变量申请指定大小的存储空间，以备用来存放队列的数据元素；接着，设置队列初始状态为空，即置_front=0，_rear=-1。

```
// constructors    构造预留 n 个元素空间的空队列
QueueSP( int n = QCapacity) {
    cout << "constructing empty SequencedQueue object" << endl;
    _capacity = n+1;      // 预留一个单元以防假溢出
    _items = make_unique<T[]>(_capacity);
    _front = 0; _rear = -1;
}

// copy constructor
QueueSP( const QueueSP& otherq) {
    cout << "copy-constructing SequencedQueue object" << endl;
    _capacity = otherq._capacity;
    _items = make_unique<T[]>(_capacity);
    _front = otherq._front; _rear = otherq._rear;
    int cnt = (_rear - _front + 1 + _capacity) % _capacity;
    for (int i = 0, j; i < cnt; i++) {
        j = (_front + i) % _capacity;
        _items[j] = otherq._items[j];
    }
}
```

（2）返回队列中元素的个数。该操作告知当前队列中已有的数据元素的个数，将这个操作以成员函数 size( )或 count( )的形式实现，以 const 修饰表明这个函数不修改实例的状态，是个只读过程。编码如下：

```
// return number of elements in queue
int size( )const{return(_rear - _front+1+_capacity)% _capacity;}
int count( )const{return(_rear - _front+1+_capacity)% _capacity;}
```

（3）判断队列的状态是否为空和是否为满。通过定义布尔类型的成员函数 empty( )来实现判断队列是否为空的测试功能。判断队列是否为空的操作即判断队列中是否有数据元素。当队列的队首指针与队尾指针满足_front==(_rear+1)%_capacity 时，表明队列中没有数据元素，队列为空，函数 empty( )应该返回 true，否则返回 false。

通过定义布尔类型的成员函数 full( )来实现判断队列当前预分配的空间已占满的功能。当_front==(_rear+2)%_capacity 时，_items 数组中虽然仍有一个空位置，但队列已不能新加入元素了，表明队列已满，此时 full( )函数应该返回 true，否则返回 false。

full( )和 empty( )都应设计为只读过程。功能实现编码如下：

```
bool empty() const {return _front == (_rear + 1) % _capacity;}
bool full()  const {return _front == (_rear + 2) % _capacity;}
```

(4)入队。定义成员函数 enqueue ( )实现入队操作。该操作将新的数据元素 k 从队尾处加入队列，该元素成为新的队尾元素。先需测试队列是否已满，当队列不满时，移动队尾指针，这里是将队尾数据元素下标变量_rear 循环加 1，将新数据 k 放入_rear 位置，作为新的队尾数据元素。

如果队列当前预分配的存储空间已装满数据元素，在进行后续的操作前，需要调用本类中定义的私有成员函数 increCapacity 重新分配存储空间，将原数组中的数据元素逐个拷贝到新数组，并相应调整队首与队尾指针。

函数 enqueue ( )的形参 k 的类型声明为 T，即此时入队的数据元素声明为 T 类型，在调用入队操作时，实参的类型要与队列实例定义时声明的类型保持一致。例如：定义 q 为 QueueSP<string>类型，则以后入队语句 q. enqueue (k)中的实参 k 必须为 string 类型。用符号 & 将参数 k 修饰为引用类型，强调在函数调用时是通过传递引用方式来传递参数，是 C++中提高参数传递效率的一种常用方式。

实现编码如下：

```
//insert k at rear
void enqueue(const T& k) {
    //grow if necessary to add element
    if (full())increCapacity();
    _rear = (_rear + 1) % _capacity;
    _items[_rear] = k;
}

//increment internal storage
void increCapacity(int amount = QCapacity) {
    int cnt = (_rear -_front + 1 + _capacity) % _capacity;
    int newcapa = _capacity + amount;
    //create newly sized array
    auto newspace = make_unique<T[]>(newcapa);
    for (int i = 0, j; i < cnt; i++) {
        j = (_front + i) % _capacity;
        newspace[i] = _items[j];
    }
```

```
    _items.reset();
    _front = 0; _rear = cnt - 1;
    _capacity = newcapa;
    _items = move(newspace);  //assign _items to the larger array
}
```

如果为队列预分配的空间大小合理，队列处于非满状态，入队操作的时间复杂度为 O(1)。如果经常需要重新分配内部数组以容纳新元素，则此操作退化为时间复杂度 $O(n)$ 级的操作。

(5)出队

定义成员函数 dequeue()实现出队操作。该操作将当前队首的下一个数据元素设为新的队首元素。需先测试队列是否为空，当队列不为空时，_front 循环加 1，新_front 位置上的数据元素成为新的队首数据元素。此操作的时间复杂度是 $O(1)$。

函数 dequeue()的返回值类型声明为 void，即不需返回值的过程。在 C#/Java 等语言的实现中，常将 dequeue 设计为有返回值类型，即返回出队的数据元素的值。而在 C++ 中，不易安全高效地实现既返回对象值又可能包含(隐式)销毁它的过程，而是将安全高效地返回对象值的功能留给另一成员函数 front()。编码如下：

```
void dequeue() {
    if (empty()) {
        throw underflow_error("dequeue from empty queue: ");
    }
    _front = (_front + 1) % _capacity;
}
```

(6)获得/设置队首数据元素的值

定义成员函数 front()实现探测/设置队首元素值的操作。该操作获得队首数据元素，但不移除该数据元素，栈顶指针_front 不变。实现上，当栈非空时，获得变量_front 指示的位置处的数据元素，此时该数据元素不出栈，_front 的值保持不变。此方法的运算复杂度是 O(1)。提供 front()的两种重载形式，第一个形式提供读的功能，第二个形式提供设置的功能。编码如下：

```
//pick the first element
const T& front() const{
    if (empty()) {  //队列空时产生异常
        throw underflow_error("Queue is empty: ");
    }
```

```
        return _items[_front];      //队列不空,取得队首元素
    }
    //pick/set the first element
    T& front() {
        if (empty()) {   //队列空时产生异常
            throw underflow_error("Queue is empty: ");
        }
        return _items[_front];    //队列不空,取得队首元素
    }
```

函数 front( )的返回值声明为类型 T, 即队列数据元素具有的类型 T, 在调用该操作时, 将与队列实例定义时声明的类型保持一致。例如: 定义 q 为 QueueSP<string>类型, 则以后用语句 q. front( )得到的结果是 string 类型。用符号 & 将函数返回值类型修饰为引用类型, 是 C++中一种提高传递返回值效率的常用方式, 在此处应用返回引用是安全的, 队首元素在执行函数 front ( )的过程后依然存在。

(7)输出队列中所有数据元素的值

当队列非空时, 从队首结点开始, 直至队尾结点, 依次输出结点值。编码如下:

```
void show(bool showTypeName = false) const {
    if (showTypeName)
        cout << "SequencedQueue: ";
    if (! empty()) {
        int cnt = (_rear -_front + 1 + _capacity) % _capacity;
        for (int i = 0, j; i < cnt; i++) {
            j = (_front + i) % _capacity;
            cout << _items[j] << " -> ";
        }
    }
    cout << "|." << endl;
}
```

比在控制台上显示信息更为一般的操作, 是以字符串的形式返回对队列对象而言有意义的值, 这可以通过在顺序队列 QueueSP 类中定义一个 str( )函数来实现, 具体编码留给读者作为编程练习。

由此可见, 相对于原始顺序队列的设计, 顺序循环队列 QueueSP 类在设计上有以下两个方面的改进:

（1）入队时只改变下标_rear，出队时只改变下标_front，它们都做"循环"移动，取值范围是 0 到_capacity-1，这样可以重复使用队列内部的存储空间，因而避免"假溢出"现象。

（2）在队列中设立一个空位置。如果不设立一个空位置，则队列空和队列满两种不同状态的条件都是队头指针与队尾指针相等，即 front == rear，那么就无法区分这两种状态。通过保留一个空位置，则队列空的条件变为_front == (_rear+1)%_capacity，队列满的条件变为_front == (_rear+2)%_capacity。

【例 7.6】 测试顺序循环队列的操作实现。

源程序 SequencedQueueTest. cs 使用 dsa. lib 类库中的 QueueSP 类，程序如下：

```cpp
#include <iostream>
#include <string>
#include "../dsa/QueueSP.h"
using namespace std;
int main(int argc, char * argv[]) {
    int i = 1, n = 2;
    QueueSP<string> q1(20);
    while (i < argc) {
        q1.enqueue(argv[i]);
        cout<<"enqueue: "<< argv[i]<< '\t';
        q1.show(true);
        i++;
    }
    for (i = 0; i < n; i++) {
        cout<<"enqueue: "<<i + 1<< '\t';
        q1.enqueue(to_ string(i + 1));
        q1.show(true);
    }
    string str;    QueueSP<string> q2(q1); q2.front() = "new";
    while (! q1.empty()) {    //全部出队
        cout<< "dequeue: ";
        str= q1.front(); q1.dequeue();
        cout<<str<<'\t';  q1.show(true);
    }
    cout<< endl;
```

```
      cout<< "q2 = " << q2.str() << endl;
  return 0;
}
```

在控制台窗口可以用如下命令进行编译、链接:

```
cl . \SequencedQueueTest.cpp .. \Debug \dsa.lib
```

从命令行输入参数运行 SequencedQueueTest 程序:

```
SequencedQueueTest Hello dsa in C++
```

程序结果如下:

```
enqueue:Hello    SequencedQueue:Hello -> |.
enqueue:dsa      SequencedQueue:Hello -> dsa -> |.
enqueue:in       SequencedQueue:Hello -> dsa -> in -> |.
enqueue:C++      SequencedQueue:Hello -> dsa -> in -> C++ -> |.
enqueue:1        SequencedQueue:Hello -> dsa -> in -> C++ -> 1 -> |.
enqueue:2        SequencedQueue:Hello -> dsa -> in -> C++ -> 1 -> 2 ->|.
dequeue:Hello    SequencedQueue:dsa -> in -> C++ -> 1 -> 2 -> |.
dequeue:dsa      SequencedQueue:in -> C++ -> 1 -> 2 -> |.
dequeue:in       SequencedQueue:C++ -> 1 -> 2 -> |.
dequeue:C++      SequencedQueue:1 -> 2 -> |.
dequeue:1        SequencedQueue:2 -> |.
dequeue:2        SequencedQueue:|.
q2 = new -> dsa -> in -> C++ -> 1 -> 2 -> |.
```

7.4.2 队列的链式存储结构及操作实现

队列作为一种特殊的线性结构,可以用单向或双向链表实现链式存储结构,采用链式存储结构实现的队列称为链式队列(linked queue),链式队列如图 7.13 所示。在实现方式上,可以从链表类继承导出链式队列类,这样就可以复用部分设计成果,这一方案留给读者作为编程练习。下面我们直接采用单向链接方式全新设计一个类来实现链式队列。

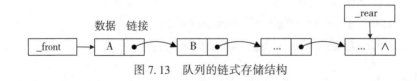

图 7.13　队列的链式存储结构

下面声明 LinkedQueue 类模板实现链式队列。

```cpp
#include "SingleLinkedNode.h"
template <typename T>
class LinkedQueue {
private:
    SLNode<T>* _front;
    SLNode<T>* _rear;
    int _count;
public:
......
}
```

类中定义的成员变量_front 和_rear 分别指向队头和队尾数据结点，结点类型为前面章节中定义的单向链表的结点结构 SLNode<T>，结点数据域的类型为泛型 T。用 LinkedQueue 类型定义和构造的对象就是一个具体的队列实例。

链式队列的基本操作作为 LinkedQueue 类的成员函数予以实现，下面分别描述实现这些操作的算法。

1. 队列的初始化

用构造函数创建一条准备用以存储队列数据的单向链表，设置队列的初始状态。

```cpp
LinkedQueue() {_front =nullptr; _rear = nullptr; _count = 0;}
// copy constructor
LinkedQueue(const LinkedQueue& s) {
    _count = s._count; _front = nullptr;
    int n = 0;  SLNode<T>* t;
    SLNode<T>* p = s._front;
    while (n < _count) {
        t = new SLNode<T>(p->item);
        if (n == 0) {
            _front = t;
        }
        else {
            _rear->next = t;
        }
```

```
            _ rear = t;
            n++;
            p = p->next;
        }
}
```

对象的销毁将自动调用对象所属类的析构函数,它释放从栈顶_front 开始的所有结点的内存资源。LinkedStack 类的析构函数编码如下:

```
//deconstructor. 析构函数
~LinkedQueue() {
    if(_ front! =nullptr)
    ::dispose(_ front);
}
```

成员函数 clear( )释放所有数据结点的内存资源,恢复队列对象的初始状态。

```
void clear() {
    if (_ front ! = nullptr)
        ::dispose(_ front);
    _ front = nullptr;_ rear = nullptr; _ count = 0;
}
```

2. 返回队列的元素个数

该操作告知队列中已有的数据元素的个数,将这个操作以成员函数 size( )或 count( )的形式实现,以 const 修饰表明这个函数不修改实例的状态,是个只读过程。编码如下:

```
int size() const { return _ count; };
int count() const { return _ count; };
```

3. 判断队列的状态是否为空

判断队列是否为空的操作即判断队列中是否有数据元素,通过定义布尔类型的成员函数 empty( )来实现判该功能。在设计上,当成员变量_count 等于 0 时,表明队列为空状态,我们也可同时检测_front 是否为 nullptr。此时 empty( )函数返回 true,否则返回 false。

empty( )应设计为只读过程。功能实现编码如下:

```
bool empty() const { return (_ count = =0)&& (_ front = =nullptr);};
```

与链式栈一样,链式队列采用动态分配方式为每个结点分配内存空间,当有一个数据元素需要入队时,向系统申请一个结点的存储空间,一般可在编程时视系统所提供的可用空间为足够大，所以不需要判断链式队列是否已满。

4. 入队

定义成员函数 enqueue（）实现入队操作，该操作将数据元素插入队列中作为新的队尾元素。为将插入的数据元素值 k 构造一个新结点 t，在_rear 指向的队尾结点之后插入结点 t（_rear->next＝t），准备作为新的队尾结点，并更新成员变量_rear 指向它（_rear＝t）。入队的数据元素是 T 类型，在调用该操作时，实参的类型要与队列实例定义时声明的元素类型保持一致。采用动态分配方式为每个新结点分配内存空间，入队操作的运算复杂度是 $O(1)$。实现编码如下：

```
void enqueue(const T& k) {
    SLNode<T> * t = new SLNode<T>(k);
    if (_ count == 0)
        _ front = t;
    else
        _ rear->next = t;
    _ rear = t;
    _ count++;
}
```

5. 出队

定义成员函数 dequeue（）实现出队操作。该操作将队首的后继数据元素设为新的队首。需要先判断队列是否为空，当队列不空时，队首的后继元素成为新的队首（_front＝_front->next），销毁原队首元素，释放其所占据的空间，成员变量_count 自减 1。此操作的运算复杂度是 $O(1)$。函数 dequeue（）的返回值类型声明为 void。编码如下：

```
void dequeue() {
    if (! empty()) {      //队列不空时
        SLNode<T> * t = _ front;
        _ front = _ front->next;
        if (_ front == nullptr) {_ rear = nullptr;}
        _ count--;
        delete t;
        return;
    }
```

```
    else {      //队列空时产生异常
        throw underflow_ error("Queue is empty: ");
    }
}
```

6. 获得队首元素值

该操作获得队首数据元素,但不移除该数据元素,队首指针不变。当队首非空时,获得_front 所指示位置处的数据元素,此时该数据元素不出队,_front 变量保持不变。此方法的运算复杂度是 $O(1)$。

```
const T& front() const {
    if (! empty()) {        //队列不空时
        return _ front->item;   //取得队首元素
    }
    else {                  //队列空时产生异常
        throw underflow_ error("Queue is empty: ");
    }
}
T& front() {
    if (! empty()) {        //队列不空时
        return _ front->item;   //取得队首元素
    }
    else {                  //队列空时产生异常
        throw underflow_ error("Queue is empty: ");
    }
}
```

链式队列的基本操作如图 7.14 所示。

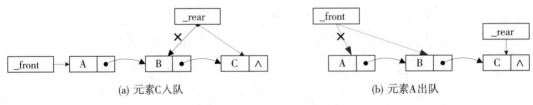

(a) 元素C入队　　　　　　　　　　　　(b) 元素A出队

图 7.14　链式队列的基本操作

由以上多个操作的算法实现分析可知，顺序队列 QueueSP 和链式队列 LinkedQueue，都实现了"队列"这个抽象数据结构的基本操作。无论是 QueueSP 类还是 LinkedQueue 类，都可以用来建立具体的队列实例，通过队列实例调用入队或出队函数进行相应的操作。一般情况下，解决某个问题关注的是队列的抽象功能，而不必关注队列的存储结构及其实现细节。

7.4.3　队列的应用举例

队列是一种具有"先进先出"特性的特殊线性结构，可以作为求解具有"先进先出"特性问题的数学模型，因此队列结构成为解决相应问题算法设计的有力工具。在计算机系统中，当一些过程需要按一定次序等待特定资源就绪时，系统需设立一个具有"先进先出"特性的队列以解决这些过程的调度问题。在后面的章节中将介绍的非线性结构广度遍历算法，如按层次遍历二叉树、以广度优先算法遍历图，都具有"先进先出"的特性，这些算法的实现需要使用队列。下面的例题讨论一个应用队列结构的典型例子。

【例 7.7】　解素数环问题。将 $1, 2, \cdots, n$ 共 n 个数排列成环形，使得每相邻两数之和为素数，构成一个素数环。

如图 7.15 所示，解素数环问题的算法思想是依次试探每个数：用一个线性表存放素数环的数据元素，用一个队列存放等待检查的数据元素，依次从队列取一个数据元素 k 与素数环最后一个数据元素相加，若两数之和是素数，则将 k 加入到素数环(线性表)中，否则 k 暂时无法进入素数环，此时须让它再次放入队列等待处理。重复上述操作，直到队列为空。

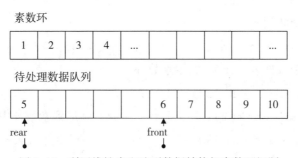

图 7.15　利用线性表和队列数据结构解素数环问题

本例应用顺序表 SequencedList 类和链式队列 LinkedQueue 类。创建 SequencedList 类的一个线性表实例 ring1，用以存放素数环的数据元素，创建 LinkedQueue 类的一个实例 q1 作为队列，存放待检测的数据元素。静态方法 IsPrime(k) 判断 k 是否为素数。如果将

SequencedList 替换为链表 SLinkedList，或将 LinkedQueue 替换为顺序队列 QueueSP，都不改变程序的逻辑及运行结果。

```cpp
#include <iostream>
#include <string>
#include "../dsa/LinkedQueue.h"   //#include "../dsa/QueueSP.h"
#include "../dsa/SequencedList.h"
using namespace std;
bool IsPrime( int k) {
    int j = 2;
    if (k == 2)
        return true;
    if (k < 2 || k>2 && k % 2 == 0)
        return false;
    else {
        j = 3;
        while (j < k && k % j ! = 0) j = j + 2;
        if (j >= k) return true;
        else return false;
    }
}
int main(int argc, char * argv[]) {
    int i, j, k, n = 10;
    //创建一个队列 q1
    LinkedQueue<int> q1;              //QueueSP<int> q1;
    //创建一个线性表 ring1 表示素数环
    SequencedList<int> ring1(n);
    ring1.push_back(1);              //1 添加到素数环中
    for (i = 2; i <= n; i++)          //2--n 全部入队
        q1.enqueue(i);
    q1.show(true);                    //输出队列中全部数据元素
    i = 0;
    while (! q1.empty()) {
        k = q1.front(); q1.dequeue();   //出队
```

```
        cout << "Queue front: " << k << " \t";
        j = ring1[i] + k;
        if (IsPrime(j)) {              //判断 j 是否为素数
            ring1.push_ back(k);       //k 添加到素数环中
            cout <<   "add into ring \t";
            i++;
        }
        else {
            q1.enqueue(k);             //k 再次入队
            cout << "into queue and wait again \t";
        }
        q1.show(true);
    }
    cout<< endl; cout << ring1.str(true) << endl; return 0;
}
```

程序运行结果如下：
```
LinkedQueue: 2 -> 3 -> 4 -> 5 -> 6 -> 7 -> 8 -> 9 -> 10 ->  |.
......
Queue front: 6  add into ring   LinkedQueue:  |.
SequencedList: 1  2  3  4  7  10  9  8  5  6
```

习 题 7

7.1 填空：线性表、栈和队列都是_____结构，可以在线性表的_____位置插入和删除元素；栈是一种特殊的线性结构，允许插入和删除操作的一端称为_____。不允许插入和删除运算的一端称为_____，所以栈又称为____进____出型线性结构。队列是只能在_____插入和_____删除元素的特殊线性结构，所以队列又称为____进____出型结构。

7.2 填空：设栈 S 的初始状态为空，元素 a，b，c，d，e，f 依次入栈 S，出栈的序列为 b，d，c，f，e，a，则栈 S 的容量至少应该是_____。

7.3 说明顺序队列的"假溢出"是怎样产生的，并说明如何用循环队列解决假溢出。循环队列的基本操作，如初始化，判断队列满、判断队列空、返回队列元素个数、入队、出队等是如何实现的。

7.4 分别在 StackSP、QueueSP、LinkedStack 和 LinkedQueue 类中编程实现检测数据结构中是否包含某数据的操作:

```
bool contains(const T& k);
```

7.5 分别在 StackSP、QueueSP、LinkedStack 和 LinkedQueue 类中编程实现"str( )"的操作:

```
string str();
```

7.6 为栈和队列类编写移动构造函数,相应的构造函数分别声明为:

```
StackSP(StackSP&& s); QueueSP(QueueSP&& q)
LinkedStack(LinkedStack&& s); LinkedQueue(LinkedQueue&& q)
```

7.7 说明以下算法的功能(Stack 和 Queue 分别是 C#类库中的栈类和队列类)。

```
voidfuncA(Queue q){
    Stacks = new Stack(); object d;
    while(q.Count! =0){d = q.Dequeue( ); s.Push(d);}
    while(s.Count! =0){d = s.Pop( ); q.Enqueue(d);}
}
```

7.8 分别用从单向链表结构继承导出子类的方式实现链式栈和链式队列。

7.9 分别用双向链表结构实现栈和队列,并讨论双向链和单向链产生的差别。

7.10 写出表达式 a * (b+c)-d 的后缀表达式。

7.11 某个车站呈狭长形,宽度只能容下一台车,并且只有一个出入口。已知某时刻该车站状态为空,从这一时刻开始的出入记录为:"进,出,进,进,出,进,进,进,出,出,进,出"。假设车辆入站的顺序为 1,2,3,…,7,试写出车辆出站的顺序。

第 8 章　数组与广义表

数组是一种基本而重要的数据集合类型，数组包含一组具有相同类型的数据元素，数据元素依次存储于一个地址连续的内存空间中。数组是其他数据结构实现顺序存储的基础，一维数组可以看作是一个顺序存储结构的线性表，二维数组则可视为数组的数组。一般采用二维数组存储矩阵，但这种方法用于存储特殊矩阵和稀疏矩阵的效率较低，需采用一些特殊方法进行压缩存储。

线性表结构可以具有弹性，既可以是简单的数组，也可以扩展为复杂的数据结构—广义表。

本章介绍数组、稀疏矩阵和广义表的基本概念，并详细讨论一维数组和二维数组的特性，以及稀疏矩阵和广义表的存储结构。

本章在算法与数据结构库项目 dsa 中增加矩阵、稀疏矩阵、广义表等模块，用名为 matrixtest 的应用程序型项目实现对这些数据结构的测试和演示程序。

8.1　数　　组

数组(array)是一种重要的基础性数据集合类型，是其他数据结构实现顺序存储的基础。一个数组对象是由一组相同类型的数据元素组成的集合，其元素的类型可以是简单的基本类型，也可以是复杂的用户自定义类型。各数组元素按次序存储于一个地址连续的内存空间中。某个数组元素在数组中的位置可以通过该元素的序号确定，这个序号称之为数组元素的下标(index)，简称数组下标。为了物理上访问某数组元素，可以通过它的下标，再加上数组的起始地址，就可找到存放该元素的存储地址。逻辑上，数组可以看成二元组<下标，值>的集合，以后我们还会看到二元组<键，值>的集合(该类集合称为哈希表)。

数组下标的个数称为数组的维数，有一个下标的数组是一维数组，有两个下标的数组就是二维数组，以此类推。

8.1.1　一维数组

一维数组是由 $n(n>0)$ 个相同类型的数据元素 a_0, a_1, $\cdots$, a_{n-1} 构成的有限序列，其中 n 称为数组的长度。数组记作：

$$Array = \{a_0,\ a_1,\ a_2,\ \cdots,\ a_{n-1}\}$$

数组元素依次占用一块地址连续的内存空间，每两个相邻数据元素之间都有直接前驱和直接后继的关系。当系统为一个数组分配内存空间时，会根据数组元素的类型、数组元素的个数确定下来数组所需空间的大小及其首地址。任意一个元素在序列中的位置可由其数组下标标识，通过数组名加下标的形式，可以访问数组中任一指定的数组元素。假设数组的首地址为 $Addr(a_0)$，每个数据元素占用 c 个存储单元，则第 i 个数据元素的地址为：

$$Addr(a_i) = Addr(a_0) + i \times c$$

根据数组元素的下标就可计算出该元素的存储地址，因而可存取数组元素的值，并且该操作的复杂度是 $O(1)$，具有这种特性的存储结构称为随机存储结构，可见，数组是一种随机存储结构。

高级程序语言中存在两种为数组分配内存空间的方式：编译时分配数组空间和运行时分配数组空间。

(1)编译时分配数组空间：源程序中定义数组时给出数组元素类型和元素个数，编译程序为数组分配好存储空间。当程序开始运行时，数组即获得系统分配的一块地址连续的内存空间。

(2)运行时分配数组空间：源程序中声明数组时，仅需说明数组元素类型，不指定数组长度。当程序运行中需要使用数组时，向系统申请指定长度数组所需的存储单元空间。当不再需要这个数组时，需要向系统归还所占用的内存空间。

在 C/C++语言中，以上两种方式都存在。例如，在 C/C++语言某个函数中，通过声明语句 int a[10]定义局部数组变量 a，并为数组 a 在栈中分配 10 个单元的内存空间。当程序从当前函数退出时，局部数组变量会与函数的其他局部变量一样自动撤销它们所占据的内存。

第二种方式的例子是，在某个函数中通过声明语句 int * a 将变量 a 定义为局部整型指针，再通过语句 a = (int *)malloc(10 * sizeof(int))向系统在堆中申请 10 个单元的内存空间，这是一种动态内存分配的方式。在 C++中则建议通过语句 a = new int[10]来申请数组所需的内存。当程序不再需要数组对象时，应使用函数 free(a)(C 语言)或语句 delete [ ]a (C++语言)撤销数组所占据的内存。

在 C#/Java 语言中，数组都是运行时在堆中分配所需空间。例如，通过语句 int[ ] a =

new int[10]声明变量 a 为整型数组变量，并在程序运行时向系统申请 10 个单元的内存空间。

8.1.2　二维数组

1. 二维数组的概念

如果将数组及其元素的概念加以推广，就可得到所谓的"多维数组"，多维数组被视为数组的数组，其中的数组元素本身就是一个数组，例如二维数组可以看作是元素为一维数组的数组，而三维数组可以看成是由二维数组组成的数组。n 维数组需要 n 个下标来确定具体元素的位置。

二维数组常用来表示一个矩阵

$$
A_{m \times n} = \begin{bmatrix}
a_{0,0} & a_{0,1} & \cdots & a_{0,n-1} \\
a_{1,0} & a_{1,1} & \cdots & a_{1,n-1} \\
\vdots & \vdots & & \vdots \\
a_{m-1,0} & a_{m-1,1} & \cdots & a_{m-1,n-1}
\end{bmatrix}
$$

$A_{m \times n}$ 表示由 $m \times n$ 个元素 $a_{i,j}$ 组成的矩阵，可以看成是由 m 行一维数组组成的(行)数组，或是 n 列一维数组组成的(列)数组。

矩阵 $A_{m \times n}$ 也可以视为一种特殊的双重线性表，矩阵中的每个元素 $a_{i,j}$ 同时属于两个线性表：第 i 行的线性表和第 j 列的线性表。一般情况下，元素 $a_{i,j}$ 有 1 个行前驱 $a_{i-1,j}$ 和 1 个列前驱 $a_{i,j-1}$ 以及 1 个行后继 $a_{i+1,j}$ 和 1 个列后继 $a_{i,j+1}$。矩阵的首元素 $a_{0,0}$ 没有前驱；矩阵的最后一个元素 $a_{m-1,n-1}$ 没有后继。矩阵边界上的元素 $a_{0,j}(j=0, \cdots, n-1)$ 只有列后继，没有列前驱；$a_{i,0}(i=0, \cdots, m-1)$ 只有行后继，没有行前驱；$a_{m-1,j}(j=0, \cdots, n-1)$ 只有列前驱，没有列后继；$a_{i,n-1}(i=0, \cdots, m-1)$ 只有行前驱，没有行后继。

2. 二维数组的顺序存储结构

可以有两种方式实现二维数组的顺序存储：一种是按行优先次序存储，或称行主序(row major order)存储；另一种是按列优先次序存储，或称列主序(column major order)存储。

假设每个数据元素占用 c 个存储单元，$\text{Addr}(a_{i,j})$ 为元素 $a_{i,j}$ 的存储地址，$\text{Addr}(a_{0,0})$ 为首元素 $a_{0,0}$ 的地址，也就是数组的起始地址。如果按行优先存储二维数组 $A_{m \times n}$，则元素 $a_{i,j}$ 的地址计算函数为：

209

$$\text{Addr}(a_{i,\,j}) = \text{Addr}(a_{0,\,0}) + (i \times n + j) \times c$$

如果按列优先存储数组，则元素 $a_{i,j}$ 的地址计算函数为：

$$\text{Addr}(a_{i,\,j}) = \text{Addr}(a_{0,\,0}) + (j \times m + i) \times c$$

在 Pascal，C/C++/C#和 Java 语言中，二维数组都是行优先存储，而在 FORTRAN 和 Matlab 语言中，二维数组采用列优先存储。

不管是以上那种方式，存储地址与数组下标之间仍然存在着简单的线性关系，二维数组的顺序存储结构也具有随机存储特性，对数组元素进行随机存取的时间复杂度为 $O(1)$。

3. 二维数组的遍历

遍历一种数据结构，是指按照某种次序访问该数据结构中的所有元素，并且每个数据元素恰好访问一次，对数据结构的遍历将得到一个由其所有数据元素组成的线性序列。

一维数组只有一种基本遍历次序，而二维数组则有两种基本遍历次序：行优先遍历和列优先遍历。

(1)行优先次序遍历：对二维数组依行序逐行访问每个数据元素，得到的线性序列是将二维数组元素依次按行的一个排列，第 $i+1$ 行紧跟在第 i 行后面。对于二维数组 $A_{m \times n}$，行优先遍历可以得到如下线性序列：

$a_{0,\,0},\ a_{0,1},\ \cdots,\ a_{0,n-1},\ a_{1,0},\ a_{1,1},\ \cdots,\ a_{1,n-1},\ \cdots,\ a_{m-1,0},\ a_{m-1,1},\ \cdots,\ a_{m-1,n-1}$

(2)列优先次序遍历：对二维数组依列序逐列访问每个数据元素，得到的线性序列是将二维数组元素依次按列的一个排列，第 $j+1$ 列紧跟在第 j 列后面。对于二维数组 $A_{m \times n}$，列优先遍历可以得到如下线性序列：

$a_{0,\,0},\ a_{1,0},\ \cdots,\ a_{m-1,0},\ a_{0,1},\ a_{1,1},\ \cdots,\ a_{m-1,1},\ \cdots,\ a_{0,n-1},\ a_{1,n-1},\ \cdots,\ a_{m-1,n-1}$

C++中的二维数组按行优先顺序存储数组的元素，通过说明两个独立的下标的形式来定义二维数组，例如：

```
int items[3][2] = {{8,5}, {7,9}, {6,3}};
```

8.1.3　在 C++中自定义矩阵类

在一些程序设计语言中，如 C/C++和 C#/Java，都是用一维或二维数组来表示和处理矩阵，这种方式在应用中不够自然，有时显得繁琐。设计通用和专用的矩阵类对于矩阵数据的处理会带来便捷。

【例 8.1】 自定义矩阵类及矩阵的基本操作。

本例声明 Matrix 类来表示矩阵对象，类中成员 _items 将作为一个元素类型为整型 int 的一维数组，成员变量_rows 记录矩阵的行数，成员变量_cols 记录矩阵的列数。设计了多个构造函数，以方便构造和初始化矩阵对象。get( )和 set( )函数分别获取和设置(i, j)位置的元素之值，Transpose( )函数实现矩阵的转置操作。本例只是矩阵类实现的一个简单示例，对更广泛的矩阵和向量运算感兴趣的读者可以参考 Eigen(https：//eigen. tuxfamily. org/)。

Matrix 类的实现文件和头文件分别命名为 Matrix. cpp 和 Matrix. h，该类作为一个独立模块添加到 dsa 算法与数据结构库项目。程序如下：

```cpp
class Matrix{
private：int _rows, _cols; int * _items;
public：
Matrix(int nRows = 1, int nCols = -1){
    _rows = nRows;
    if (nCols = = -1)_cols = _rows;
    else _cols = nCols;
    int es = _rows * _cols; _items = new int[es];
    int * p = _items;
    for (int i = 0; i < es; i++) * p++ = 0;
}
Matrix(int nRows, int nCols, const int * mat) {
    int * p = (int * )mat;
    _rows = nRows; _cols = nCols;
    int es = _rows * _cols; _items = new int[es];
    for (int i = 0; i < es; i++)_items[i] = * p++;
}
// copy constructor, 构造矩阵,它复制另一个矩阵
Matrix(const Matrix& a) {
    _rows = a._rows; _cols = a._cols;
    int es = _rows * _cols; _items = new int[es];
    int * p = a._items;
    for (int i = 0; i < es; i++) _items[i] = * p++;
}
// copy assignment operator,复制另一个矩阵
const Matrix& operator = (const Matrix& rhs) {
    if (this ! = &rhs) {
```

```
            delete[] _items;            //释放现有存储空间
            _rows = rhs._rows; _cols = rhs._cols;
            int es = _rows * _cols; _items = new int[es];
            int * p = rhs._items;
            for (int i = 0; i < es; i++) _items[i] = *p++;
        }
        return *this;                   //允许 a = b = c
    }
    //move constructor
    Matrix(Matrix&& om) noexcept{ *this = move(om);}
    //move assignment operator
    Matrix& operator = (Matrix&& rhs) noexcept {
        if (this ! = &rhs) {
            delete[] _items;
            _items = rhs._items; _rows = rhs._rows; _cols = rhs._
cols;
            rhs._items = nullptr;rhs._rows = 0; rhs._cols = 0;
        }
        return *this;
    }
    ~Matrix() {
        delete[] _items;
    }
    int Rows() const{return _rows;}
    int Cols() const {return _cols;}
    const int get(int i, int j) const{return _items[i * _cols + j];}
    int& set(int i, int j) {return _items[i * _cols + j];}
    void Transpose() {
        int * p = _items; int * q;
        int * temp = new int[_rows * _cols];
        for (int i = 0; i < _rows; i++) {
            q = temp+i;
            for (int j =0; j<_cols; j++){ *q = *p++; q+= _rows;}
```

```
        }
        int t = _cols; _cols = _rows; _rows = t;
        delete[] _items; _items = temp;
    }
    void show(bool needTypeName = false) const {
        if (needTypeName)cout << "Matrix: ";
        int i, j; int * p = _items;
        for (i = 0; i < _rows; i++) {
            for (j = 0; j < _cols; j++)cout << " " << *p++;
            cout << endl;
        }
        cout << endl;
    }
};
```

对"+"和"*"运算符关于 Matrix 类进行了重载，以提供完成两个矩阵的相加或相乘操作的简洁形式。程序如下：

```
Matrix operator+(const Matrix& A, const Matrix& B) {
    Matrix C(A);
    if (A.Rows() ! = B.Rows() || A.Cols() ! = B.Cols())
        return C;
    for (int i = 0; i < A.Rows(); i++)
        for (int j = 0; j < A.Cols(); j++)
            C.set(i, j) = C.get(i, j) + B.get(i, j);
    return C;
}
Matrix operator * (const Matrix& A, const Matrix& B) {
    Matrix C(A.Rows(), B.Cols());
    if (A.Cols() ! = B.Rows()) return C;
    int tij;
    for (int i = 0; i < C.Rows(); i++)
        for (int j = 0; j < C.Cols(); j++) {
            tij = 0;
            for (int k = 0; k < B.Rows(); k++)
```

```
            tij += A.get(i, k) * B.get(k, j);
        C.set(i, j) = tij;
    }
    return C;
}
```

上面两个重载运算符函数都从函数中返回一个(复合类型的)矩阵对象,其过程往往伴随多个低效重复的数据拷贝负荷。为了提高效率,在矩阵类设计中应用了现代 C++引入的移动语义,定义了移动构造函数及重载移动赋值运算符。

下面的源程序 MatrixTest. cpp 使用 dsa. lib 类库中的 Matrix 类定义 a、b 和 c 等矩阵对象,并进行转置操作以及加和乘运算,程序如下:

```
#include <iostream>
#include "../dsa/Matrix.h"
using namespace std;
int main() { //MatrixTest.cpp
    int m1[] = { 1, 2, 3, 4, 5, 6, 7, 8, 9 };
    Matrix a(3, 3, m1); a.show();
    int m2[] = { 1, 0, 0, 0, 1, 0, 0, 0, 1 };
    Matrix b(3, 3, m2); b.show();
    Matrix c = a + b;   c.show();
    int d1[] = { 1, 2, 3, 4, 5, 6, 7, 8};
    Matrix d(2, 4, d1); d.show();
    d.Transpose(); d.show();
    d.Transpose(); d.show();
    Matrix x = a * c; x.show();
    return 0;
}
```

程序运行的部分结果如下:

```
1 2 3 4
5 6 7 8
1 5
2 6
3 7
4 8
```

8.2　稀 疏 矩 阵

在科学与工程计算中经常出现一些阶数很高的矩阵，在这类矩阵中常常存在许多零元素或值相同的元素，如果对这类矩阵按常规方法存储，就会占用很大的存储空间并有较多的信息冗余。在这类应用中，应该采用特殊方式进行压缩存储以节省存储空间。

设矩阵 $A_{m \times n}$ 中有 t 个非零元素，则矩阵中非零元素所占比例为 $\delta = t/(m \times n)$，当 $\delta \leq 0.1$ 时，称这类矩阵为稀疏矩阵（sparse matrix）。

在存储稀疏矩阵时，如果仍然用顺序存储的方法将每个元素都存储起来，就会占用许多存储空间去存储重复的零值，这无疑会造成存储空间的浪费。为了节省存储空间，可以采用只存储其中的非零元素的压缩存储方式。这种压缩存储方式，可以压缩掉重复的零元素的存储空间，但可能也会失去数组的随机存取特性。

如果矩阵中有很多零元素且非零元素具有某种分布规律时，可以只对非零元素进行顺序存储，此时仍可以对元素进行随机存取。例如，下三角矩阵：

$$A_{m \times n} = \begin{bmatrix} a_{0,0} & 0 & \cdots & 0 \\ a_{1,0} & a_{1,1} & \cdots & 0 \\ \vdots & \vdots & & \vdots \\ a_{m-1,0} & a_{m-1,1} & \cdots & a_{m-1,n-1} \end{bmatrix}$$

当 $i<j$ 时，上三角元素 $a_{i,j}=0$。如果按行优先次序遍历矩阵中的下三角元素，便可得到如下的线性序列：

$$a_{0,0}, a_{1,0}, a_{1,1}, \cdots, a_{m-1,1}, a_{m-1,1}, \cdots, a_{m-1,n-1}$$

如果按行优先次序只将矩阵中的下三角元素顺序存储，第 0 行到第 $i-1(i \geq 1)$ 行元素的个数为：

$$\sum_{k=0}^{i-1}(k+1) = \frac{i(i+1)}{2}$$

因此，元素 $a_{i,j}(i \geq j)$ 的地址可用下式计算：

$$\text{Addr}(a_{i,j}) = \text{Addr}(a_{0,0}) + \left[\frac{i(i+1)}{2} + j\right] \times c, \quad 0 \leq j \leq i \leq n-1$$

如果矩阵中大多数元素值为零且非零元素的分布没有规律，则可以用顺序存储结构或链式存储结构存储表示非零元素的三元组及其组成的集合。

8.2.1 稀疏矩阵的三元组

稀疏矩阵的一个非零元素可以由一个三元组<行下标，列下标，矩阵元素值>来表示，一个稀疏矩阵则可以用它的三元组集合表示。例如，稀疏矩阵

$$A = \begin{bmatrix} 1 & 0 & 0 & 0 \\ 0 & 0 & 0 & 0 \\ 2 & 0 & 0 & 3 \\ 0 & 4 & 0 & 5 \end{bmatrix}$$

可以用三元组序列表示为：{{0,0,1}，{2,0,2}，{2,3,3}，{3,1,4}，{3,3,5}}。

如果只存储稀疏矩阵的三元组集合，也就是只存储矩阵中的非零元素，就可以达到压缩存储稀疏矩阵的目的。稀疏矩阵的三元组集合可以用顺序存储结构和链式存储结构两种方法实现。

8.2.2 稀疏矩阵三元组集合的顺序存储结构

稀疏矩阵三元组集合的顺序存储结构是将表示稀疏矩阵非零元素的三元组，按照行优先(或列优先)的原则，依次存储在一个占据连续存储空间的数组中，该数组元素的类型为稀疏矩阵三元组，每个稀疏矩阵非零元素三元组对应于该数组中的一个元素。例如，对于稀疏矩阵 *A* 三元组序列{{0,0,1}，{2,0,2}，{2,3,3}，{3,1,4}，{3,3,5}}，其顺序存储结构如表 8-1 所示。

表 8-1   **稀疏矩阵三元组的顺序存储结构**

三元组数组下标	行下标	列下标	数据元素值
0	0	0	1
1	2	0	2
2	2	3	3
3	3	1	4
4	3	3	5

1. 稀疏矩阵的顺序存储结构三元组类

为描述顺序存储结构的稀疏矩阵中表示非零元素的三元组，定义如下的 TripleEntry

结构：

```
struct TripleEntry {
    int row;            //行下标
    int column;         //列下标
    int data;           //值
    TripleEntry(int i, int j, int k) {
        row =i; column = j; data = k;
    }
    //输出一个三元组值
    void show(bool showTypeName = false) const {
        if (showTypeName) cout << "TripleEntry: ";
        cout<<"r: "<<row<<" \tc: "<< column<<" \tv: "<<data<<endl;
    }
};
```

用 TripleEntry 类型定义的实例表示稀疏矩阵的一个三元组，用来记录稀疏矩阵中的一个非零元素的行列位置及其值。

2. 基于三元组顺序存储结构的稀疏矩阵类

下面声明的 SSparseMatrix 类表示基于三元组顺序存储结构的稀疏矩阵对象。

```
class SSparseMatrix{
private:
    int _rows, _cols;
    vector<TripleEntry> _items;     //三元组线性表
public:
    //建立三元组表示
    SSparseMatrix(int nRows, int nCols,const int * mat) {
        cout<< "稀疏矩阵(二维数组):" << endl;
        int * p = (int *)mat; int v;
        _rows =nRows; _cols = nCols;
        for (int i = 0; i < _rows; i++) {
            for (int j = 0; j < _cols; j++) {
                v = *p;
                cout<< "   " << v;
```

```
                    if (v ! = 0) _items.push_back(TripleEntry(i,j,v));
                    p++;
                }
                cout<< endl;
            }
    }
    int Rows() const { return _rows; }
    int Cols() const { return _cols; }
    //输出一个稀疏矩阵中所有元素的三元组值
    void show() {
        cout<< _rows << "x" << _cols << " 稀疏矩阵三元组的顺序表示:\n";
        cout<< " \t 行下标 \t 列下标 \t 值 \n";
        for (int i = 0; i < _items.size(); i++) {
            cout<< "items[ " << i << " ] = ";
            _items[i].show();
        }
    }
};
```

在 SSparseMatrix 类中,成员_items 是一个用线性表表示的动态数组,元素类型为三元组 TripleEntry 结构。稀疏矩阵 SSparseMatrix 类的构造函数将一个常规稀疏矩阵(二维数组)转换成三元组的顺序存储结构表示法。

三元组 TripleEntry 结构和稀疏矩阵 SSparseMatrix 类中都定义了成员函数 show()。TripleEntry 结构中的 show()函数输出一个矩阵元素的三元组值,SSparseMatrix 类中的 show()函数输出一个稀疏矩阵中所有的三元组,其中每个非零元素均调用 TripleEntry 结构的 show()函数输出一个三元组值。

【例 8.2】 测试基于三元组顺序存储结构的稀疏矩阵类。

下面的 SSparseMatrixTest. cpp 程序利用已加入 dsa 类库中的类 SSparseMatrix 实现稀疏矩阵三元组的顺序存储结构,源程序在 matrixtest 应用程序型项目中。程序如下:

```
#include <iostream>
#include "../dsa/SSparseMatrix.h"
using namespace std;
int main() { // SSparseMatrixTest.cpp
    int mat[][4] = { {1,0,0,0}, { 0,0,0,0}, {2,0,0,3}, {0,4,0,5} };
```

```
SSparseMatrix ssm(4,4,mat[0]);//一个对象表示一个稀疏矩阵
ssm.show();
return 0;
}
```

程序运行的部分结果如下：

4x4 稀疏矩阵三元组的顺序表示：

```
          行下标 列下标      值
items[0] = r: 0 c: 0     v: 1
items[1] = r: 2 c: 0     v: 2
items[2] = r: 2 c: 3     v: 3
items[3] = r: 3 c: 1     v: 4
items[4] = r: 3 c: 3     v: 5
```

在上面的三元组顺序存储结构稀疏矩阵的实现中，我们用一个动态数组(vector)保存稀疏矩阵的非零元素三元组序列，它适合于非零元素的数目发生变化的情况。可以看到，顺序存储结构的稀疏矩阵结构简单，但插入、删除操作不方便。若矩阵元素的值发生变化，一个值为零的元素变为非零元素，就要向线性表中插入一个三元组；若非零元素变成零元素，就要从线性表中删除一个三元组。为了保持线性表元素间的相对次序，进行插入和删除操作时，就必须移动其他元素。这方面的不足可以通过采用后一节将介绍的三元组链式存储结构加以克服。

8.2.3　稀疏矩阵三元组集合的链式存储结构

稀疏矩阵的三元组集合可以用几种方式的链式存储结构来表示，例如，基于行的单链的表示、基于列的单链的表示和十字链表示等方法，下面介绍基于行的单链的方法来存储稀疏矩阵的三元组集合。

将稀疏矩阵每一行上的非零元素作为结点链接成一个单向链表，而用一个数组记录这些链表，从上到下，数组的元素依次指向各行所对应的链表的第一个数据结点。对于前述稀疏矩阵 A，其基于行的单链表示如图 8.1 所示。

为了以行的单链表示法描述稀疏矩阵，可以声明如下的两个类：三元组结点类 LinkedTriple 和链式存储结构稀疏矩阵类 LSparseMatrix。

```
struct LinkedTriple {
    int column;    //列下标
    int data;      //值
```

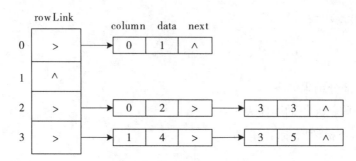

图 8.1　稀疏矩阵的行的单链表示

```
LinkedTriple * next;
LinkedTriple(int j, int k) {
    column =j; data = k; next = nullptr;
}
LinkedTriple():LinkedTriple(-1,0) {  }
};
```

三元组结点结构 LinkedTriple 定义链表结点的类型, 它由 3 个成员组成: column(列下标)、data(值)和 next(用来引用后继结点)。一个 LinkedTriple 类型的对象表示链表中的一个结点, 对应于稀疏矩阵中的一个非零元素。

下面定义的 LSparseMatrix 类实现稀疏矩阵的行单链表示, 它的成员_rowLink 是一个数组, 其元素为指向三元组结点的指针(LinkedTriple *), _rowLink 数组的元素依次存放指向每条链表第 1 个结点的指针, 语法上将成员_rowLink 声明为双重指针。

LSparseMatrix 稀疏矩阵类的一个构造函数将一个用数组表示的常规矩阵转换成行的单链表示, show( )函数依次输出稀疏矩阵各行链表中的全部结点, 即非零元素的位置和值。

```
class LSparseMatrix{
private:
    LinkedTriple * * _rowLink;
    int _ rows, _ cols;
public:
    //建立三元组表示
    LSparseMatrix(int nRows, int nCols, const int * mat) {
        _ rows =nRows; _ cols = nCols;
        _ rowLink =new LinkedTriple *[_ rows];
```

```
    LinkedTriple *p, *q;
    int * pmat = (int *)mat; int v;
    for (int i = 0; i < _rows; i++) {
        p = _rowLink[i] = nullptr;
        for (int j = 0; j < _cols; j++) {
            v = *pmat++;
            if (v ! = 0) {
                q =new LinkedTriple(j, v);
                if (p = = nullptr)
                    _rowLink[i] = q;
                else
                    p->next = q;
                p = q;
            }
        }
    }
}

//deconstructor. 析构函数
~LSparseMatrix() {
    for (int i = 0; i < _rows; i++){
        ::dispose(_rowLink[i]);
    }
    delete []_rowLink;
}
//释放由 first 开始的链表
void dispose(LinkedTriple * first) {
    LinkedTriple * q = first, *p;
    while (q ! = nullptr) {
        p = q; q = q->next;
        delete p;
    }
}
int Rows() const { return _rows; }
```

```cpp
        int Cols() const { return _cols; }
        void show() {
            LinkedTriple * p;
            cout << _rows << "x" << _cols << " 稀疏矩阵行的单链表示:";
            cout << " (列下标, 值)\n";
            for (int i = 0; i < _rows; i++) {
                cout << "Row Triples[" << i << "] = ";
                p = _rowLink[i];
                while (p! =nullptr) {
                    cout <<"(c:"<<p->column<<", v:"<<p->data<<")";
                    p = p->next;
                }
                cout << "." << endl;
            }
        }
```

【例 8.3】 基于行单链的稀疏矩阵实现。

下面的程序调用 LSparseMatrix 类实现稀疏矩阵行的单链表示。

```cpp
#include <iostream>
#include "../dsa/LSparseMatrix.h"
using namespace std;
int main() { //LSparseMatrixTest.cpp
    int mat[][4] = { {1,0,0,0}, { 0,0,0,0}, {2,0,0,3}, {0,4,0,5} };
    LSparseMatrix lsm(4, 4, mat[0]); lsm.show();
    return 0;
}
```

程序运行结果如下：

```
4x4 稀疏矩阵行的单链表示: (列下标, 值)
Row Triples[0] = (c: 0, v: 1 ) .
Row Triples[1] = .
Row Triples[2] = (c: 0, v: 2 ) (c: 3, v: 3 ) .
Row Triples[3] = (c: 1, v: 4 ) (c: 3, v: 5 ) .
```

在基于行单链的稀疏矩阵的实现中，存取一个元素的时间复杂度为 $O(n)$，其中 n 为矩阵的列数。按行的单链表示的稀疏矩阵，每个结点可以很容易地找到行方向上的后继结点，但不能直接找到列方向上的后继结点。将行的单链表示和列的单链表示结合起来存储稀疏矩阵的十字链表示方法可以带来更大的灵活性。

8.3　广　义　表

8.3.1　广义表的概念及定义

线性表结构可以是简单的数组，也可以扩展为复杂的数据结构—广义表(general list)。广义表是 $n(n{\geqslant}0)$ 个数据元素 a_0，a_1，$\cdots$，a_{n-1} 组成的有限序列，记为：

$$\text{GeneralList} = \{a_0,\ a_1,\ \cdots,\ a_{n-1}\}$$

与普通线性表不同，这里的广义表在结构复杂性上可以进行扩展。元素 a_i 可以是称为原子的、不可再分的单元素，也可以是还可再分的线性表或广义表，这些可再分的元素称作子表。广义表所包含的数据元素的个数 n 称为广义表的长度，当 $n=0$ 时的广义表为空表。

广义表的元素或为原子或为子表，为了便于区分，在下面的描述中用小写字母表示原子，用大写字母表示表和子表。例如：

L1 = ( )：L1 为空表，长度为 0；

L2 = (L1) = (( ))：广义表 L2 包含一个子表元素 L1，L2 的长度为 1；

L = (1, 2)：常规线性表 L 包含两个(原子)元素，表的长度为 2；

T = (3, L) = (3, (1, 2))：广义表 T 包含(原子)元素 3 和子表元素 L，T 的长度为 2；

G = (4, L, T) = (4, (1, 2), (3, (1, 2)))：广义表 G 包含元素 4、子表 L 和 T，G 的长度为 3；

Z = (e, Z) = (e, (e, (e, (⋯))))：广义表 Z 包含元素 e 和子表 Z，Z 是一个递归表，最外层表的长度为 2。

在上面的例子中，L1，L2，L 和 Z 等分别是各广义表变量的名字，简称表名。在表示广义表时，可以将表名写在对应的括号前，这样既标明了每个表的名字，又说明了它的组成，于是在上面的示例中的各表又可以表示成：

L1( )，L2 (L1( ))，L(1, 2)，T(3, L (1, 2))，G(4, L(1, 2), T(3, L(1, 2)))，Z(e, Z (e, Z(e, Z(⋯))))

由上面的定义可见，广义表可以表示多层次的结构，它是用递归的方式进行定义的。广义表层次的深度即是广义表的深度。在前面的例子中，各个广义表的深度等于表中所含括号的层数。例如，表 L 的深度为 1，表 T 的深度为 2，表 G 的深度为 3。容易看出，空表的深度为 1，原子的深度为 0。

如果广义表的某个子表元素是其自身，如前面例子中的广义表 Z，则称该广义表为递归表。递归表的长度是有限值，深度却可能是无穷值。

8.3.2　广义表的特性和操作

1. 广义表的特性

(1)广义表可作为其他广义表的子表元素。例如在前面的例子中，广义表 L 分别是广义表 T 和 G 不同层次上的元素，我们称表 T 和 G 共享子表 L，共享可通过引用实现。在算法中，通过子表的引用，可以避免在母表中重复列出子表的值，这样就利用了广义表的共享特性，达到减少存储结构中的数据冗余和节约存储空间的目的。

(2)广义表是一种多层次的结构。广义表中的元素可以是广义子表，因此广义表可以表示线性表、树和图等多种基本的数据结构。树结构和图结构都是某种多层次的结构，有关它们的基本概念将在以后的章节中介绍，这里仅指出，当广义表的数据元素中包含子表时，该广义表就是一种多层次的结构。

如果限制广义表中成分的共享和递归，所得到的结构就是树结构，树中的叶结点对应广义表中的原子，非叶结点对应子表。例如，T(3, L (1, 2))表示一种树形的层次结构。

(3)广义表是一种广义的线性结构。广义表同一层次的数据元素之间有着固定的相对次序，是线性关系，如同普通线性表。线性表是广义表的特例，而广义表则是线性表的扩展，当广义表的数据元素全部是原子时，该广义表就是线性表。例如，广义表 L(1, 2)其实已简化为一个线性表。

(4)广义表可以递归。广义表中如果有共享或递归成分的子表，就会演变为图结构。

通常将与树结构对应的广义表称为纯表，将允许数据元素共享的广义表称为再入表，将允许递归的广义表成为递归表，它们之间的关系满足：

$$递归表 \supset 再入表 \supset 纯表 \supset 线性表$$

2. 广义表的操作

广义表具有弹性，用广义表的形式可以表示线性表、树和图等多种基本的数据结构，因此广义表的操作既包括与线性表、树和图等数据结构类似的基本操作，也包括一些特殊操作，主要有：

Initialize：初始化。建立一个广义表。

IsAtom：判别某数据元素是否为原子。

IsList：判别某数据元素是否为子表。

Insert：插入。在广义表中插入一个数据元素(原子或子表)。

Remove：删除。从广义表中删除一个数据元素(原子或子表)。

Equals：判别两个广义表是否相等。

Copy：复制。复制一个广义表。

8.3.3　广义表的图形表示

用广义表的形式可以表达线性表、树和图等基本的数据结构，这些数据结构可以分别与相应的有向图建立对应关系。在这种对应中，主表对应于树的根结点或图的起始结点，广义表中的各数据元素依次对应于与根结点相邻接的各结点，如果某个数据元素是原子，则对应的结点称为原子结点；如果某元素是子表，则可继续上述对应过程来处理，直到所有层次。广义表和有向图之间的这种对应关系构成了广义表的图形表示。

用广义表的形式表达线性表、树和图等基本的数据结构如图 8.2 所示。

  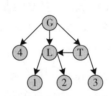

(a) 线性结构L(1, 2)　(b) 树结构: 纯表T(3, L(1, 2))　(c) 图结构: 再入表G(4, L(1,2), T(3,L(1,2)))　(d) 图结构: 递归表Z(e, Z)

图 8.2　广义表表示的多种结构对应的图形表示

在图 8.2 中可见线性表、树和图结构的若干特性：

(1)广义表 L(1，2)的数据元素全部是原子，元素对应的结点都是原子结点，该广义表为具有线性特性的线性表。

(2)广义表 T(3，L)的数据元素中有原子，也有子表，但表中不存在共享和递归成分，该广义表为具有树结构特性的纯表。原子元素用叶结点表示，子表用分枝结点表示。

(3)广义表 G(4，L，T)的数据元素中有子表，并且表中有共享成分，该广义表为具有图结构特性的再入表。

(4)广义表 Z(e，Z)的数据元素中有子表且有递归成分，该广义表为具有图结构特性的递归表。

8.3.4　广义表的存储结构

具有线性特性的普通线性表有顺序存储结构和链式存储结构两种实现方式,具有层次结构的广义表则通常采用链式存储结构。本章简要说明广义表链式存储结构的一般方法,有关树结构和图结构的存储表示的专门问题将在相关章节中讨论。

1. 基于单链表示的广义表

广义表可以用单向链表结构存储。单向广义链表的每个结点由如下 3 个域组成:

```
struct GSLinkedNode{
    bool isAtom;
    unsigned int data;
    GSLinkedNode * next;
    其他成员
}
```

域 isAtom 是一个标志域,表示数据元素(结点)是否为原子,当 isAtom 等于 true 时,表明当前结点为原子,data 存放当前原子结点的数据值;当 isAtom 等于 false 时,表明当前结点为子表,data 存放子表中第一个数据元素所对应结点的引用。next 成员存放指向与当前数据元素处于同层的下一个数据元素所对应结点的指针,当本数据元素是所在层的最后一个数据元素时,next 为 nullptr。用单链方式表示的再入表和递归表如图 8.3 所示。

当广义表中有共享成分时,被共享的结点只需出现一次,但可能被重复引用。例如,表 G 中有子表 L 和 T,而 T 中也有子表 L,所以在图中子表 L 的结点被引用了两次,表 G 是再入表。

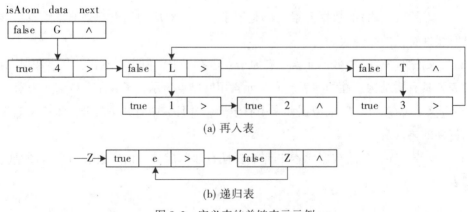

图 8.3　广义表的单链表示示例

2. 基于双链表示的广义表

广义表也可以用双向链表结构存储。双向广义链表的每个结点由如下 3 个域组成：

```
template <typename T> struct GDLinkedNode{
    T data; GDLinkedNode<T> * child, * next;
    其他成员 }
```

域 data 存放数据元素信息，域 child 是指向子表中第一个数据元素所对应结点的指针，next 则指向与本数据元素处于同层的下一个数据元素所对应的结点。当本数据元素是所在层的最后一个数据元素时，next 为 nullptr。如果域 child 为 nullptr，则表明本结点是原子结点。用双链方式表示的再入表和递归表如图 8.4 所示。

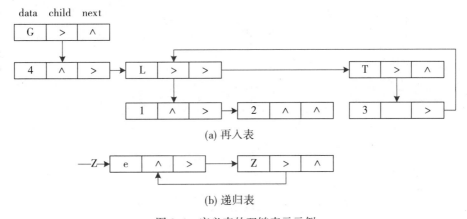

(a) 再入表

(b) 递归表

图 8.4　广义表的双链表示示例

习　题　8

8.1　在二维矩阵 Matrix 类中增加下列功能：

（1）两个矩阵相减，方法声明为：`void Substract(const Matrix& b);`

（2）两个矩阵相乘，方法声明为：`public void Multiply(const Matrix& b);`

8.2　在表示稀疏矩阵的三元组顺序存储结构 SSparseMatrix 类中，增加以下功能：

（1）稀疏矩阵的转置操作；

（2）两个稀疏矩阵相加；

（3）两个稀疏矩阵相乘。

8.3 在表示稀疏矩阵的三元组行单链 LSparseMatrix 类中，增加以下功能：

(1)稀疏矩阵的转置操作；

(2)两个稀疏矩阵相加；

(3)两个稀疏矩阵相乘。

8.4 定义用双链表示的广义表的结点类与广义表类。

第9章 树与二叉树

树结构是数据元素之间具有层次关系的非线性数据结构，这种层次关系类似于自然界中的树，树的树根、枝权和叶子分别对应于层次结构的起源、分支和分支终点。树结构可以分为无序树和有序树两种类型，有序树结构中最常用的是二叉树，其每个结点最多只有两个可分左右的子树。

本章介绍具有层次关系的树和二叉树数据结构的相关概念，重点讨论二叉树的定义、性质、存储结构和遍历操作及其算法实现，并介绍若干按指定条件构建二叉树的算法原理和实现，以及用二叉树表示通用树结构的基本方法。

本章在算法与数据结构库项目 dsa 中增加二叉树结点和二叉树数据结构模块，用名为 treetest 的应用程序型项目实现对二叉树结构的测试和演示程序。

9.1 树的定义与基本术语

现实世界中的很多对象之间具有层次关系，如家族成员、企业的组成部门、计算机的文件系统等。这种层次关系类似于自然界中的树，树的树根、枝权和叶子分别对应于层次结构的起源、分支和分支终点。Windows、Linux 等主流操作系统的文件系统就是一个树型的数据结构，根目录是文件(目录)树的根结点，子目录(文件夹)是树中的分支结点，文件则是树的叶子结点。这些客观对象的表现形式可能多种多样，但在其对象成员的关系上，都可以用树结构来抽象描述，一个用树结构描述的家谱如图 9.1 所示。在树结构中，除根结点没有前驱元素外，每个数据元素都只有一个前驱元素，但可以有零个或若干个后继元素。

9.1.1 树的定义和表示

树(tree)可以用递归形式来定义：树 T 是由 $n(n \geqslant 0)$ 个结点组成的有限集合，它或者是棵空树，或者包含一个根结点和零或若干棵互不相交的子树。

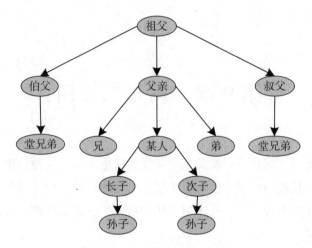

图 9.1   用树结构描述家谱

结点个数为零,即 $n=0$ 时称为空树;结点数 $n>0$ 时,树 T 由一个根结点和零或若干棵互不相交的子树构成。

一棵非空树 T 具有以下特点:

(1)树 T 有一个特殊的结点,它没有前驱结点,这个结点称为树的根结点(root)。

(2)当树的结点数 $n>1$ 时,根结点之外的其他结点可分为 $m(m \geqslant 1)$ 个互不相交的集合 T_1,T_2,…,T_m,其中每个集合 $T_i(1 \leqslant i \leqslant m)$ 具有与树 T 相同的树结构,称为子树(subtree)。每棵子树的根结点有且仅有一个直接前驱结点,但可以有零或多个直接后继结点。

图 9.2 显示了两种树的典型结构。在图 9.2(a)中,结点数 $n=1$,树中只有一个结点 A,它就是树的根结点。在图 9.2(b)中,结点数 $n=10$,A 为树的根结点,其他结点则分别在 A 的子树 T_1,T_2 和 T_3 中,其中 $T_1=\{B,C,D\}$,$T_2=\{E,F,G,F\}$,$T_3=\{I,J\}$,子树的根分别为 B,E 和 I,可见树中每个结点都是该树中某一棵子树的根。

树可以分为无序树(unorderd tree)与有序树(orderd tree)。在无序树中,结点的子树 T_1,T_2,…,T_m 之间没有次序关系。如果树中结点的子树 T_1,T_2,…,T_m 从左至右是有次序的,则称该树为有序树。通常所说的树结构指的是无序树。

若干棵互不相交的树的集合称为森林(forest)。给森林加上一个根结点就变成一棵树,而将树的根结点删除就变成由子树组成的森林。

树结构可以用如图 9.2 所示的树图形表示,这种图示法比较直观,但有时显得不方便。也可以用广义表的形式表示树结构。例如,图 9.2(b) 所示树的广义表表示形式为:A(B(C, D), E(F, G, H), I(J))。

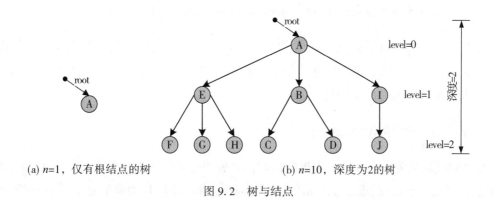

(a) n=1，仅有根结点的树　　　　　　(b) n=10，深度为2的树

图 9.2　树与结点

表示树结构的广义表没有共享和递归成分，是一种纯表。广义表中的原子对应于树的叶结点，广义表中的子表则对应于树的非叶结点。

9.1.2　树的基本术语

家谱可以用树结构来描述，而与树结构有关的一些基本术语也常用家族成员之间的关系来定义与说明。

1. 结点 (node)

结点表示树集合中的一个数据元素，例如，图 9.2(a) 表示一棵仅有 1 个结点的树，图 9.2(b) 表示一棵具有 10 个结点的树。树的结点一般由对应元素自身的数据和指向其子结点的指针构成。

2. 子结点 (child node) 与父结点 parent node)

若某结点 N 有子树，则子树的根结点称为结点 N 的子结点，又称孩子或子女结点。与子结点对应，结点 N 称为其子结点的父结点，又称父母或双亲结点。在一棵树中，根结点没有父结点，其他结点都有且只有一个父结点，但可以有零个或若干个子结点。例如在图 9.2(b) 中，结点 B、E、I 是结点 A 的子树的根，所以结点 A 的子结点包括结点 B、E、I，结点 A 是这些结点的父结点。结点 A 作为整个树的根结点，它没有父结点。

3. 兄弟结点 (sibling node)

同一个父结点的子结点之间是兄弟关系，它们互称为兄弟结点。例如，结点 B、E、I 是兄弟，结点 C 和 D 也是兄弟，但结点 F 和 C 不是兄弟结点。

4. 祖先结点与后代结点(ancestor node 与 descendant node)

树中结点 N 的所有子结点,以及子结点的子结点构成结点 N 的后代结点;而从根结点到结点 N 所经过的所有结点,称作结点 N 的祖先结点。例如,结点 B 和 A 是 C 的祖先结点,结点 H 和 J 等则是 A 的后代结点。

5. 结点的度和树的度(degree)

结点的度定义为结点所拥有子树的棵数,而树的度是指树中各结点度的最大值。例如图 9.2(b)中,结点 A 的度是 3,结点 B 的度是 2,结点 C 和 D 的度都是 0,整个树的度为 3。

6. 叶子结点与分支结点(leaf node 与 branched node)

度为 0 的结点称为叶子结点,又称为终端结点。除叶子结点以外的其他结点称为分支结点,又称为非叶子结点或非终端结点。例如,结点 C 和 D 是叶子结点,B、E 和 I 是非叶子结点。

7. 边(edge)

如果结点 M 是结点 N 的父结点,用一条线将这两个结点连接起来就构成树的一条分支,它称为连接这两个结点的边,该边可以用一个有序对<M, N>表示。例如在图 9.2(b)中,<A, B>和<B, C>都是树的边。

8. 路径与路径长度(path 与 path length)

如果(N_1, N_2, ⋯, N_k)是由树中的结点组成的一个序列,且<N_i, N_{i+1}>($1 \leqslant i \leqslant k-1$)都是树的边,则该序列称为从 N_1 到 N_k 的一条路径。路径上边的数目称为该路径的长度。例如,从 A 到 C 的路径是(A, B, C),该路径的长度为 2。

9. 结点的层次(level)和树的深度(depth)

如果根结点的层次定义为 0,它的子结点的层次则为 1,亦即,某结点的层次等于它的父结点的层次加 1,兄弟结点的层次相同。某结点的层次与从根结点到该结点的路径长度有关,树中结点的最大层次数称为树的深度(depth)或高度(height)。例如在图 9.2(b)中,A 的层次为 0,B 的层次为 1,C 的层次为 2。C、F 虽不是兄弟结点,但它们的层次相同,称为同一层上的结点;该树的深度为 2。

9.1.3 树的基本操作

树结构的基本操作有以下几种：

Initialize：初始化。建立一个树实例并初始化它的结点集合和边的集合。

AddNode /AddNodes：在树中设置、添加一个或若干个结点。

Get/Set：访问。获取或设置树中的指定结点。

Count：求树的结点个数。

AddEdge：在树中设置、添加边，即结点之间的关联。

Remove：删除。从树中删除一个数据结点及相关联的边。

Contains/IndexOf：查找。在树中查找满足某种条件的结点(数据元素)。

Traversal：遍历。按某种次序访问树中的所有结点，并且每个结点恰好访问一次。

Copy：复制。复制一个树。

9.2　二叉树的定义与实现

树结构可以分为无序树和有序树两种类型，有序树中最常用的是二叉树(binary tree)，二叉树易于在计算机中表示和实现。

9.2.1　二叉树的定义

二叉树可以用递归形式来定义：二叉树 BT 是由 $n(n \geqslant 0)$ 个结点组成的有限集合，它或者是棵空二叉树，或者包含一个根结点和两棵互不相交的子二叉树，子二叉树从左至右是有次序的，分别称为左子树和右子树。结点个数为零，即当 $n=0$ 时称为空二叉树；当结点数 $n>0$ 时，二叉树非空，由根结点及其两棵子二叉树构成。

从定义中可以看出，二叉树是一种特殊的树结构，树结构中定义的有关术语，如度、层次等，大都适用于二叉树。二叉树的结点最多只有两棵子树，所以二叉树的度最大为 2。但是，即使二叉树的度为 2，它与度为 2 的树在结构上也是不等价的，它们的区别在于：二叉树是一种有序树，因为二叉树中每个结点的两棵子树有左、右之分，即使只有一个非空子树，也要区分是左子树还是右子树，而普通的树结构指的是无序树。例如图 9.3 中的两棵树，如果看成是一般的树结构，则图 (a) 和图 (b) 表示同一棵树；如果看成是二叉树结构，则图 (a) 和图 (b) 表示两棵不同的二叉树。

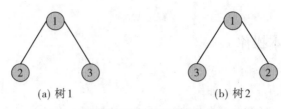

(a) 树1　　　　　　　　　　　(b) 树2

图 9.3　不同的二叉树与相同的度为 2 的树

由上述定义可知，二叉树有五种基本形态，如图 9.4 所示。图(a)表示空二叉树；图(b)表示只有一个结点(根结点)的二叉树；图(c)表示由根结点，非空的左子树和空的右子树组成的二叉树；图(d)表示由根结点，空的左子树和非空的右子树组成的二叉树；图(e)表示由根结点，非空的左子树和非空的右子树组成的二叉树。

其中，图 9.4(c)(d)是两种不同形态的二叉树。

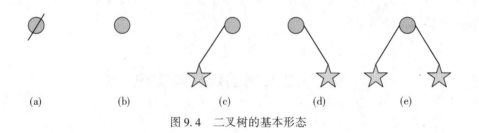

(a)　　　　　(b)　　　　　(c)　　　　　(d)　　　　　(e)

图 9.4　二叉树的基本形态

【**例 9.1**】　画出有 3 个结点的树与二叉树的不同基本形态。

3 个结点的树只有如图 9.5(a)所示的两种基本形态；3 个结点的二叉树则可以有如图 9.5(b)所示的 5 种基本形态。

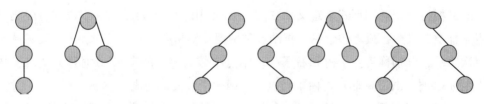

(a) 3个结点的树的2种基本形态　　　　　　(b) 3个结点的二叉树的5种基本形态

图 9.5　3 个结点的树与二叉树的基本形态

9.2.2　二叉树的性质

性质一：二叉树第 i 层的结点数目最多为 $2^i(i \geqslant 0)$。

这里，根结点的层次定义为 0，某结点的层次等于它的父结点的层次加 1。用归纳法容易证明这条性质。

当 $i=0$ 时，根结点是 0 层上的唯一结点，故该层结点数为 $2^i = 2^0 = 1$，命题成立。

假设命题对前 $i-1(i \geq 1)$ 层成立，即第 $i-1$ 层上的最大结点数为 2^{i-1}。

归纳推理：根据假设，第 $i-1$ 层上的最大结点数为 2^{i-1}；由于二叉树中每个结点的度最大为 2，故第 i 层上的最大结点数为 $2 \times 2^{i-1} = 2^i$。命题成立。

性质二：在深度为 k 的二叉树中，最多有 $2^{k+1}-1$ 个结点$(k \geq 0)$。

由性质一可知，在深度为 k 的二叉树中，最大结点数为 $\sum_{i=0}^{k} 2^i = 2^{k+1} - 1$。

每一层的结点数目都达到最大值的二叉树称为满二叉树(full binary tree)。从定义可知，一棵深度为 $k(k \geq 0)$ 的满二叉树具有 $2^{k+1}-1$ 个结点。

性质三：二叉树中，若叶子结点数为 n_0，2 度结点的数目为 n_2，则有 $n_0 = n_2 + 1$。

设二叉树的总结点数为 n，度为 1 的结点数为 n_1，则有

$$n = n_0 + n_1 + n_2$$

根结点不是任何结点的子结点，其他结点则会是某个结点的子结点，度为 1 的结点有 1 个子结点，度为 2 的结点有 2 个子结点，叶子结点没有子结点，所以从二叉树的子结点数目的角度看，有以下关系：

$$n - 1 = 0 \times n_0 + 1 \times n_1 + 2 \times n_2$$

综合上述两式，可得 $n_0 = n_2 + 1$，即二叉树中叶子结点数比度为 2 的结点数多 1。

性质四：如果一棵完全二叉树有 n 个结点，则其深度 $k = \lfloor \log_2 n \rfloor$。

如前所述，深度为 k 的满二叉树具有 $2^{k+1}-1(k \geq 0)$ 个结点，我们可以对满二叉树的结点进行连续编号，并约定编号从根结点开始，自上而下，每层自左至右。一颗结点有编号的满二叉树如图 9.6(a)所示。

一棵具有 n 个结点、深度为 k 的二叉树，如果它的每个结点按自上而下、自左至右的顺序编号，并且与深度为 k 的满二叉树中编号为 $0 \sim n-1$ 的结点一一对应，则称这棵二叉树为完全二叉树(complete binary tree)，如图 9.6(b)所示。

由定义可知，完全二叉树与满二叉树有相似的结构，两者之间具有下列关系：

(1)满二叉树一定是完全二叉树，而完全二叉树不一定是满二叉树，它是具有满二叉树结构而不一定满的二叉树。完全二叉树只有最下面一层可以不满，其上各层都可看成满二叉树。

(2)完全二叉树最下面一层的结点都集中在该层最左边的若干位置上，图 9.6(c)就不是一棵完全二叉树。

(3)完全二叉树至多只有最下面两层结点的度可以小于 2。

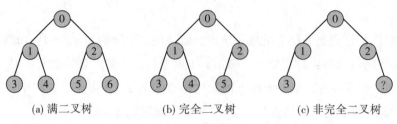

(a) 满二叉树　　　　　(b) 完全二叉树　　　　(c) 非完全二叉树

图 9.6　满二叉树与完全二叉树

性质五：若将一棵具有 n 个结点的完全二叉树的所有结点按自上而下、自左至右的顺序编号，结点编号 i 的取值范围为($0 \leq i \leq n-1$)，结点编号存在下列规律：

（1）若 $i=0$，则结点 i 为根结点，无父结点；若 $i \neq 0$，则结点 i 的父结点是编号为 $j = \left\lfloor \dfrac{i-1}{2} \right\rfloor$ 的结点。

（2）若 $2i+1 \leq n-1$，则结点 i 的左子结点是编号为 $2i+1$ 的结点；若 $2i+1 > n-1$，则结点 i 无左子结点。

（3）若 $2i+2 \leq n-1$，则结点 i 的右子结点是编号为 $2i+2$ 的结点；若 $2i+2 > n-1$，则结点 i 无右子结点。

9.2.3　二叉树的存储结构

在计算机中表示二叉树数据结构，可以用顺序存储结构和链式存储结构两种方式。二叉树结构具有层次关系，用链式存储结构来实现会更加灵活方便，所以一般情况下，采用链式存储结构来实现二叉树数据结构，顺序存储结构则适用于完全二叉树。

1. 二叉树的顺序存储结构

完全二叉树可以用顺序存储结构实现，即将完全二叉树的所有结点按顺序存放在一个数组中。将完全二叉树的结点进行顺序编号，并将编号为 i 的结点存放在数组中下标为 i 的单元中。根据二叉树的性质五，对于结点 i，如果有父结点、子结点，可以直接计算得到其父结点、左子结点和右子结点的位置。在图 9.7 中，一个完全二叉树的所有结点按顺序存放在一个数组中。

2. 二叉树的链式存储结构

为了以链式存储结构实现二叉树，在逻辑上，二叉树的结点应有 3 个域：

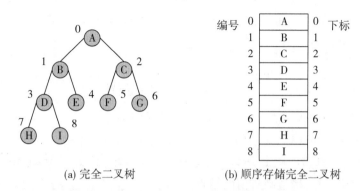

(a) 完全二叉树   (b) 顺序存储完全二叉树

图 9.7 顺序存储结构的完全二叉树

数据域 data：表示结点的数据元素自身的内容；

左链域 left：指向该结点的左子结点；

右链域 right：指向该结点的右子结点。

二叉树的表示则需记录其根结点 root，若二叉树为空，则 root 置为 nullptr。二叉树中某结点的左子结点也代表该结点的左子二叉树，同理，该结点的右子结点代表它的右子二叉树。若结点的左子树为空，则其 left 链置为空值，即 left＝nullptr；若结点的右子树为空，则其 right 链置为空值。图 9.8 显示了一颗二叉树的链式存储结构。

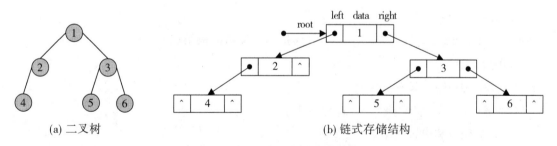

(a) 二叉树   (b) 链式存储结构

图 9.8 二叉树的链式存储结构

9.2.4 二叉树类的定义

1. 二叉树结点类型的定义

为实现二叉树的链式存储结构，设计名为 BTNode 的模板结构来表示二叉树的结点类型，该结构有 3 个成员变量：数据域 data 表示结点的数据元素内容，链域 left 和 right 则分别指向左子结点和右子结点。结点结构的构造函数在创建一个结点时将它的数据域 data 初始化为缺省值或指定的值，而将链域 left 和 right 置为 nullptr。

```
template <typename T> struct BTNode {
    T data;                  //存放结点值
    BTNode<T>* left;         //指向左子结点的指针
    BTNode<T>* right;        //指向右子结点的指针
    //构造函数,构造值为 k 的结点
    BTNode(const T& k): data(k), left(nullptr), right(nullptr) {}
    //缺省构造函数,构造缺省值的结点
    BTNode(): data{}, left(nullptr), right(nullptr) {}
    //析构函数
    ~BTNode() {}
    ……};
```

2. 二叉树类

链式存储结构的二叉树用下面定义的 BTree 模板类表示，它的成员变量_root 用来指向二叉树的根结点。

```
template <typename T>
class BTree {
protected:
    BTNode<T>* _root;        //指向二叉树的根结点
public:
    //构造空二叉树
    BTree(): _root(nullptr) {    }
    //获取和设置根结点
    const BTNode<T>* root() const {return _root;}
    BTNode<T>*& root() {return _root;}
    void dispose() {
        if (_root != nullptr) {dispose(_root);_root = nullptr;}
    }
    void dispose(BTNode<T>* p) {
    if (p != nullptr) {
        dispose(p->left);dispose(p->right);
```

```
        delete p;
      }
  }
……};
```

上面设计的 BTree 模板类的实现文件和头文件分别命名为 BTree. cpp 和 BTree. h，BTNode 模板结构的源文件则是 BTNode. cpp 和 BTNode. h，这两个类型(结构或类)分别作为独立模块添加到 dsa 算法与数据结构库项目。二叉树结点结构和二叉树类都设计为泛型，利用类型参数将结点数据类型的指定推迟到声明并实例化模板及其对象的时候。

一般而言，二叉树对象的构建条件和过程相对于线性结构要复杂一些，构造函数没有进行构建树及其结点的工作，而是仅仅用成员变量_root 记录根结点，因而析构函数也无需承担销毁树结点的工作，甚至可以不编写析构函数，或仅是给一个空函数体。9.4 节将讨论二叉树的构建算法，并在若干独立函数中完成树及其结点的构造过程。上面的 dispose ( )成员函数用来销毁二叉树实例中的结点(包括根结点在内的所有结点)，客户端通过调用 dispose( )撤销整个二叉树对象各结点占用的内存资源。成员函数 dispose( )的实现中给出的是递归方式后根次序释放结点资源的解决方案，后根次序是必要的，使用递归方式则是为了使代码简洁易懂。为了提高运行效率，可以考虑非递归的实现方式，下一节将讨论二叉树的遍历算法思想和实现技术。

9.3　二叉树的遍历

9.3.1　二叉树遍历的过程

二叉树的遍历(traversal)操作就是按照一定规则和次序访问二叉树中的所有结点，并且每个结点仅被访问一次。通过一次完整的遍历操作，即可按照指定的规则对二叉树中的所有结点形成一种线性次序的序列。所谓访问一个结点，可以是对该结点的数据元素进行探测、修改等操作。

二叉树的遍历过程，可以按层次的高低次序进行，即从根结点开始，逐层深入，同层从左至右依次访问结点。

二叉树是由根结点、左子树和右子树三个部分组成的，依次遍历这三个部分，便是遍历整个二叉树。若规定对子树的访问按"先左后右"的次序进行，则遍历二叉树有 3 种次序：

先根次序：访问根结点，遍历左子树，遍历右子树。

中根次序：遍历左子树，访问根结点，遍历右子树。

后根次序：遍历左子树，遍历右子树，访问根结点。

图 9.9 中显示了对二叉树进行 3 种不同次序遍历所产生的序列。以先根次序遍历二叉树为例，遍历过程如下：

若二叉树为空，则该操作为空操作，直接返回；否则从根结点开始：

(1)访问当前结点。

(2)若当前结点的左子树不空，则沿着 left 链进入该结点的左子树进行遍历操作。

(3)若当前结点的右子树不空，则沿着 right 链进入该结点的右子树进行遍历操作。

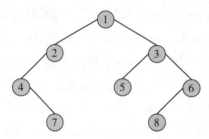

(1) 先根次序遍历序列：1 2 4 7 3 5 6 8
(2) 中根次序遍历序列：4 7 2 1 5 3 8 6
(3) 后根次序遍历序列：7 4 2 5 8 6 3 1

图 9.9　二叉树的遍历

依据二叉树的遍历规则，可以知道：根结点处在先根次序遍历序列的第一个位置，因为它是最先被访问的；而在后根次序遍历序列中，根结点是最后被访问的结点，所以根结点处在后根序列的最后一个位置；在中根次序遍历序列中，其左子树上的结点都排在根结点的前面，其右子树上的结点都排在根结点的后面。所以，先根次序或后根次序遍历序列能反映双亲与孩子结点的层次关系，中根次序遍历序列能反映兄弟结点间的左右次序。

9.3.2　二叉树遍历的递归算法

1. 先根次序遍历二叉树的递归算法

按先根次序遍历一颗二叉树的递归算法如下：

若二叉树为空，则该操作为空操作，直接返回；否则从根结点开始：

(1)访问当前结点；

(2)按先根次序遍历当前结点的左子树；

(3)按先根次序遍历当前结点的右子树。

在二叉树结点 BTNode 结构中，增加按先根次序遍历以某结点为根的二叉树的递归方法，编码如下所示。该类中定义的 showPreOrder 函数在控制台显示按先根次序遍历二叉树得到的结点序列的值，而 traversalPreOrder 方法更一般化，它将各结点的值按先根次序存放在一个线性表中。

```
//输出本结点为根结点的二叉树, 先根次序
void showPreOrder() {
    cout << this->data << " ";
    BTNode<T>* q = this->left;
    if (q! = nullptr)
        q->showPreOrder();
    q = this->right;
    if (q! = nullptr)
        q->showPreOrder();
}
```

```
//先根次序遍历以本结点为根结点的二叉树, 将各结点的值存放在表 sql 中
void traversalPreOrder(vector<T>& sql) {
    sql.push_back(this->data);
    BTNode<T>* q = this->left;
    if (q! = nullptr)
        q->traversalPreOrder(sql);
    q = this->right;
    if (q! = nullptr)
        q->traversalPreOrder(sql);
}
```

2. 中根次序遍历二叉树的递归算法

按中根次序遍历一颗二叉树的递归算法如下：

若二叉树为空，则遍历操作为空操作，直接返回；否则从根结点开始：

(1)按中根次序遍历当前结点的左子树；

(2)访问当前结点；

(3)按中根次序遍历当前结点的右子树。

在二叉树结点结构 BTNod 中，增加按中根次序遍历以某结点为根的二叉树的递归方法，编码如下。该类的 showInOrder 方法在控制台显示按中根次序遍历二叉树得到的结点序列的值，而 traversalInOrder 方法更一般化，它将各结点的值按指定的次序存放在一个线

性表中。

```
void showInOrder() {
    BTNode<T>* q = this->left;
    if (q！= nullptr)q->showInOrder();
    cout << this->data << " ";
    q = this->right;
    if (q！= nullptr)q->showInOrder();
}
void traversalInOrder(vector<T>& sql) {
    BTNode<T>* q = this->left;
    if (q！= nullptr)q->traversalInOrder(sql);
    sql.push_back(this->data);
    q = this->right;
    if (q！= nullptr)q->traversalInOrder(sql);
}
```

3. 按后根次序遍历二叉树的递归算法

按后根次序遍历一颗二叉树的递归算法如下：

若二叉树为空，则遍历操作为空操作，直接返回；否则从根结点开始：

(1)按后根次序遍历当前结点的左子树；

(2)按后根次序遍历当前结点的右子树；

(3)访问当前结点。

在二叉树结点结构 BTNod 中，增加按后根次序遍历以某结点为根的二叉树的递归方法，编码如下。该类的 showPostOrder 方法在控制台显示按后根次序遍历二叉树得到的结点序列的值，而 traversalPostOrder 方法更一般化，它将各结点的值按指定的次序存放在一个线性表中。

```
void showPostOrder() {
    BTNode<T>* q = this->left;
    if (q！= nullptr)
        q->showPostOrder();
    q = this->right;
    if (q！= nullptr)
        q->showPostOrder();
```

```
    cout << this->data << " ";
}
void traversalPostOrder(vector<T>& sql) {
    BTNode<T>* q = this->left;
    if (q! = nullptr)q->traversalPostOrder(sql);
    q = this->right;
    if (q! = nullptr)q->traversalPostOrder(sql);
    sql.push_back(this->data);
}
```

4. 从根结点遍历整个二叉树

在二叉树类 BTree 的定义中，增加如下的 6 个成员函数，每一对 show/traversal 函数，分别调用二叉树结点结构 BTNode 中实现的按相应次序遍历二叉树的递归函数，遍历从根结点开始的整个二叉树。

```
//先根次序遍历二叉树
void showPreOrder() {
    if (_root == nullptr)return;
    cout << "先根次序： ";
    _root->showPreOrder();
    cout << endl;
}
void traversalPreOrder(vector<T>& sql) {
    _root->traversalPreOrder(sql);
}
//中根次序遍历二叉树
void showInOrder() {
    if (_root == nullptr)return;
    cout << "中根次序： ";
    _root->showInOrder();
    cout << endl;
}
void traversalInOrder(vector<T>& sql) {
    _root->traversalInOrder(sql);
```

算法与数据结构(基于现代 C++的方法及实践)

```
    }
    //后根次序遍历二叉树
    void showPostOrder() {
        if (_root == nullptr)return;
        cout << "后根次序: ";
        _root->showPostOrder();
        cout << endl;
    }
    void traversalPostOrder(vector<T>& sql) {
        _root->traversalPostOrder(sql);
    }
```

【例 9.2】 按先根、中根和后根次序遍历二叉树。

程序 BinaryTreeTest. cpp 利用前面定义的 BTree 模板类,先建立如图 9.9 所示的二叉树实例,然后以先根、中根和后根次序遍历二叉树。程序还演示了 BTree 模板类的泛型能力,即在二叉树实例化时决定结点数据的类型。

```
#include "../dsa/BTree.h"
using namespace std;
int main() { //BinaryTreeTest.cpp
    BTree<int> btree;  BTNode<int> nodes[9]{0,1,2,3,4,5,6,7,8};
    btree.root() = nodes+1;
    nodes[1].left = nodes+2; nodes[1].right = nodes+3;
    nodes[2].left = nodes+4;
    nodes[3].left = nodes+5; nodes[3].right = nodes+6;
    nodes[4].right = nodes+7;nodes[6].left = nodes+8;
    btree.showPreOrder(); btree.showInOrder(); btree.showPost
Order();
    BTree<string> btree2;
    BTNode<string> nodes2[9]{{},BTNode<string>("大学"),BTNode
<string>("学院1"),
    BTNode<string>("学院2"), BTNode<string>("C++"), BTNode<string>
("教师1"),BTNode<string>("OS"),BTNode<string>("学生1"), BTNode<
string>("教师2")
    };
```

244

```
        btree2.root() = nodes2 + 1;
        nodes2[1].left = nodes2 + 2; nodes2[1].right = nodes2 + 3;
        nodes2[2].left = nodes2 + 4;
        nodes2[3].left = nodes2 + 5; nodes2[3].right = nodes2 + 6;
        nodes2[4].right = nodes2 + 7;nodes2[6].left = nodes2 + 8;
        btree2.showPreOrder(); btree2.showInOrder();
btree2.showPostOrder();
        return 0;
}
```

程序运行结果如下：

先根次序：1 2 4 7 3 5 6 8

中根次序：4 7 2 1 5 3 8 6

后根次序：7 4 2 5 8 6 3 1

先根次序：大学 学院 1 C++ 学生 1 学院 2 教师 1 OS 教师 2

中根次序：C++ 学生 1 学院 1 大学 教师 1 学院 2 教师 2 OS

后根次序：学生 1 C++ 学院 1 教师 1 教师 2 OS 学院 2 大学

上面以递归方式实现了二叉树的遍历操作，递归方式的思路直接清晰，但是算法的空间复杂度和时间复杂度，相比非递归方式增加了许多。

9.3.3　二叉树遍历的非递归算法

二叉树的遍历操作也可以用非递归方式实现，下面以中根次序遍历过程为例讨论二叉树遍历操作的非递归实现算法。以中根次序遍历二叉树的规则是：遍历左子树，访问根结点，遍历右子树。按照该规则，在每个结点处，先选择遍历左子树，当左子树遍历完成后，必须返回到该结点，对其进行访问，然后开始遍历右子树。但是二叉树中的任何结点均只包含指向子结点的链，而没有指向包括其父结点在内的其他结点的链。在中根次序遍历过程的非递归实现算法中，通过设定一个栈来暂存经过的路径。

二叉树中根次序遍历过程的非递归算法具体步骤描述如下：设置一个栈 s。设结点指针变量 p，初始指向二叉树的根结点。如果 p 不空或栈 s 不空时，循环执行以下操作，直到扫描完二叉树且栈为空。

（1）如果 p 不为空，表示扫描到一个结点，将当前结点指针 p 入栈，进入其左子树。

（2）如果 p 为空而栈 s 不空，表示已走过一条路径，此时必须返回一步以寻找另一条路径。而要返回的结点就是栈中记录的最后一个结点，它已保存在栈顶，所以设置 p 指向

从 *s* 出栈的结点，即置 *p* =s. top( )，访问 *p* 结点，然后进入 *p* 的右子树。

中序遍历非递归算法程序代码如下(定义在二叉树 BTree 类中)：

```
//非递归中根次序遍历二叉树
void showInOrderNR() {
    stack<BTNode<T> * > s;
    BTNode<T> * p = _ root;
    cout << "非递归中根次序：  ";
    while(p! =nullptr ||s.size()! = 0){   //p 非空或栈非空时
        if (p ! = nullptr) {
            s.push(p);                    // 当前结点指针 p 入栈
            p = p->left;                  //进入左子树
        }
        else {                            //p 为空而栈非空时
            p = s.top(); s.pop();         //出栈的结点由 p 指向
            cout << p->data << " ";       //访问结点
            p = p->right;                 //进入右子树
        }
    }
    cout << endl;
}
```

在上面的代码中，设计一个栈类对象 s，栈的元素类型是结点指针 BTNode<T> * 。对于如图 9.9 所示的二叉树，用非递归方式中根遍历时栈中内容的变化如图 9.10 所示，图中单元格的数字是相应结点的内容，而栈内的实际内容是结点的指针。

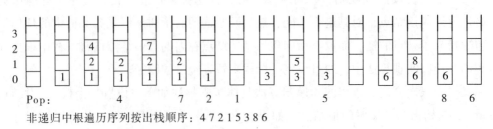

Pop: 4   7 2 1   5   8 6

非递归中根遍历序列按出栈顺序：4 7 2 1 5 3 8 6

图 9.10 非递归中根遍历二叉树时栈中内容的变化

在例 9.2 中增加对实现中根次序遍历非递归算法的方法的调用，即增加下列语句：

```
btree.showInOrderNR();
```

得到的结果与中根次序遍历的递归算法的结果是一样的。一般而言，非递归算法的时间和空间效率都要比相应的递归式算法高。

9.3.4　按层次遍历二叉树

二叉树也可以按结点的层次高低次序进行遍历，即从根结点开始，逐层深入，而在同一层次则从左至右依次访问各结点。如图9.9所示的二叉树，按层次遍历规则，首先访问根结点1，再访问根结点的孩子结点2和结点3，然后应该访问结点2的孩子结点4，再访问结点3的孩子5结点，依次类推，因此这颗二叉树的层次遍历序列为1,2,3,4,5,6,7,8。

在二叉树的链式存储结构中，每个结点中保存有指向其子结点的两条链，但没有指向除此外的其他结点的链，包括同层其他结点和下一层其他结点。所以在图9.9中，从根结点1可以到达结点2和结点3，而从结点3却无法到达下一层的结点4，从结点4也无法到达同层的结点5。要完成这些结点间的跳转，必须设立辅助的数据结构，用来指示下一个要访问的结点。如果结点2在结点3之前访问，则结点2的孩子结点均在结点3的孩子结点之前访问。因此，辅助结构应该选择具有"先进先出"特点的队列。

按层次遍历二叉树的算法具体过程描述如下：设置一个队列变量 q；设结点指针变量 p，初始指向二叉树的根结点。当 p 不为空时，循环顺序执行以下操作，直至 $p == $ nullptr 为真，循环停止：

(1)访问 p 结点；

(2)如果 p 的 left 链不空，将 p 结点的左链加入队列 q(入队操作 q. enqueue(p->left))；

(3)如果 p 的 right 链不空，将 p 结点的右链加入队列 q(入队操作 q. enqueue(p->right))；

(4)如果队列为非空，将队列 q 的队首赋值给 p，即设置 p 指向队首所指结点(即 p = q. front())，并且队首出队，否则置 p 为 nullptr。

按层次遍历二叉树算法的程序代码如下：

```
//按层次遍历二叉树
void showByLevel() {
    BTNode<T> * p = _root;
    QueueSP<BTNode<T> * > q;              //设立一个空队列
    cout << "层次遍历： ";
    while (p ! = nullptr) {
        cout << p->data << " ";
        if (p->left ! = nullptr)
```

```
        q.enqueue(p->left);              //p 的左链入队
    if (p->right ！ = nullptr)
        q.enqueue(p->right);             //p 的右链入队
    if (q.size() ！ = 0){
        p=q.front(); q.dequeue();        //队首赋值给 p,且出队
    }
    else
        p = nullptr;
    }
    cout << endl;
}
```

在该代码中,设计了一个队列 q,队列元素类型是结点指针 BTNode<T> ∗。对于如图 9.9 所示的二叉树,按层次遍历二叉树时,队列状态的变化如图 9.11 所示。图中单元格的数字是相应结点的内容,而队列内的实际内容是结点的指针。

在例 9.2 中增加对实现层次遍历二叉树算法的方法的调用,即增加下列语句:

btree. showByLevel();

运行结果如下:

　　按层次遍历： 1 2 3 4 5 6 7 8

Dequeue	2	3					
2		3					
		3	4				
3			4				
			4	5	6		
4				5	6		
				5	6	7	
5					6	7	
6						7	
						7	8
7							8
8							

按层次遍历序列=根+出队序列,即：12345678

图 9.11　按层次遍历二叉树时队列内容的变化

248

9.4　构建二叉树

给定一定的条件，可以唯一地建立一个二叉树实例。例如对于完全二叉树，如果各结点的元素值按顺序存储在一个数组中，则可以利用二叉树的性质五，唯一地建立链式存储结构来表示这颗二叉树。

一般情况下，由于二叉树是数据元素之间具有层次关系的非线性结构，而且二叉树中每个结点的两个子树有左右之分，这样就要求，必须满足以下两个条件，才能明确地建立一棵二叉树：

（1）结点与其父结点及子结点间的层次关系是明确的；

（2）兄弟结点间的左右顺序关系是明确的。

二叉树可以用广义表形式来表示，但广义表形式有时不能唯一表示一棵二叉树，原因在于它无法明确左右子树。可以定义一种特殊形式的广义表表示式来唯一描述二叉树，例如在二叉树的广义表表示式中既标明非空子树，也清楚地标明空子树，按照这样一种特殊的广义表表示式，可以唯一地建立一棵二叉树。

对于给定的一棵二叉树，遍历产生的先根、中根、后根序列是唯一的；反之，已知二叉树的一种遍历序列，并不能唯一确定一棵二叉树，因为单个遍历序列仅是二叉树结构在某种条件下映射成的线性序列。先根次序或后根次序反映双亲与孩子结点间的层次关系，中根次序反映兄弟结点间的左右次序。所以，已知先根和中根两种遍历序列，或中根和后根两种遍历序列才能够唯一确定一棵二叉树，而已知先根和后根两种遍历序列仍无法唯一确定一棵二叉树。

9.4.1　建立链式存储结构的完全二叉树

对于一棵其结点值已经顺序存储在一个数组中的完全二叉树（如图 9.7 所示），由二叉树的性质五可知，第 0 个结点为根结点，第 i 个结点的左子结点或为第 $2i+1$ 个结点，或为空结点，它的右子结点或为第 $2i+2$ 个结点，或为空结点。

在二叉树模块的头文件 BTree. h 中，增加全局模板函数 byArray，它的参数 pt 为指针类型，用以表示顺序存储的完全二叉树结点值的序列。程序如下：

```
template <typename T>
void byArray(const T * pt, int cnt, BTree<T> * bt) {
    int n = cnt;
```

```
    if (n == 0) bt->root() = nullptr;
    int i, j;
    BTNode<T>* *q = new BTNode<T>*[n];
    for (i = 0; i < n; i++) {
        q[i] = new BTNode<T>(pt[i]);      //为编号为 i 的值创建结点
    }
    for (i = 0; i < n; i++) {
        j = 2 * i + 1;
        if (j < n) q[i]->left = q[j];
        else q[i]->left = nullptr;
        j++;
        if (j < n)q[i]->right = q[j];
        else q[i]->right = nullptr;
    }
    bt->root() = q[0];
}
```

【例 9.3】 根据给定数组建立链式存储结构的完全二叉树。

程序 ByArrayTest. cs 建立链式存储结构的完全二叉树。

```
#include <iostream>
#include <string>
#include "../dsa/BTree.h"
using namespace std;
int main() { //ByArrayTest.cpp
    const int CNT = 8; int it[CNT] = { 0,1,2,3,4,5,6,7 };
    BTree<int> btree; byArray(it, CNT, &btree);
    btree.showPreOrder(); btree.showInOrder();
    btree.showPostOrder(); btree.showByLevel();
    btree.dispose();
    char ct[CNT] = { 'A', 'B', 'C', 'D', 'E', 'F', 'G', 'H' };
    BTree<char> btree2;
    byArray(ct, CNT, &btree2);
    btree2.showPreOrder();btree2.showInOrder();
    btree2.showPostOrder(); btree2.showByLevel();
```

```
btree2.dispose();return 0;
}
```

函数 main 在退出前调用二叉树的成员函数 dispose( )撤销整个二叉树对象各结点占用的内存资源。程序建立如图 9.7 所示的完全二叉树，它的运行结果如下：

先根次序：0 1 3 7 4 2 5 6　　　　中根次序：7 3 1 4 0 5 2 6

后根次序：7 3 4 1 5 6 2 0　　　　层次遍历：0 1 2 3 4 5 6 7

先根次序：A B D H E C F G　　　　中根次序：H D B E A F C G

后根次序：H D E B F G C A　　　　层次遍历：A B C D E F G H

9.4.2　根据广义表表示式建立二叉树

第 8 章介绍过以广义表形式可以表示树结构，但广义表形式有时不能唯一表示一棵二叉树，原因在于它无法明确左右子树。例如，广义表 A(B)没有表达出结点 B 是结点 A 的左子结点还是右子结点，因而 A(B)表达式可以对应两棵二叉树。为了唯一地表示一棵二叉树，必须重新定义广义表的形式。

在广义表表示式中，除数据元素外还需要定义以下 4 个边界符号：

(1)空子树符 NullSubtreeFlag，如可用"^"表示，以明确标明非叶子结点的空子树。

(2)左界符(起始界符)LeftDelimitFlag，如常用"("表示，以标明下一层次的左(起始)边界；

(3)右界符(结束界符)RightDelimitFlag，如常用")"表示，以标明下一层次的右(结束)边界。

(4)中界符 MiddleDelimitFlag，如常用"，"，以标明某一层次的左右子树的分界。

这样，如图 9.9 所示的二叉树用广义表形式就可以表示为：1(2(4(^，7)，^)，3(5，6(8，^)))。反之，给定一棵二叉树的广义表表示式，则能够唯一确定一棵二叉树。

根据给定的广义表表示式建立二叉树的算法描述如下：

依次读取二叉树的广义表表示序列中的每个符号元素，检查其内容，如果：

①遇到有效数据值，则建立一个二叉树结点对象；扫描到下一元素，如果：

● 它为 LeftDelimitFlag，则这个 LeftDelimitFlag 和下一个 RightDelimitFlag 之间是该结点的左子树与右子树，递归调用建树算法，分别建立左、右子树，返回结点对象；

● 没有遇到 LeftDelimitFlag，则表示该结点是叶子结点。

②遇到 NullSubtreeFlag，表示空子树，返回 nullptr 值。

在二叉树模块的头文件 BTree.h 中，增加结构 ListFlags 的定义，代码如下：

```
template <typename T> struct ListFlags {
```

```
    T NullSubtreeFlag;    T LeftDelimitFlag;
    T RightDelimitFlag;   T MiddleDelimitFlag;
};
static int idx = 0;          //定义静态递归变量
static void * pListFlags = nullptr;
```

增加全局模板函数 byGList,其第一个参数表示顺序存储的广义表表示式,第二个参数表示广义表的长度,第三个参数是指向所构建的二叉树对象的指针,第四个参数定义表示式中所用的分界符。程序如下:

```
template <typename T>
void byGList(T * sList, int cnt, BTree<T>* bt,
             const ListFlags<T>* pCustomListFlags = nullptr){
    idx = 0;     //初始化递归变量
    ListFlags<T> DefaultFlags{ '^', '(', ')', ',' };
    if (cnt > 0) {
        ListFlags<T>* p;
        if (pCustomListFlags ! = nullptr)
           p = (ListFlags<T>*)pCustomListFlags;
        else p = &DefaultFlags;
        pListFlags = p;        //全局静态指针变量 pListFlags 记录界符结构
        bt->root() = rootByGList(sList);
    }
    else
        bt->root() = nullptr;
    return;
}

template <typename T>
bool isData(const T& nodeValue, const ListFlags<T>* pFlags) {
    if (nodeValue == pFlags->NullSubtreeFlag) return false;
    if (nodeValue == pFlags->LeftDelimitFlag )return false;
    if (nodeValue == pFlags->RightDelimitFlag)return false;
    if (nodeValue == pFlags->MiddleDelimitFlag)return false;
    else return true;
}
```

```
template <typename T>
BTNode<T> * rootByGList(T * sList){
    BTNode<T> * p = nullptr;
    T nodeData = sList[idx];                   //序列当前元素的值
    ListFlags<T> * pFlags = (ListFlags<T> * )pListFlags;
    if (isData(nodeData, pFlags)) {
        p = new BTNode<T>(nodeData);           //有效数据,建立结点
        idx++;
        nodeData = sList[idx];
        if (nodeData = = pFlags->LeftDelimitFlag) {
            idx++;                             //左边界,如 '(',跳过
            p->left = rootByGList(sList);   //建立左子树,递归
            idx++;                             //跳过中界符,如 ','
            p->right = rootByGList(sList);  //建立右子树,递归
            idx++;                             //跳过右边界,如 ')'
        }
    }
    if (nodeData = =pFlags->NullSubtreeFlag)
        idx++;       //空子树符,跳过,返回 nullptr
    return p;
}
```

在 byGList 函数中定义的 ListFlags 结构类型变量 DefaultFlags 用来记录广义表所用的缺省分界符，调用方如果要使用其他的分界符，可以作为最后一个参数传入 byGList 函数。建树过程主要由递归函数 rootByGList( )完成，其中依靠静态变量 idx 记录递归处理广义表表达式的当前位置，而静态指针变量 pListFlags 则记录所使用的界符结构。

【例 9.4】　根据给定的广义表表示式来建立一棵二叉树。

下面的程序通过提供一个广义表表示式来建立一棵二叉树。

```
int main( ) { //ByGListTest.cpp
    ListFlags<char> flags{'ˆ', '(', ')', ','};
    string s = "A(B(D(ˆ,G),ˆ),C(E,F(H,ˆ)))";
    cout<< "Generalized List: " << s << endl;
    BTree<char> btree;
    byGList((char * )s.data(),s.length(), &btree);
```

```
//byGList((char*)s.data(),s.length(),&btree,&flags);
btree.showPreOrder(); btree.showInOrder();
btree.dispose();return 0;
}
```

该程序演示根据广义表表示式来建立二叉树的算法应用,对广义表表示式的表示和解译采用了简化方式,只适合结点值为单字符的情况。程序建立如图 9.9 所示的二叉树实例,它的运行结果如下:

```
Generalized List:A(B(D(^,G),^),C(E,F(H,^)))
先根次序:A B D 7 C E F H
中根次序:D G B A E C H F
```

9.4.3 根据先根和中根次序遍历序列建立二叉树

已知二叉树的一种遍历序列,并不能唯一确定一棵二叉树。如果已知二叉树的先根和中根两种遍历序列,或中根和后根两种遍历序列,则可唯一地确定一棵二叉树。

设二叉树的先根及中根次序遍历序列分别存储在线性表或数组 preList 和 inList 中,建立二叉树的算法描述如下:

(1)确定根元素。由先根次序遍历序列知,二叉树的根结点的值为 rootData = preList[0]。然后按值查找它在中根次序遍历序列 inList 中的位置 k:

int k = 0; while (k < n && inList[k] ! = rootData) k++;

(2)确定根的左子树的相关序列。由中根次序知,根结点 inList[k]之前的结点在根的左子树上,根结点 inList[k]之后的结点在根的右子树上。因此,根的左子树由 k 个结点组成,它的特征是:

先根序列——preList[1], …, preList[k]。

中根序列——inList[0], …, inList[k-1]。

(3)根据左子树的先根序列和中根序列建立左子树,这是一种递归方式。

(4)确定根的右子树的相关序列。根的右子树由 n-k-1 个结点组成,它的特征是:

先根序列——preList[k+1], …, preList[n-1]。

中根序列——inList[k+1], …, inList[n-1]。

其中, n= preList. size(),即已知数据序列的长度。

(5)根据右子树的先根序列和中根序列建立右子树,这也是一种递归方式。

图 9.12 显示了一个根据给定的先根和中根次序遍历序列来建立相应的二叉树的过程,假设先根次序遍历序列为 preList = {1, 2, 4, 7, 3, 5, 6, 8},中根次序遍历序列为

inlist = {4, 7, 2, 1, 5, 3, 8, 6}。

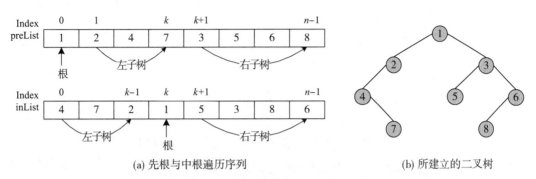

(a) 先根与中根遍历序列　　　　　　　(b) 所建立的二叉树

图 9.12　按先根和中根次序遍历序列建立二叉树的过程

同理可证明：按中根与后根次序遍历序列可唯一确定一棵二叉树。

在二叉树模块的头文件 BTree.h 中，增加全局模板函数 by2Lists，它的第一个参数表示先根次序遍历序列，第二个参数表示中根次序遍历序列，据此两序列建立二叉树，算法实现代码如下：

```
template <typename T>
BTNode<T>* rootBy2Lists(vector<T>& preList, vector<T>& inList);
template <typename T>
void by2Lists(vector<T>& preList, vector<T>& inList, BTree<T> *
bt) {
    bt->root() = rootBy2Lists(preList, inList);
}
template <typename T>
BTNode<T>* rootBy2Lists(vector<T>& preList, vector<T>& inList) {
    BTNode<T>* p = nullptr;
    vector<T> presub, insub;        //当前子树先根序列和中根序列
    int n = preList.size();
    if (n > 0) {
        T rootData = preList[0];   //当前根结点
        p = new BTNode<T>(rootData);
        int k = 0; while (k < n && inList[k] ! = rootData) k++;
        cout<<" \t current root = "<<rootData<<" \t k = "<<k<<endl;
        for (int i = 0; i < k; i++)   //准备当前根结点的左子树先根序列
```

```
            presub.push_back(preList[1 + i]);
        for(int i = 0; i<k; i++)      //准备当前根结点的左子树中根序列
            insub.push_back(inList[i]);
        p->left = rootBy2Lists(presub, insub);    //建立当前根结点的左
子树,递归
        presub.clear();insub.clear();
        for(int i = 0; i<n-k-1; i++)    //准备当前根结点的右子树先根序列
            presub.push_back(preList[k + 1 + i]);
        for(int i = 0; i<n-k-1; i++)    //准备当前根结点的右子树中根序列
            insub.push_back(inList[k + 1 + i]);
        p->right = rootBy2Lists(presub, insub);    //建立当前根结点的
右子树,递归
    }
    return p;
}
```

【例 9.5】 按先根和中根次序遍历序列建立二叉树。

程序 By2ListsTest. cpp 调用 BTree 模板类, 以先根和中根次序遍历序列建立一棵二叉树。

```
#include "../dsa/BTree.h"
using namespace std;
int main() { //By2ListsTest.cpp
    vector<int> prelist { 1, 2, 4, 7, 3, 5, 6, 8 };
    vector<int> inlist { 4, 7, 2, 1, 5, 3, 8, 6 };
    BTree<int> btree;
    by2Lists(prelist, inlist, &btree);
    btree.showPreOrder(); btree.showInOrder();
    btree.dispose();
    return 0;
}
```

程序建立如图 9.12(b)所示的二叉树, 它的运行结果如下:

```
current root = 1        k = 3
current root = 2        k = 2
current root = 4        k = 0
```

```
current root = 7          k = 0
current root = 3          k = 1
current root = 5          k = 0
current root = 6          k = 1
current root = 8          k = 0
```
先根次序：1 2 4 7 3 5 6 8
中根次序：4 7 2 1 5 3 8 6

9.5　用二叉树表示树与森林

二叉树是一种特殊的树，它的实现相对容易，一般的树和森林实现起来相对困难一些，树和森林可以转换为二叉树进行处理。

树中的结点可能有多个子结点，所以一般的树需要用多重链表结构来实现。对于具有 n 个结点的、度为 k 的树，如果每个结点用 k 个链指向孩子结点，则一棵树总的链数为 $n \times k$，其中只有 $n-1$ 个非空的链指向除根以外的 $n-1$ 个结点，其余的链都是空链。在树的这种多重链表存储结构中，空链数与总链数之比为

$$\frac{空链数}{总链数} = \frac{nk - (n-1)}{n \times k} \approx 1 - \frac{1}{k}$$

例如，当 $k=20$ 时，空链比为 95%。由此可见，这样的多重链表存储结构的存储密度在有的情况下是很低的，常造成大量存储空间的浪费。

通常，可以用一种所谓的"孩子-兄弟"存储结构将一棵树转换成了一棵二叉树。用来表示树结构的结点结构有 3 个域：

(1)数据域 data，存放结点数据；

(2)左链域 child，指向该结点的第一个孩子结点；

(3)右链域 brother，指向该结点的下一个兄弟结点。

对于给定的一棵树，按照以上规则，可以得到唯一的二叉树表达式，也就是有唯一的一棵二叉树与原树结构相对应。由于树的根结点没有兄弟结点，所以相应的二叉树表达式中的根结点没有右子树。

这种形式的二叉树也可以用来表示森林，即森林可以转化成一棵二叉树来存储，其转化过程如下：

(1)将森林中的每棵树转化成二叉树；

(2)用每棵树的根结点的 brother 链将多棵树的二叉树表示式连接成一棵单独、完整的

二叉树。

图 9.13 显示了用二叉树表示树和森林的例子，图(a)是一棵树及其对应的二叉树，图
(b)是森林及其对应的二叉树。

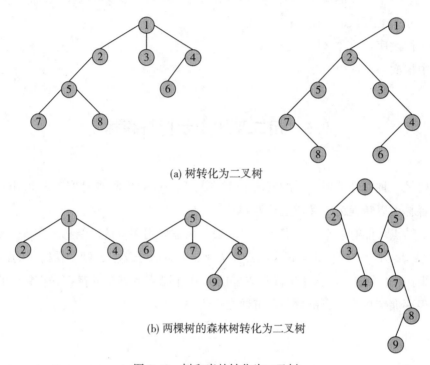

(a) 树转化为二叉树

(b) 两棵树的森林树转化为二叉树

图 9.13　树和森林转化为二叉树

对于给定的二叉树可以还原其树结构，方法为：

(1)删除原二叉树中所有父结点与右孩子的连线。

(2)若某结点是其父结点的左孩子，则把该结点的右孩子、右孩子的右孩子等等都与
该结点的父结点用线连起来。

(3)整理所有保留的和添加的连线，使每个结点的所有子结点位于同一层次。

习　题　9

9.1　填空

(1)一棵深度为 5 的满二叉树有_____个分支结点和 _____个叶子。

(2) 一棵具有 257 个结点的完全二叉树，它的深度为_____。

（3）设一棵完全二叉树具有 1000 个结点，则此完全二叉树有_____个叶子结点，有_____个度为 2 的结点，有_____个结点只有非空左子树，有_____个结点只有非空右子树。

（4）设一棵满二叉树共有 $2N-1$ 个结点，则它的叶结点数_____。

9.2　简述二叉树与度为 2 的树的差别。

9.3　对于如图 9.14 所示的二叉树，求先、中、后三种次序的遍历序列。

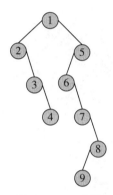

图 9.14　二叉树

9.4　什么样的非空二叉树，它的先根与后根次序遍历序列相同？

9.5　二叉树 T，已知其先根遍历是 1 2 3（数字为结点的编号，以下同），后根遍历是 3 2 1，分析二叉树 T 所有可能的中根遍历。

9.6　讨论下列关于二叉树的一些操作的实现策略：

（1）统计二叉树的结点个数；

（2）求某结点的层次；

（3）找出二叉树中值大于 k 的结点；

（4）输出二叉树的叶子结点；

（5）将二叉树中所有结点的左右子树相互交换；

（6）求一棵二叉树的高度；

（7）验证二叉树的性质二：$n_0 = n_2 + 1$。

9.7　把如图 9.15 所示的树转化成二叉树。画出与图 9.16 所示的二叉树相应的森林。

9.8　解决问题的策略常用树结构来描述。有 8 枚硬币，其中恰有一枚假币，假币比真币重。现欲用一架天平称出假币，使称重的次数尽可能地少。试以树结构描述测试假币的称重策略。

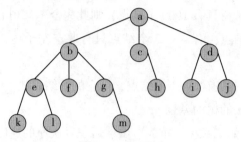

图 9.15　二叉树

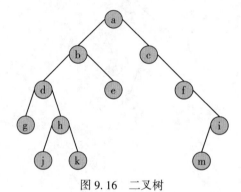

图 9.16　二叉树

第 10 章　图

图结构是一种由数据元素集合及元素间的关系集合组成的数据结构，其中的任意两个元素之间都可能有某种关系，因而每个数据元素可以有多个前驱元素和多个后继元素。图是一种比线性结构和层次结构更复杂的非线性数据结构，是表示离散问题的有力的工具，可以用来描述现实世界的众多问题。

本章介绍具有非线性关系的图结构，重点讨论图的基本概念及图的存储结构，还将介绍图结构中的常用算法，如遍历算法、图的生成树和结点间的最短路径算法等。

本章在算法与数据结构库项目 dsa 中增加定义图结点及图数据结构的模块，用名为 graphtest 的应用程序型项目实现对这些数据结构的测试和演示程序。

10.1　图的定义与基本术语

10.1.1　图的定义

图(graph)是一种非线性数据结构，其数据元素之间的关系没有限制，任意两个元素之间都可能有某种关系。数据元素用结点(node)表示，如果两个元素相关，就用一条边(edge)将相应的结点连接起来，这两个结点称为相邻结点。这样，图就可以定义为由结点集合及结点间的关系集合组成的一种数据结构，图 10.1 显示了几个图的示例。结点又称为顶点(vertex)，结点之间的关系称为边。一个图 G 记作 $G=(V, E)$，其中，V 是结点的有限集合，E 是边的有限集合，即有：

$$V=\{x \mid x \in 某个具有相同特性的数据元素集合\}$$

$$E=\{e(x, y) \mid x, y \in V\}$$

式中，$e(x, y)$ 表示结点 x 和结点 y 之间的相邻关系，是一种无序结点对，无方向性，称为连接结点 x 和结点 y 的一条边。

如果结点间的关系是有序结点对，可表示为 $e<x, y>$，它表示从结点 x 到结点 y 的一条单向边，是有方向的。因而，图中有向边的集合表示为：

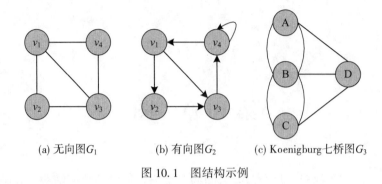

(a) 无向图G_1　　　(b) 有向图G_2　　　(c) Koenigburg七桥图G_3

图 10.1　图结构示例

$$E = \{ e<x,\ y> \mid x,\ y \in V \}$$

1. 无向图与有向图

在一个图 G 中，如果任一条边 $e(x,\ y)$ 仅表示两个结点 x 和 y 之间的相邻关系，无方向性，则称边 $e(x,\ y)$ 是无向的，图 G 则被称为无向图（undirected graph）。图 10.1 中的 G_1 和 G_3 都是无向图，G_1 的结点集合 V 和边的集合 E 分别为：

$$V(G_1) = \{ v_1,\ v_2,\ v_3,\ v_4 \}$$
$$E(G_1) = \{ (v_1,\ v_2),\ (v_1,\ v_3),\ (v_1,\ v_4),\ (v_2,\ v_3),\ (v_3,\ v_4) \}$$

一般，用圆括号将一对结点括起来组成的无序偶对表示无向边，如 $(A,\ B)$ 和 $(B,\ A)$ 表示同一条边。

在一个图 G 中，如果任一条边 $e<x,\ y>$ 是两个结点 x 和 y 的有序偶对，表示从结点 x 到 y 的单向通路，有方向性，则称边 $e<x,\ y>$ 是有向的。一般，用尖括号将一对结点括起来表示有向边，x 称为有向边的起点（initial node），y 称为有向边的终点（terminal node），所以 $<x,\ y>$ 和 $<y,\ x>$ 分别表示两条不同的有向边。图中的边如果皆为有向边，则称为有向图（directed graph，digraph）。图 10.1 中的 G_2 是有向图，它的结点集合 V 与图 G_1 相同，它的边集合 E 为：

$$E(G_2) = \{ <v_1,\ v_2>,\ <v_1,\ v_3>,\ <v_2,\ v_3>,\ <v_3,\ v_4>,\ <v_4,\ v_4>,\ <v_4,\ v_1> \}$$

有向图中的边又称为弧（arc）。在图的图形表示中，用箭头表示有向边的方向，箭头从起点指向终点。如果某边的起点和终点是同一个结点，即存在边 $e(v,\ v)$ 或 $e<v,\ v>$ 时，称该边为环（loop）。例如，G_2 中存在环 $e<v_4,\ v_4>$。

无环且无重边的无向图称为简单图，如图 10.1 中的 G_1，本章一般讨论的是简单图。

2. 完全图、稀疏图和稠密图

一个有 n 个结点的无向图，可能的最大边数为 $n \times (n-1)/2$；而一个有 n 个结点的有向图，其弧的最大数目为 $n \times (n-1)$。如果一个图的边数达到相同结点集合构成的所有图的最大边数，则称该图为完全图（complete graph），如图 10.2 所示。n 个结点的完全图通常记为 K_n。

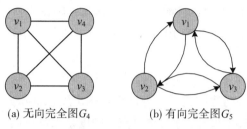

(a) 无向完全图 G_4　　　　(b) 有向完全图 G_5

图 10.2　完全图

一个有 n 个结点的图，其边的数目如果远小于 n^2，则称为稀疏图（sparse graph）。一个图的边数如果接近最大数目，则称为稠密图（dense graph）。

3. 带权图

在图中除了用边表示两个结点之间的相邻关系外，有时还需表示它们相关的强度信息，例如从一个结点到另一个结点的距离、花费的代价、所需的时间等，诸如此类的信息可以通过在图的相应边上加一个称作权（weight）的数值来表示。边上加有权值的图称为带权图（weighted graph）或网络（network）。图 10.3 显示了两个带权图，权值标在相应的边上。

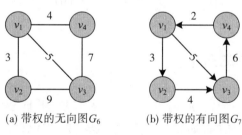

(a) 带权的无向图 G_6　　　　(b) 带权的有向图 G_7

图 10.3　带权图

10.1.2　结点与边的关系

1. 相邻结点

若 $e(v_i, v_j)$ 是无向图中的一条边，则称结点 v_i 和 v_j 是相邻结点，边 $e(v_i, v_j)$ 与结点 v_i 和 v_j 相关联。若 $e<v_i, v_j>$ 是有向图中的一条边，则称结点 v_i 邻接到结点 v_j，结点 v_j 邻接于结点

v_i，边 $e<v_i,\ v_j>$与结点 v_i 和 v_j 相关联。

2. 度、入度、出度

图中与结点 v 相关联的边的数目称为该结点的度（degree），记作 $TD(v)$。度为 1 的结点称为悬挂点（pendant node）。在图 10.1 的图 G_1 中，结点 v_1 和 v_3 的度都是 3，结点 v_2 和 v_4 的度都是 2。

在有向图中，以结点 v 为终点的有向边的数目称为该结点的入度（in-degree），记作 $ID(v)$；以结点 v 为起点的有向边的数目称为该结点的出度（out-degree），记作 $OD(v)$。出度为 0 的结点称为终端结点（或叶子结点）。结点 v 的度是该结点的入度与出度之和，即有

$$TD(v) = ID(v) + OD(v)$$

在图 10.1 的图 G_2 中，结点 v_3 的入度 $ID(v_3)=2$，出度 $OD(v_3)=1$，度 $TD(v_3)=3$。

3. 度与边数的关系

如果有 n 个结点的无向图 G，其结点集合为 $\{v_1,\ v_2,\ \cdots,\ v_n\}$，其边数为 e，则

$$e = \frac{1}{2}\sum_{i=1}^{n} TD(v_i)$$

当 G 为有向图时，它的度与边数的关系可写为

$$\sum_{i=1}^{n} ID(v_i) = \sum_{i=1}^{n} OD(v_i) = e$$

$$\sum_{i=1}^{n} TD(v_i) = \sum_{i=1}^{n} ID(v_i) + \sum_{i=1}^{n} OD(v_i) = 2e$$

10.1.3　子图与生成子图

设图 $G=(V,\ E)$，$G'=(V',\ E')$，若 $V'\subseteq V$，$E'\subseteq E$，并且 E' 中的边所关联的结点都在 V' 中，则称图 G' 是 G 的子图（subgraph）。任一图 $G=(V,\ E)$ 都是它自己的子图，如果 G 的子图 $G'\neq G$，则称 G' 是 G 的真子图。

如果 G' 是 G 的子图，且 $V'=V$，则称图 G' 是 G 的生成子图（spanning subgraph）。

10.1.4　路径、回路及连通性

1. 路径与回路

在图 $G=(V,\ E)$ 中，若从结点 v_i 出发，经过边 $e(v_i,\ v_{p1})$ 到达结点 v_{p1}，继续经过边 e

(v_{p1}, v_{p2}) 到达结点 v_{p2}……最后经过边 $e(v_{pm}, v_j)$ 到达结点 v_j，也就是从结点 v_i 出发依次沿边 $e(v_i, v_{p1})$，$e(v_{p1}, v_{p2})$，…，$e(v_{pm}, v_j)$ 经过结点序列 v_{p1}，v_{p2}，…，v_{pm} 到达结点 v_j，则称边序列 $\{e(v_i, v_{p1}), e(v_{p1}, v_{p2}), …, e(v_{pm}, v_j)\}$ 是从结点 v_i 到结点 v_j 的一条路径(path)，通常缩写成结点序列 $(v_i, v_{p1}, v_{p2}, …, v_{pm}, v_j)$。

有向图 G 中的路径也是有向的，如果 $e<vi, v_{p1}>$，$e<v_{p1}, v_{p2}>$，…，$e<v_{pm}, v_j>$ 都是有向图 G 中的边，则结点 v_i 和结点 v_j 之间存在路径，v_i 为该路径的起点，v_j 为终点。

一条路径的长度(path length)就是该条路径上边的数目。在带权图中，路径的长度有时指的是加权路径长度，它定义为从起点到终点的路径上各条边的权值之和。例如，图 10.3(a)中从结点 v_1 到 v_3 的一条路径 (v_1, v_2, v_3) 的加权路径长度为 3+9＝12。

如果在一条路径中，除起点和终点外，其他结点都不相同，则此路径称为简单路径(simple path)。起点和终点相同且长度大于 1 的简单路径成为回路(cycle)。例如，图 10.1 G_3 中的路径(B, C, D, B)是一条回路。

2. 图的连通性

如果无向图 G 中的两个结点 v_i 和 v_j 之间有一条路径，则称结点 v_i 和结点 v_j 是连通的(connected)。如果图 G 中任意两个不同的结点之间都是连通的，则称图 G 为连通图(connected graph)。

非连通图中可能若干对结点之间不是连通的，它的极大连通子图称为该图的连通分量(connected component)。图 10.1 中的 G_1 是连通图，图 10.4(a)则不是连通图，它有两个连通分量，分别是 C_1 和 C_2。

如果有向图 G 中的某两个不同的结点 v_i 和 v_j 之间有一条从 v_i 到 v_j 的路径，同时还有一条从 v_j 到 v_i 的路径，则称这两个结点是强连通的(strongly connected)。如果有向图 G 中任意两个不同的结点之间都是强连通的，则该有向图是强连通的。有向图的强连通分量指的是该图的强连通的最大子图。图 10.4(b)中的 G_8 是强连通的有向图。

一个有向图 G 中，若存在一个结点 v_0，从 v_0 有路径可以到达图 G 中其他所有结点，则称结点 v_0 为图 G 的根，称此有向图为有根的图。

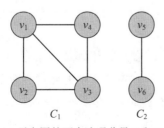

(a) 无向图的两个连通分量 C_1 和 C_2

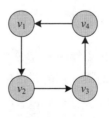

(b) 强连通有向图 G_8

图 10.4 图的连通性

10.1.5　图的基本操作

图结构的基本操作有以下几种：

Initialize：初始化。建立一个图实例并初始化它的结点集合和边的集合。

AddNode /AddNodes：在图中设置、添加一个或若干结点。

Get/Set：访问。获取或设置图中的指定结点。

Count：求图的结点个数。

AddEdge/ AddEdges：在图中设置、添加一条或若干条边，即设置、添加结点之间的关联。

Nodes/Edges：获取结点表或边表。

Remove：删除。从图中删除一个数据结点及相关联的边。

Contains/IndexOf：查找。在图中查找满足某种条件的结点(数据元素)。

Traversal：遍历。按某种次序访问图中的所有结点，并且每个结点恰好访问一次。

Copy：复制。复制一个图。

10.2　图的存储结构

图结构包含结点的集合和结点间关系的集合，图的存储结构要记录这两方面的信息。结点的集合可以用一个称为结点表的线性表来表示；图中的一条边表示某两个结点的邻接关系，图的边集可以用邻接矩阵(adjacency matrix)或邻接表(adjacency list)来表示。邻接矩阵是一种顺序存储结构，而邻接表是一种链式存储结构。

10.2.1　图结构的邻接矩阵表示法

1. 邻接矩阵的定义

图结构的邻接矩阵用来表示图的边集，即结点间的相邻关系集合。设 $G=(V, E)$ 是一个具有 n 个结点的图，它的邻接矩阵是一个 n 阶方阵，其中的元素具有下列性质：

$$a_{ij} = \begin{cases} 1, & e(v_i, v_j) \in E \text{ 或 } e < v_i, v_j > \in E \\ 0, & e(v_i, v_j) \notin E \text{ 或 } e < v_i, v_j > \notin E \end{cases}$$

邻接矩阵任意元素 a_{ij} 的值表示两个结点 v_i 和 v_j 之间是否有相邻关系，即这两个结点间是否存在边：如果 $a_{i,j}=1$，则 v_i 和 v_j 之间存在一条边；如果 $a_{i,j}=0$，则 v_i 和 v_j 之间无边相连。邻接矩阵作为其全部元素的整体则表示图的边集。

例如，图 10.5 显示了一个无向图及其对应的邻接矩阵，图 10.6 则显示了一个有向图及其对应的邻接矩阵。

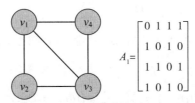

图 10.5　无向图及其邻接矩阵

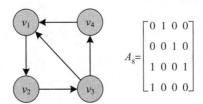

图 10.6　有向图及其邻接矩阵

从这些例子中可以看出，无向图的邻接矩阵是对称矩阵，即 $a_{ij}=a_{ji}$，有向图的邻接矩阵则不一定对称。一般地，用邻接矩阵表示一个具有 n 个结点的图结构需要 n^2 个存储单元。对于无向图，则因为其邻接矩阵是对称的，可以只存储邻接矩阵的上三角或下三角数据元素，因而只需 $n^2/2$ 个存储单元。图结构的邻接矩阵表示法的空间复杂度为 $O(n^2)$。

2. 带权图的邻接矩阵

对于带权图，设某边 $e(v_i,\ v_j)$ 或 $e<v_i,\ v_j>$ 上的权值为 w_{ij}，则带权图的邻接矩阵定义为：

$$a_{ij}=\begin{cases} w_{ij} & ,\ v_i\neq v_j\ \text{且}\ e(v_i,\ v_j)\in E\ \text{或}\ e<v_i,\ v_j>\in E \\ \infty & ,\ v_i\neq v_j\ \text{且}\ e(v_i,\ v_j)\notin E\ \text{或}\ e<v_i,\ v_j>\notin E \\ 0 & ,\ v_i=v_j \end{cases}$$

图 10.3 中的两个带权图的邻接矩阵分别为 $\boldsymbol{A}_6$ 和 $\boldsymbol{A}_7$，即

$$\boldsymbol{A}_6=\begin{bmatrix} 0 & 3 & 5 & 4 \\ 3 & 0 & 9 & \infty \\ 5 & 9 & 0 & 7 \\ 4 & \infty & 7 & 0 \end{bmatrix},\ \boldsymbol{A}_7=\begin{bmatrix} 0 & 3 & 5 & \infty \\ \infty & 0 & 4 & \infty \\ \infty & \infty & 0 & 6 \\ 2 & \infty & \infty & 0 \end{bmatrix}$$

3. 邻接矩阵与结点的度

根据邻接矩阵容易求得各个结点的度。无向图中某结点 v_i 的度等于图的邻接矩阵第 i 行上各元素之和，即有

$$TD(v_i) = \sum_{j=1}^{n} a_{ij}$$

有向图中的某结点 v_i 的出度等于矩阵第 i 行上各元素之和，结点 v_j 的入度等于第 j 列上各元素之和，即有：

$$OD(v_i) = \sum_{j=1}^{n} a_{ij}, \quad ID(v_j) = \sum_{i=1}^{n} a_{ij}$$

4. 图的顶点类和邻接矩阵图类的定义

下面定义 Vertex 结构模板表示图中的顶点，成员变量 data 用来存储顶点的数据，成员 visited 作为顶点是否被访问过的标志，以后在图的遍历操作中将会用到。

```
template <typename T> struct Vertex{
T data;
bool visited;
//构造函数,构造值为 k 的结点
Vertex(const T& k, bool v = false): data(k), visited(v) {  }
Vertex(): data{}, visited(false) {  }
void show() const {
    cout << "-" << data << " ->";
}
};
```

下面定义 AdjMatG 类模板表示一个以邻接矩阵存储、具有若干结点的图。成员变量_count 表示图的结点个数；成员变量_pVertexList 是一个用二重指针表示的指针数组(称作结点表)，保存图的结点集合；成员变量_pAdjMat 是一个用指针表示的数组，用来存储图的邻接矩阵。

```
#include "Vertex.h"
using namespace std;
template <typename T> class AdjMatG{
private:
    int _ count;                //图的结点个数
```

```
Vertex<T> *  * _ pVertexList;//图的结点表
int * _ pAdjMat;                    //存储图的邻接矩阵的数组
……
}
```

上面声明的两个类型都是模板类/结构(泛型类型)，顶点的数据类型在定义图和顶点类型的实例时决定。Vertex 模块和 AdjMatG 模块都置于算法与数据结构库项目 dsa 中。

5. 邻接矩阵图的基本操作

(1)邻接矩阵图的构造函数与析构函数。使用带 3 个参数(分别指定结点数，结点值数组和图的邻接矩阵)的构造函数创建和初始化图对象，构造结点表存储指定的结点序列，构造数组存储指定的邻接矩阵；缺省的构造函数则构建仅有一个结点的图。算法如下：

```
public:
    AdjMatG( int nVertex, const T * pVList, const int * pMat) {
        _ count = nVertex;
        _pVertexList = new Vertex<T> *[ _ count];
        for (int i = 0; i < _ count; i++)
            _pVertexList[i] =new Vertex<T>(pVList[i]);
        int n = _ count * _ count;
        _pAdjMat = new int[n];
        for (int i = 0; i < n; i++)
            _pAdjMat[i] = pMat[i];
    }
    AdjMatG() {
        _ count = 1;
        _pVertexList = new Vertex<T> *[ _ count];
        _pAdjMat = new int[1];
        _pVertexList[0] = new Vertex<T>();
        _pAdjMat[0] = 0;
    }
    ~AdjMatG() {
        for (int i = 0; i < _ count; i++) {
            delete _pVertexList[i];
        }
```

```
        delete [ ] _pVertexList;
        delete [ ] _pAdjMat;
    }
```

(2)返回图的结点数。该操作告知图的结点个数,以名为 count( )的成员函数来实现这个功能,编码如下:

```
int count( ) const{
    return _count;
}
```

(3)获取或设置指定结点的值。通过重载"[ ]"运算符来提供获得或设置指定结点值的功能,并实现对图实例进行类似于数组的访问。就像 C++的数组下标从 0 开始一样,我们用从 0 开始的索引参数 i 来指示图的第 i 个结点。该操作的实现编码如下:

```
const T& operator [ ](int i) const {
    if (i >= 0 && i < _count)
        return _pVertexList[i]→data;
    else
        throw out_of_range("Index Out Of Range
                Exception inAdjMatG:" + to_string(i));
}
T& operator [ ](int i){
    if (i >= 0 && i < _count)
        return _pVertexList[i]→data;
    else
        throw out_of_range("Index Out Of Range
                Exception inAdjMatG:" + to_string(i));
}
```

(4)查找具有特定值的元素。在图中查找具有特定值 k 的元素的过程为:在图中按结点号顺序检查结点值是否等于 k,若相等则返回结点号;否则继续与下一个结点进行比较,当比较了所有的数据元素后仍未找到,则返回-1,表示查找不成功。算法实现如下:

```
int index(const T& k) {
    int j = 0;
    while (j < _count &&  k ! = _pVertexList[j]→data )
        j++;
    if (j >= 0 && j < _count)
```

```
        return j;
    else return -1;
}
```

10.2.2 图结构的邻接表表示法

1. 用邻接表表示无向图

邻接矩阵表示图的空间复杂度为 $O(n^2)$，它与图中结点的个数有关，而与边的数目无关。对于稀疏图，其边数可能远小于 n^2，图的邻接矩阵中就会有很多零元素，这种存储方式将造成存储空间上的浪费。对于这种情况，可以用结点表和邻接表来表示和存储图结构，其占用的存储空间既与图的结点数有关，也与边数有关。对于 n 个结点的图，如果边数 $m<<n^2$，则邻接表表示法需占用的存储空间比邻接矩阵表示法节省许多。另外，邻接表保存了与一个结点相邻接的所有结点，这也会给图的操作提供方便。

图的结点表用来保存图中的所有结点，它可以是一个顺序存储的线性表，该线性表中的每个元素对应于图的一个结点。线性表元素的类型是一种重新定义的图结点类型（GraphNode 类），它包括两个基本成员：data 和 neighbors。data 表示结点数据元素信息，neighbors 则指向该结点的邻接结点表，简称邻接表。

图中的每个结点都有一个邻接表 neighbors，它保存与该结点相邻接的若干个结点，因此邻接表中的每个结点对应于与该结点相关联的一条边。图 10.7 显示了一个无向图及其邻接表。

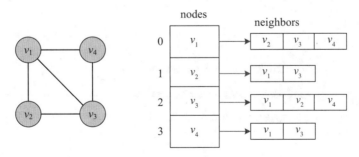

图 10.7　无向图的邻接表

与无向图邻接矩阵表示法将每条边的信息对称地存储两次的情形类似，用邻接表表示无向图，也会将每条边的信息存储两次，每条边分别存储在与该边相关联的两个结点的邻接表中，因此对于 n 个结点 m 条边的无向图，共需要占用 $n+2m$ 个结点单元来存储图结构，即图所占用的存储空间大小既与图的结点数有关，也与图的边数有关。

2. 用邻接表表示有向图

对于有向图，一个结点的邻接表可以只存储出边相关联的邻接结点，因此，n 个结点 m 条边的有向图的邻接表需要占用 $n+m$ 个结点存储单元。图 10.8 显示了一个有向图及其出边邻接表。

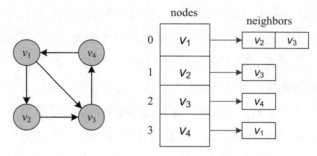

图 10.8　有向图的邻接表

3. 定义图的结点类和邻接表图类

下面定义 GraphNode 结构模板来刻画图中的结点，成员变量 data 存储结点的数据，成员变量 neighbors 存储结点的邻接表，成员变量 visited 作为结点是否被访问过的标志。

```cpp
using namespace std;
template <typename T> struct GraphNode{
    T data;
    bool visited;
    vector<GraphNode<T>*> *neighbors;
    GraphNode():data{},visited(false){
        neighbors =new vector<GraphNode<T>*>();
    }
    GraphNode(const T& k):data(k),visited(false){
        neighbors =new vector<GraphNode<T>*>();
    }
    ~GraphNode(){
```

```
        delete neighbors;
    }
    void show() const {
        cout<< "-" << data << " ->";
    }
};
```

下面定义 Graph 类模板来表示一个以邻接表存储的图，其中，成员变量_pnodes 表示图的结点表，结点表元素的类型为指向 GraphNode<T>的指针，保存图中一个结点的地址，GraphNode<T>型结点的 neighbors 成员保存了结点的邻接表。

```
#include "GraphNode.h"
using namespace std;
template <typename T> class Graph {
private:
    vector<GraphNode<T> * > *_pnodes; //图的结点表
    ......
}
```

GraphNode 模块和 Graph 模块都置于算法与数据结构库项目 dsa 中，它们也都设计为泛型类型，结点的数据类型在定义图和结点类型的实例时决定。

4. 邻接表图的基本操作

(1)邻接表图的构造函数和析构函数。使用带 3 个参数(分别指定结点数，结点值数组和图的邻接矩阵)的构造函数创建和初始化图对象，构造结点表存储指定的结点序列，并根据给定的邻接矩阵建立邻接表。算法如下：

```
public:   //以邻接矩阵建立图的邻接表
    Graph(int nNodes, const T * pNodeList, const int * pMat){
        _pnodes =new vector<GraphNode<T> * >();
        for (int i = 0; i < nNodes; i++)
            _pnodes->push_back(new GraphNode<T>(pNodeList[i]));
        int * p = (int * )pMat;
        vector<GraphNode<T> * > * pNB;
        for (int i = 0; i < nNodes; i++) {
            pNB = ( *_pnodes)[i]->neighbors;
            for (int j = 0; j < nNodes; j++) //查找与 i 相邻的其他结点 j
```

```
            if ( * p++ ! = 0 ) {
                pNB->push_ back( _ pnodes->at(j)); //邻接表中添加结点
            }
        }
    }
```

Graph 类的构造函数将参数 pMat 指定的邻接矩阵(表示边集)转换成各结点(* _ pnodes)[i]的邻接表 neighbors。

```
~Graph() {
    for (int i = 0; i < _ pnodes->size(); i++)
        delete _ pnodes->at(i);
    delete _ pnodes;
}
```

(2)返回图的结点数。该操作告知图的结点个数,以名为 count( )的成员函数来实现这个功能,编码如下:

```
int count() const {
    return _ pnodes->size();
}
```

(3)获取或设置指定结点的值。通过重载"[ ]"运算符来提供获得或设置指定结点值的功能,并实现对图实例进行类似于数组的访问。就像 C++的数组下标从 0 开始一样,我们用从 0 开始的索引参数 i 来指示图的第 i 个结点。该操作的实现编码如下:

```
const T& operator [](int i) const {
    if (i >= 0 && i < count())
        return ( * _ pnodes)[i]->data;
    else
        throw out_ of_ range( "Index Out Of Range
                Exception inGraph:" + to_ string(i));
}
T& operator [](int i) {
    if (i >= 0 && i < count())
        return ( * _ pnodes)[i]->data;
    else
        throw out_ of_ range( "Index Out Of Range
                Exception inGraph:" + to_ string(i));
```

```
}
```
(4)在图中增加结点。将参数指定的新结点添加进图的结点表，编码如下：
```
// adds a node to the graph
void addNode(const T& k) {
    _pnodes->push_back(new GraphNode<T>(k));
}
```

(5)查找具有特定值的元素。在图的结点表中查找具有特定值的结点，如果找到满足条件的结点，就返回该结点的序号或指向结点的指针；如果图中没有满足条件的结点，则返回-1 或 nullptr，编码如下：
```
int index(const T& k) {
    int j = 0;
    while (j < count() && k != (*_pnodes)[j]->data)
        j++;
    if (j >= 0 && j < count())
        return j;
    else return -1;
}

GraphNode<T>* findByValue(const T& k) {
    for(auto pnode: *_pnodes)
        if (pnode->data == k)
            return pnode;
    return nullptr;
}
```

(6)在图中增加边，即增加结点之间的关联
增加一条有向边的算法如下：
```
void addDirectedEdge(const T& from, const T& to) {
    GraphNode<T>* fromNode = FindByValue(from);
    if (fromNode == nullptr)
        return;
    GraphNode<T>* toNode = FindByValue(to);
    if (toNode == nullptr)
        return;
    fromNode->neighbors->push_back(toNode);
```

```
}
```

增加一条无向边的算法如下:

```
void addUndirectedEdge(const T& from, const T& to) {
    GraphNode<T>* fromNode = FindByValue(from);
    if (fromNode == nullptr)
        return;
    GraphNode<T>* toNode = FindByValue(to);
    if (toNode == nullptr)
        return;
    fromNode->neighbors->push_back(toNode);
    toNode->neighbors->push_back(fromNode);
}
```

(7)输出图的邻接表。成员函数 show( )输出各结点的邻接表 neighbors 中的各个结点数据元素值。

```
void show() {
    vector<GraphNode<T>*> *pNB;
    cout<< "图的邻接表结构:" << endl;
    for (int i = 0; i < count(); i++) {
        cout << (*_pnodes)[i]->data <<" -> ";
        pNB = (*_pnodes)[i]->neighbors;
        for (int j = 0; j < pNB->size(); j++) {
            cout << (*pNB)[j]->data <<" + ";
        }
        cout<< ". |" << endl;
    }
}
```

10.3   图 的 遍 历

图的遍历(traversal)操作指的是,从图的一个结点出发,以某种次序访问图中的每个结点,并且每个结点仅被访问一次。与遍历操作在树结构中的作用类似,遍历也是图的一种基本操作,图的许多其他操作都可以建立在遍历操作的基础之上。

对于图的遍历，存在两种基本策略：深度优先搜索（depth first search）遍历和广度优先搜索（breadth first search）遍历。图的遍历可以从任意结点开始，从图的某一指定结点出发，图的深度优先搜索遍历类似于二叉树的先根遍历，优先从一条路径向更远处访问图的其他结点，逐渐向所有路径扩展；图的广度优先搜索遍历类似于二叉树的层次遍历，优先考虑直接近邻的结点，逐渐向远处扩展。

10.3.1　基于深度优先策略的遍历

1. 基于深度优先策略的遍历算法描述

图的深度优先搜索遍历可以看成是二叉树先根遍历的推广，就是优先从一条路径向更远处访问图的所有结点。图中的一个结点可能与多个结点相邻接，在图的遍历中，访问了一个结点后，可能会沿着某条路径又回到该结点。为了避免同一个结点重复多次被访问，在遍历过程中必须对访问过的结点作标记。前面在图的结点结构（GraphNode 类和 Vertex 类）的定义中，添加数据成员 visited 就是用来记录结点是否被访问过。

深度优先遍历要完成的基本操作是以深度优先的策略搜索下一个未被访问的结点，该过程的递归式实现描述如下：

（1）从图中选定的一个结点（设该结点下标为 m，结点值为 s）出发，访问该结点。

（2）查找与结点 s 相邻接且未被访问过的另一个结点（设该结点下标为 n，结点值为 t）。

（3）若存在这样的结点 t，则从结点 t 出发继续进行深度优先搜索遍历。

（4）若找不到这样的结点 t，说明从 s 开始能够到达的所有结点都已被访问过，此条路径遍历结束。

按照上述算法，对一个连通的无向图或一个强连通的有向图，从某一个结点出发，一次深度优先搜索遍历可以访问图的每个结点；否则，一次深度优先搜索遍历只能访问图中的一个连通分量。图 10.9 显示了从不同的结点进行深度优先搜索遍历。

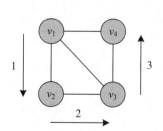　　　　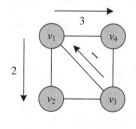

(a) 从顶点 v_1 出发的一种深度优先遍历序列 $\{v_1, v_2, v_3, v_4\}$　　(b) 从顶点 v_3 出发的一种深度优先遍历序列 $\{v_3, v_1, v_2, v_4\}$

图 10.9　无向图的深度优先搜索遍历过程

2. 邻接矩阵图的深度优先遍历操作的算法实现

在以邻接矩阵存储的图 AdjMatG 类中,增加成员函数 DepthFirstShow 和 DepthFirstSearch 实现图的深度优先遍历算法。

图的结点表_pVertexList 中的每个元素对应图的一个结点,结点类型为 Vertex,它记录结点的值及是否被访问过等信息。在一个含有 n 个结点的图中进行深度优先遍历,一旦访问一个结点,则该结点被标志为"已被访问"(其域 Visited 被置为 true),此后便不再访问该结点。

```cpp
void resetVisitFlag() {    //设置未访问标记
    for (int i = 0; i < _count; i++)
        _pVertexList[i]->visited = false;
}
//从结点 m:[0-count-1] 开始的深度优先遍历,结果显示在控制台
void DepthFirstShow(int m) {
    _pVertexList[m]->show();
    _pVertexList[m]->visited = true;
    int n = 0;
    int * p = _pAdjMat+m * _count;
    while (n < _count) {        //查找与 m 相邻的且未被访问的其他结点
        if (*(p + n) ! = 0 && ! _pVertexList[n]->visited) {
            DepthFirstShow(n);    //递归,继续深度优先遍历
        }
        n++;
    }
}
//从结点 m:[0-count-1] 开始的深度优先遍历,结果放在表或数组 sql 中
void DepthFirstSearch(int m, vector<T>& sql) {
    sql.push_back(_pVertexList[m]->data);
    _pVertexList[m]->visited = true;
    int n = 0;
    int * p = _pAdjMat + m * _count;
    while (n < _count) {        //查找与 m 相邻的且未被访问的其他结点
        if (*(p + n) ! = 0 && ! _pVertexList[n]->visited) {
```

```
        DepthFirstSearch(n,sql);    //递归,继续深度优先遍历
    }
    n++;
}
}
```

从上面的代码可以看出,对于有 n 个结点的图,它的邻接矩阵需要 n^2 个存储单元,处理一行的时间复杂度为 $O(n)$,矩阵共有 n 行,故深度优先遍历算法的时间复杂度为 $O(n^2)$。

【**例 10.1**】　邻接矩阵图的深度优先遍历算法测试。

```
#include "../dsa/AdjMatG.h"
using namespace std;
template <typename T> void DepthFirstShowTest(AdjMatG<T>& g) {
    cout<< "深度优先遍历:" << endl;
    for (int i = 0; i < g.count(); i++) {
        g.DepthFirstShow(i);
        cout<< endl;
        g.resetVisitFlag();
    }
}
int main (){
    const int CNT = 4;
    string nodes[] = { "Vertex1","Vertex2", "Vertex3", "Vertex4"};
    int adjMat[] = {0, 1, 1, 1, 1, 0, 1, 0, 1, 1, 0, 1, 1, 0, 1, 0};
    AdjMatG<string> g(CNT, nodes, adjMat);
    DepthFirstShowTest(g);//BreadFirstShowTest(g);
    return 0;
}
```

程序运行结果如下:

　　深度优先遍历:

　　Vertex1 ->Vertex2 ->Vertex3 ->Vertex4 ->

　　Vertex2 ->Vertex1 ->Vertex3 ->Vertex4 ->

　　Vertex3 ->Vertex1 ->Vertex2 ->Vertex4 ->

　　Vertex4 ->Vertex1 ->Vertex2 ->Vertex3 ->

从结点 Vertex1 和 Vertex3 出发得到的深度优先搜索遍历序列分别是 < Vertex1，Vertex2，Vertex3，Vertex4 > 和 < Vertex3，Vertex1，Vertex2，Vertex4 >，其过程显示在图10.9 中。

3. 邻接表图的深度优先遍历算法实现

在表示以邻接表存储的图结构 Graph 类中用 DepthFirstShow 成员函数来实现图的深度优先遍历算法，其实现的编码如下：

```
void resetVisitFlag() {   //设置未访问标记
    for (int i = 0; i < count(); i++)
        _pnodes->at(i)->visited = false;
}
//图的深度优先遍历,从结点号 m 开始,结果显示在控制台
void DepthFirstShow(int m) {
    int i, j;
    vector<GraphNode<T> * > * pNB;
    cout << "-" << ( * _pnodes)[m]->data << " ->";
    ( * _pnodes)[m]->visited = true;
    pNB = ( * _pnodes)[m]->neighbors;
    for (j = 0; j < pNB->size(); j++) {
        if (! ( * pNB)[j]->visited) {
            i = index(( * pNB)[j]->data);
            DepthFirstShow(i);     //递归访问邻接结点
        }
    }
}
```

从上面的代码可以看出，对于有 n 个结点和 m 条边的图，对于邻接表图结构进行深度优先遍历的时间复杂度为 $O(n+m)$。

【例 10.2】 邻接表图的深度优先遍历算法测试。

```
#include "../dsa/Graph.h"
using namespace std;
template <typename T> void DepthFirstShowTest(Graph<T>& g) {
    cout << "深度优先遍历:" << endl;
    for (int i = 0; i < g.count(); i++) {
```

```
        g.DepthFirstShow(i);
        cout<< endl;
        g.resetVisitFlag();
    }
}
int main() {
    const int CNT = 4;
    string nodes[] = { "Vertex1","Vertex2", "Vertex3", "Vertex4" };
    int adjMat[] = { 0, 1, 1, 1, 1, 0, 1, 0, 1, 1, 0, 1, 1, 0, 1, 0};
    Graph<string> g( CNT, nodes, adjMat);
    g.show();
    DepthFirstShowTest(g);
    return 0;
}
```

程序运行结果如下：

图的邻接表结构：

Vertex1 -> Vertex2 + Vertex3 + Vertex4 + .

Vertex2 -> Vertex1 + Vertex3 + .

Vertex3 -> Vertex1 + Vertex2 + Vertex4 + .

Vertex4 -> Vertex1 + Vertex3 + .

深度优先遍历：

Vertex1 ->Vertex2 ->Vertex3 ->Vertex4 ->

Vertex2 ->Vertex1 ->Vertex3 ->Vertex4 ->

Vertex3 ->Vertex1 ->Vertex2 ->Vertex4 ->

Vertex4 ->Vertex1 ->Vertex2 ->Vertex3 ->

10.3.2　基于广度优先策略的遍历

1. 基于广度优先策略的遍历算法描述

基于广度优先搜索策略遍历图，就是优先考虑直接近邻的结点，逐渐向远处扩展到图的所有结点。该过程中的基本任务是以广度优先的策略搜索下一个未被访问的结点。类似于二叉树的层次遍历，在基于广度优先策略的图的遍历操作中，通过设立一个队列结构来保存访问过的结点，以便在继续遍历中依次访问它们的尚未被访问过的邻接点。图的广度优先遍历算法描述如下：

(1)从图中选定的一个结点(设该结点编号为 m，结点值为 s)作为出发点，访问该结点。

(2)将访问过的结点(编号为 m，值为 s)送入队列(Enqueue)。

(3)当队列不空时，进入以下的循环：

①队首结点(设该结点编号为 i，值为 k)从队列出队(Dequeue)，标记为 v_i；

②访问与 v_i 有边相连且未被访问过的所有结点 v_n(结点编号为 n，值为 t)，访问过的结点 v_n 入队。

(4)当队列空时，循环结束，说明从结点 s 开始能够到达的所有结点都已被访问过。

用广度优先算法对图进行遍历时，由于使用队列结构保存访问过的结点，若结点 v_1 在结点 v_2 之前被访问，则与结点 v_1 相邻接的结点将会在与结点 v_2 相邻接的结点之前被访问。图 10.10 显示从不同的结点进行广度优先搜索遍历所得到的不同结点序列。

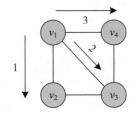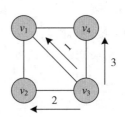

(a) 从顶点 v_1 出发的一种广度优先遍历序列 $\{v_1, v_2, v_3, v_4\}$　　(b) 从顶点 v_3 出发的一种广度优先遍历序列 $\{v_3, v_1, v_2, v_4\}$

图 10.10　图的广度优先搜索遍历过程

对于一个连通的无向图或强连通的有向图，从图的任一结点出发，进行一次广度优先搜索便可遍历全图；否则，只能访问图中的一个连通分量。

对于有向图，每条弧 $<v_i, v_j>$ 被检测一次，对于无向图，每条边 (v_i, v_j) 被检测两次。

2. 邻接矩阵图的广度优先遍历算法实现

在以邻接矩阵存储的图 AdjMatG 类中，增加一个成员函数 BreadthFirstShow 实现基于广度优先策略的遍历算法，其实现编码如下所示：

```
// 从结点 m:[0-count-1]开始的广度优先遍历, m 为起始结点序号
void BreadthFirstShow( int m) {
    int i, n;`
    queue<int> qi;                          //设置空队列
```

```
    _pVertexList[m]->show();                //访问起始结点
    _pVertexList[m]->visited = true;        //设置访问标记
    qi.push(m);                             //访问过的 m 结点入队
    while (qi.size()！= 0) {                 //队列不空时进入循环
        i = qi.front(); qi.pop();           //队首出队,i 是结点下标
        n = 0;
        int * p = _pAdjMat + i * _count;
        while (n < _count) {                //查找与 i 相邻且未被访问的结点
            if (*(p + n)！= 0 && ! _pVertexList[n]->visited) {
                _pVertexList[n]->show();
                _pVertexList[n]->visited =true;
                qi.push(n);
            }
            n++;
        }
    }
}
```

在例 10.1 的 main 函数中, 修改为下列语句, 以分别从每一结点出发测试广度优先遍历操作:

```
BreadFirstShowTest(g);
```

模板函数 BreadFirstShowTest 的代码如下:

```
template <typename T> void BreadFirstShowTest(AdjMatG<T>& g) {
    cout<< "广度优先遍历:" << endl;
    for (int i = 0; i < g.count(); i++) {
        g.BreadthFirstShow(i);
        cout<< endl;
        g.resetVisitFlag();
    }
}
```

该代码运行的结果如下:

广度优先遍历:

Vertex1 ->Vertex2 ->Vertex3 ->Vertex4 ->

Vertex2 ->Vertex1 ->Vertex3 ->Vertex4 ->

→Vertex3 →Vertex1 →Vertex2 →Vertex4 →

→Vertex4 →Vertex1 →Vertex3 →Vertex2 →

3. 邻接表图的广度优先遍历算法实现

在以邻接表存储的图 Graph 类中，增加一个成员函数 BreadthFirstShow 实现图的广度优先遍历操作。该方法如下所示：

```cpp
// 从结点 m:[0-count-1] 开始的广度优先遍历, m 为起始结点序号
void BreadthFirstShow( int m ) {
    int i, j;
    vector<GraphNode<T> * > * pNB;
    queue<int> qi;                              // 设置空队列
    ( * _pnodes)[m]->show();                    // 访问起始结点
    ( * _pnodes)[m]->visited = true;            // 设置访问标记
    qi.push(m);                                 // 访问过的 m 结点入队
    while (qi.size() ! = 0) {                    // 队列不空时进入循环
        i = qi.front(); qi.pop();               // 队首出队, i 是结点下标
        pNB = ( * _pnodes)[i]->neighbors;
        for (j = 0; j < pNB->size(); j++) {
            if (! pNB->at(j)->visited) {        // 查找与 i 相邻且未被访问的结点
                pNB->at(j)->show();
                pNB->at(j)->visited = true;
                qi.push(index( *(pNB->at(j))));
            }
        }
    }
}
```

10.4　最小代价生成树

图（graph）可以看成是树（tree）和森林（forest）的推广，树和森林则分别是图的某种特例，下面首先从图的角度来看待树和森林，然后讨论图的生成树、最小代价生成树等概念。

10.4.1　树和森林与图的关系

树和森林都是特殊的图。树是连通的无回路的无向图，树中的悬挂点称为叶子结点，其他的结点称为分支结点。森林则是诸连通分量均为树的图。

树是一种简单图，因为它无环也无重边。若在树中任意一对结点之间加上一条边，则形成图中的一条回路；若去掉树中的任意一条边，则树变为森林，整体是一种非连通图。树和森林与图的关系如图 10.11 所示。

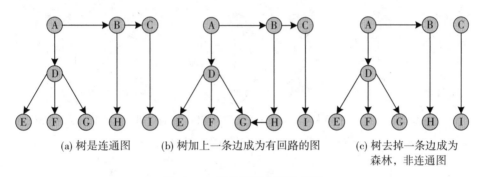

(a) 树是连通图　　　　(b) 树加上一条边成为有回路的图　　　(c) 树去掉一条边成为
　　　　　　　　　　　　　　　　　　　　　　　　　　　　森林，非连通图

图 10.11　树和森林与图的关系

对一棵树 T 而言，其结点数为 n，边数为 m，那么有 $n-m=1$。

10.4.2　图的生成树

1. 生成树的定义

无向图 G 的生成子图 T 如果是一颗树，则树 T 称为图 G 的生成树(spanning tree)。由定义知，图 G 的生成树 T 具有与图 G 相同的结点集合，它包含原图结构中尽可能少的边，但仍然构成连通图。如果在生成树中加入一条边，则产生回路；如果删除生成树中的一条边，生成树将被分成不连通的两棵树。

假设有一个铁路网络图，图中结点表示城市，边表示连接两个城市的铁路线路，则该图的生成树包含图中的所有结点(城市)和尽可能少的边(铁路线路)，但任意两个城市仍然是可通达的。

设 $G=(V, E)$ 是一个连通的无向图，从图 G 的任意一个结点 v 出发进行一次遍历所经过的边的集合为 TE，则 $T=(V, \text{TE})$ 是 G 的一个连通子图，它实际上是图 G 的一棵生成树。可见,任意一个连通图都至少有一棵生成树。

图的生成树不是唯一的,从不同的结点出发遍历图的结点可以得到不同的生成树,采用不同的搜索策略也可以得到不同的生成树。具有 n 个结点的连通无向图的生成树有 n 个结点和 $n-1$ 条边。对图的任意两个结点 v_i 和 v_j,在生成树中,v_i 和 v_j 之间只有唯一的一条路径。

以深度优先策略遍历图得到的生成树,称为深度优先生成树;以广度优先遍历得到的生成树,称为广度优先生成树。连通无向图的生成树如图 10.12 所示,强连通有向图的生成树如图 10.13 所示。

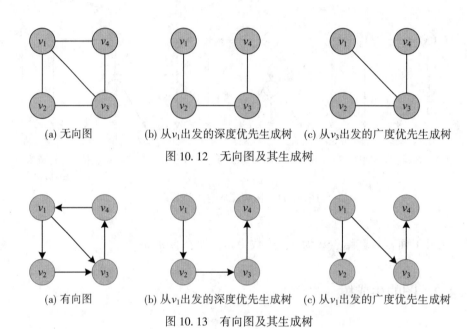

(a) 无向图　　　(b) 从 v_1 出发的深度优先生成树　　　(c) 从 v_3 出发的广度优先生成树

图 10.12　无向图及其生成树

(a) 有向图　　　(b) 从 v_1 出发的深度优先生成树　　　(c) 从 v_1 出发的广度优先生成树

图 10.13　有向图及其生成树

2. 生成森林

如果图 G 是非连通的无向图,它的各连通分量的生成树构成图 G 的生成森林(spanning forest)。生成森林中的每棵树是对非连通图 G 进行一次遍历所能到达的一个连通分量。

3. 带权图的生成树

图 10.14 显示一个带权图及其生成树。因为带权图的权值常用来表示代价、距离等,所以称一个带权图的生成树各边的权值之和为生成树的代价(cost)。一般地,一个连通图的生成树不止一棵,各生成树的代价可能不一样,图 10.14 中图的两棵生成树的代价分别为 21 和 18。

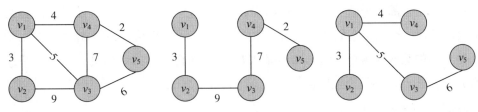

(a) 带权的无向图　　　　(b) 从v_1出发的深度优先生成树　(c) 从v_1出发的广度优先生成树

图 10.14　带权图及其生成树

10.4.3　图的最小代价生成树

在表示城市之间的铁路网络的图结构中，结点表示城市，边表示城市之间的铁路线路，边上的权值表示相应的路程。该图的不同生成子树的边长之和(铁路总长)可能是不同的，其中某些生成树给出连接每个城市的具有最小代价(路程)的铁路布局。许多生产和科研问题都蕴含着与这个例子类似的需求，即需要求取图的最小代价生成树。

若 G 是一个连通的带权图，则它的生成树 T 中各边的权值之和 $w(T)$ 称为图 G 的生成树的代价(cost)，它等于：

$$w(T) = \sum_{e \in T} w(e)$$

其中，$w(e)$ 为边 e 上的权。代价最小的生成树称为图的最小代价生成树(minimum cost spanning tree，MCST)，简称最小生成树(minimal spanning tree，MST)。

按照生成树的定义，具有 n 个结点的连通图的生成树有 n 个结点和 $n-1$ 条边，其中最小代价生成树具有下列 4 条性质：

(1)包含图中的 n 个结点；

(2)包含且仅包含图中的 $n-1$ 条边；

(3)不包含产生回路的边；

(4)最小生成树是各边权值之和最小的生成树。

在图中构造最小生成树有两种典型的算法：克鲁斯卡尔(Kruskal)算法和普里姆(Prim)算法。它们都在逐步求解的过程中利用了最小生成树的一条简称为 MST 的性质：假设 $G=(V, E)$ 是一个连通加权图，若 $e(u, v)$ 是图中一条具有最小权值的边，其中 u 和 v 是边 e 关联的两个结点，则必存在一颗包含边 $e(u, v)$ 的最小生成树。

1. Kruskal 算法

设连通带权图 $G=(V, E)$ 有 n 个结点和 m 条边。克鲁斯卡尔算法的基本思想是，最初先构造一个包括全部 n 个结点、但无边的森林 $T = \{T_1, T_2, \cdots, T_n\}$；然后依照边的权值从小到大的顺序，逐边将它们放回到所关联的结点上，但删除会生成回路的边；由于边的加入，使 T 中的某两棵树合并为一棵，森林 T 中的树的棵数减 1。经过 $n-1$ 步，最终得到一棵有 $n-1$ 条边的最小代价生成树。

Kruskal 算法描述如下：

(1)构造 n 个结点和 0 条边的森林；依照边的权值大小从小到大将边集排序。

(2)进入循环，依次选择权值最小、但其加入不产生回路的边加入森林，直至该森林变成一棵树为止。

以 Kruskal 算法构造连通带权图的最小生成树的过程如图 10.15 所示。

构造最小生成树时，从权值最小的边开始，选择 $n-1$ 条权值较小的边构成无回路的生成树；每一步选择权值尽可能小的边，但是，并非每一条当前权值最小的边都可选。这样的逐步求解过程使得生成树的代价最小。

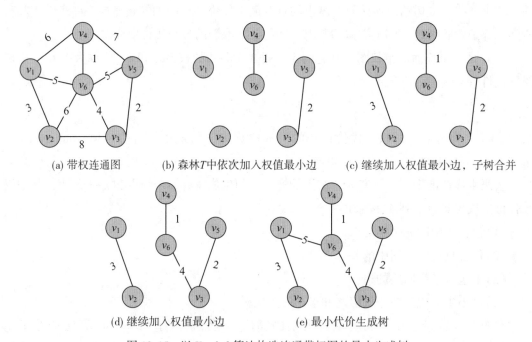

(a) 带权连通图　　(b) 森林 T 中依次加入权值最小边　　(c) 继续加入权值最小边，子树合并

(d) 继续加入权值最小边　　(e) 最小代价生成树

图 10.15　以 Kruskal 算法构造连通带权图的最小生成树

2. Prim 算法

普里姆算法从连通带权图 $G = (V, E)$ 的某个结点 s 逐步扩张成一颗生成树。Prim 算法描述如下：

(1) 生成树 $T=(U, E_T)$ 开始仅包括初始结点 s，即 $U=\{s\}$。

(2) 进入循环，选择与 T 相关的具有最小权值的边 $e(u, v_i)$，$u \in U$，$v_i \in V-U$，将该边与结点 v_i 加入到生成树 T 中，直至产生一个 $n-1$ 条边的生成树。

图 10.16 所示为以 v_4 为初始结点根据 Prim 算法构造连通带权图的最小生成树的过程。

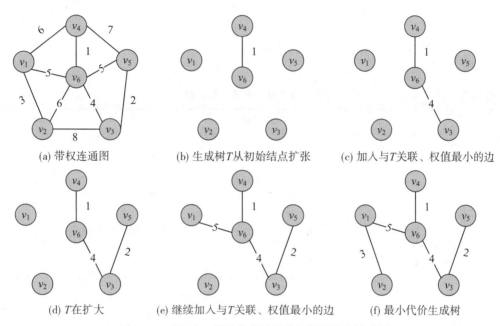

图 10.16　以 Prim 算法构造连通带权图的最小生成树

10.5　最　短　路　径

在城市间的铁路网络图中，从一个城市到达另一城市可能存在多条路径，不同路径的长度一般是不同的，其中有一条路径的里程最短，这个例子包含着图中两结点间最短路径的概念。

设有一个带权图 $G=(V, E)$，如果图 G 中从结点 v_s 到结点 v_n 的一条路径为 $(v_s, v_1, v_2, \cdots, v_n)$，其路径长度不大于从 v_s 到 v_n 的所有其他路径的长度，则该路径是从 v_s 到 v_n 的最短路径 (shortest path)，v_s 称为源点，v_n 称为终点。

在边上权值非负的带权图 G 中，若给定一个源点 v_s，求从 v_s 到 G 中其他结点的最短路径称为单源最短路径问题。依次将图 G 中的每个结点作为源点，求每个结点的单源最短路径，则可求解所有结点间的最短路径问题。

例如，对于图 10.16(a) 中的带权图，其邻接矩阵为

$$A = \begin{bmatrix} 0 & 3 & \infty & 6 & \infty & 5 \\ 3 & 0 & 8 & \infty & \infty & 6 \\ \infty & 8 & 0 & \infty & 2 & 4 \\ 6 & \infty & \infty & 0 & 7 & 1 \\ \infty & \infty & 2 & 7 & 0 & 5 \\ 5 & 6 & 4 & 1 & 5 & 0 \end{bmatrix}$$

以 v_1 为源点的单源最短路径如表 10-1 所示。

表 10-1　　　　　　　　　　　以 v_1 为源点的单源最短路径

源　点	终　点	路　径	路径长度	最短路径
v_1	v_2	(v_1, v_2)	3	✓
		(v_1, v_6, v_2)	11	
	v_3	(v_1, v_6, v_3)	9	✓
		(v_1, v_2, v_3)	11	
	v_4	(v_1, v_4)	6	✓
		(v_1, v_6, v_4)	6	✓
	v_5	(v_1, v_6, v_5)	10	✓
		(v_1, v_6, v_3, v_5)	11	
	v_6	(v_1, v_6)	5	✓
		(v_1, v_4, v_6)	7	

这类最短路径问题可用函数迭代法求解。考虑有 n 个结点的网络，直接用编号 1，2，$\cdots$，n 标识结点，需要求解结点 $i(i=1, 2, \cdots, n-1)$ 到结点 n 的最小距离。函数迭代法将用到下列基本方程：

$$f(i) = \begin{cases} \min_{1 \le j \le n} \{c_{ij} + f(j)\}, & i = 1, 2, \cdots, n-1 \\ 0, & i = n \end{cases}$$

其中，$f(i)$ 表示结点 i 到结点 n 的最小距离，$f(j)$ 表示结点 j 到结点 n 的最小距离，c_{ij} 是连接结点 i 和结点 j 之间的距离(如果结点 i 和结点 j 之间有边，c_{ij} 就等于边上的权值，否则设为无穷大)。该方程的含义是，为求结点 i 到结点 n 的最小距离，先对每个结点 j，计算结点 i 到结点 j 的距离 c_{ij}，加上结点 j 到结点 n 的最小距离，计算出的若干结果中值最小的就是结点 i 到结点 n 的最小距离。

在上面的方程中，$f(i)$ 和 $f(j)$ 都是未知量，需要从已知条件出发，逐步迭代求解出最优解，体现了动态规划(dynamic programming)方法的解题思想，即问题总体是通过分阶段的动态过程求解的，迭代的基本思想是，先计算各结点经 1 步(即经过一条边)达到结点 n 的最短距离 $f_1(i)$，再计算各结点经 2 步到达结点 n 的最短距离 $f_2(i)$，依次类推，计算出结点 i 经 k 步到达结点 n 的最短距离为 $f_k(i)$。具体步骤如下：

(1)取初始函数 $f_1(i)$ 的值为各结点 i 经 1 步达到结点 n 的距离 c_{in}，其中 $c_{nn}=0$。

(2)对于 $k=2$，3，$\cdots$，用下面的方程求 $f_k(i)$：

$$f_k(i) = \begin{cases} \min_{1 \leqslant j \leqslant n}\{c_{ij} + f_{k-1}(j)\}, & i = 1,2,\cdots,n-1 \\ 0, & i = n \end{cases}$$

(3)当计算到对所有 $i=1,2,\cdots n$，均成立 $f_{k+1}(i)=f_k(i)$ 时停止。迭代次数不会超过 $n-1$，理论上可以证明，用函数迭代法确定的值序列 $\{f_k(i)\}$ 是个单调非增序列，并收敛于 $f(i)$。即算法迭代停止时的 $f_k(i)$ 就是结点 i 到结点 n 的最小距离 $f(i)$。达到最优后，可以根据计算过程回溯出从结点 i 达到结点 n 的最短路线。

习 题 10

10.1　简述图的基于邻接矩阵的存储结构和基于邻接表的存储结构。

10.2　对于如图 10.17 所示无向带权图，请给出：

(1)图的邻接矩阵。

(2)图中每个结点的度。

(3)从结点 a 出发，进行深度优先和广度优先遍历所得到路径和结点序列。

(4)以结点 a 为起点的一棵深度优先生成树和一棵广度优先生成树。

(5)分别以 Kruskal 算法和 Prim 算法构造最小生成树。在 Prim 算法中假设从结点 a 开始。

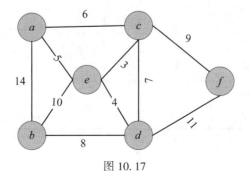

图 10.17

10.3 对于如图 10.18 所示有向图，请给出：

  (1) 图的邻接矩阵；

  (2) 图的邻接表；

  (3) 图中每个结点的度、入度和出度；

  (4) 图的强连通分量；

  (5) 从结点 v_1 出发，进行深度优先和广度优先遍历所得到的结点序列和边的序列。

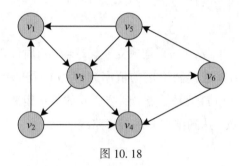

图 10.18

10.4 在邻接矩阵图类 AdjMatG 中实现查找某个特定结点的操作：

  int index(const Vertex<T>& k)

10.5 在邻接表图类 Graph 中实现判断结点间是否存在边的操作：

  bool containsDirectedEdge(const T& from, const T& to)

10.6 有 6 个城市，任何两个城市之间都有一条道路连接，6 个城市两两之间的距离如表 10-2 所示，用有权图来表示这 6 个城市之间的道路连接，计算城市 1 到城市 6 的最短距离。

表 10-2

	城市 1	城市 2	城市 3	城市 4	城市 5	城市 6
城市 1	0	2	3	1	12	15
城市 2	2	0	2	5	3	12
城市 3	3	2	0	3	6	5
城市 4	1	5	3	0	7	9
城市 5	12	3	6	7	0	2
城市 6	15	12	5	9	2	0

第11章 查找算法

查找操作是指在特定的数据集合中寻找符合某种条件的数据元素的过程，一般是按数据的内容找到数据对象，这是数据处理中频繁进行的一种操作。在程序设计中，查找是一项重要的基本技术。

本章介绍查找操作及其相关算法的基本概念，讨论若干适用于不同数据结构的经典查找技术，如线性表的顺序查找、二分查找和分块查找算法，二叉排序树的查找算法以及哈希表的查找算法；此外还将分析、比较各种查找算法所适用的存储结构和执行效率。

本章在算法与数据结构库项目 dsa 中增加查找算法与查找表结构等相关模块，并用名为 searchtest 的应用程序型项目实现对各种查找算法及相关数据结构的测试和演示程序。

11.1　查找与查找表

在生活、学习和工作中，人们经常要进行某种查找操作，例如，在字典中查找单词，在电话簿中查找电话号码等。与此类似，在数据处理中，常常需要在一组数据中寻找满足某种给定条件的数据元素，这种查找操作是经常使用的一种重要运算。

11.1.1　查找操作相关基本概念

1. 关键字、查找操作、查找表与查找结果

关键字（key）是数据元素类型中用于识别不同元素的某个域（字段），能够唯一地标识数据元素的关键字称为主关键字（primary key）。查找（search）操作是在特定的数据集合中寻找满足某种给定条件的数据元素的过程，这里所谓的满足某种给定条件的数据元素，一般是指它的关键字等于特定的值。

被实施查找操作的数据集合称作查找表（search table），一般而言，查找表是同一种数据类型的数据元素的有限集合。查找表可以是各种不同的数据结构，如表 11-1 所示的通

信簿可以看成是一个顺序存储结构的线性表，这样的通信簿称为顺序查找表。树结构和图结构也常是实施查找操作的对象。例如，主流的计算机文件系统是一个树型结构的数据集合，目录、子目录是树中的分支节点，文件是树的叶子结点，可以在文件系统中以文件名、文件长度、日期等作为关键字查找特定的文件，此时文件系统成为树形查找表。

表 11-1   通 信 簿

姓名	电话号码	电子邮箱
王红	785386	wh@ 126. cn
张小虎	684721	zxh@ whu. edu. cn
刘胜利	1367899	lsl@ pku. edu. cn
李明	678956	lm@ whu. edu. cn

查找操作一般是指按关键字的内容找到数据元素的过程，即，查找操作是根据给定的某个值 k，在查找表中确定关键字与 k 相同的数据元素。通过查找操作可以查询某个特定数据元素是否在查找表中，或检索查找表中某个特定数据元素的属性。查找操作有查找成功与查找不成功等两种基本的结果：如果在查找表中存在关键字与 k 相同的数据元素，则查找成功；否则，查找不成功。

例如，在表 11-1 所示的通信簿中，以姓名为关键字，查找是否有"刘胜利"的记录，即待查关键字 k ="刘胜利"。一个简单的查找过程是：从查找表的第 1 个数据元素开始依次比较当前记录的关键字(姓名)和 k 的值是否相等，因第 3 个数据元素的姓名与 k 相同，则查找成功。如果设待查关键字 k ="李伟"，通信簿中所有数据元素的姓名都不等于 k，则该查找过程将会得到不成功的结果。

2. 静态查找表与动态查找表

对查找表除了进行查询和检索操作外，也可能进行其他的操作，如在查找表中插入新的数据元素或删除已存在的数据元素。根据查找表数据是否变化，可以将查找表分为静态查找表和动态查找表。

静态查找表(static search table)：不需要对一个查找表进行插入、删除操作，仅作查询和检索操作，例如，字典是我们经常使用的一种工具，我们在字典中查找时，不需要进行诸如插入、删除等操作，所以字典可以视为是一个静态查找表。

动态查找表(dynamic search table)：需要对一个查找表进行插入、删除操作，例如，一本个人电话簿在使用的过程中，有时在查询之后，还需要将查询结果为"不在查找表中"

的数据元素插入到查找表中；或者，从查找表中删除查询结果为"在查找表中"的数据元素。总之，动态查找表经常需要增加或删除数据元素。所以，电话簿可以视为是一种动态查找表。

3. 查找方法

一般情况下，数据元素在查找表中所处的存储位置与它的内容无关，那么按照内容查找某个数据元素时不得不进行一系列值的比较操作，往往需穷举查找表中的所有元素。顺序查找是查找满足特定条件的数据元素的基本方法，要提高查找效率，需要特定的查找方法。

查找方法一般因数据的逻辑结构及存储结构的不同而变化。一般而言，如果数据元素之间不存在明显的组织规律，则不便于查找。为了提高查找的效率，需要在查找表的元素之间人为地附加某种确定的关系，亦即改变查找表的结构，如先将数据元素按关键字值的大小排序，就可以实施高效的二分查找算法。

查找表的规模也会影响查找方法的选择。对于数据量较小的线性表，可以采用顺序查找算法。例如，从个人电话簿的第一个数据元素开始，依次将数据元素的关键字与待查关键字 k 比较，进行查找操作。

当数据量较大时，顺序查找算法执行效率很低，这时可采用分块查找算法。例如，在词典中查找单词，从头开始进行顺序查找的方法效率低、速度慢，恐怕没有人会经常以这种方式在词典中查找特定的词汇。一般我们会分两步来查找某个特定的单词：首先确定单词首字母的起始页码，再依次根据单词后几个字母的内容，就可以快速准确地定位单词，并查阅其含义。这是因为词典是按字母顺序分块排列词条，并且在一个索引表中为每个分块建立相应的索引。借助于索引表，分块查找可以大大地缩小查找范围。

综上所述，在数据集合中查找满足特定条件的数据元素的基本方法是基于穷举法的顺序查找，要提高查找效率，可先将数据按一定方式整理存储，如排序、分块索引等。完整的查找技术包含存储（又称造表）和查找两个方面。总之，要根据不同的条件选择合适的查找方法，以求快速高效地得到查找结果。本章将讨论若干种经典的查找技术。

4. 查找算法的性能评价

查找的效率直接依赖于数据结构和查找算法。查找过程中的基本运算是关键字的比较操作，衡量查找算法效率的最主要标准是平均查找长度（average search length，ASL）。平均查找长度是指查找过程所需进行的关键字比较次数的期望值，即有

$$\text{ASL} = \sum_{i=0}^{n-1} p_i \times c_i$$

式中，p_i 是要查找的数据元素出现在位置 i 处的概率，n 是其可能出现的不同位置数目，通常等于查找表中数据元素的个数。被查找的数据元素处在查找表中不同的位置 i，则查找相应数据元素需进行的关键字比较次数往往是不同的，用 c_i 表示关键字比较次数。

一般要查找的数据元素的出现概率分布 p_i 很难精确确定，通常考虑等概率出现的情况，即对于 m 个可能出现的位置，可设 $p_i = 1/m$。还需区别查找成功和查找不成功的平均查找长度 ASL，因为它们通常不同，分别用 $ASL_{成功}$ 和 $ASL_{不成功}$ 表示。

11.1.2　C++内建数据结构中的查找操作

数组和 C++标准库中的 vector、list 及 map 等数据集合类型支持较为方便地实施查找操作，标准库中的 algorithm 模块包含了高效、实用的查找算法实现。

1. C++标准库 algorithm 模块的查找算法

广义的查找操作是指找到满足一定条件的某元素的过程，这也包括给定数组或其他序列容器某一元素的下标(index)找到该元素的值，该过程也可以看成是一种特殊的查找操作，在数组中，其时间复杂度为 $O(1)$。一般来说，查找是按数据的内容找到数据对象，例如，在数据集合中查找具有特定值的元素。最基本的查找方法是：对于给定待查关键字 k，从集合的一端开始，依次与每个数据元素的关键字进行比较，直到查找成功或不成功。

C++标准库 algorithm 模块提供了多种重载(overloaded)形式的 find( ) 或 find_if( ) 模板函数实现查找操作，它们分别具有下列形式：

(1) `Iterator find(Iterator first, Iterator last, const T& k);`

模板函数 find( ) 在范围[first, last)中顺序查找具有指定值 k 的第一个匹配元素的位置。参数 first 是用于确定搜索范围中的起始元素位置的输入迭代器，参数 last 是用于确定搜索范围中的尾元素的后继元素位置的输入迭代器，参数 k 为要搜索的值。如果在范围[first, last)中存在具有指定值 k 的元素，则函数返回指向第一个匹配元素位置的输入迭代器，如果找不到这样的元素，则返回 last。

下面的语句调用 find 函数完成找到整型数组 a 中第一个 5 的位置的任务：

`auto p = find(a, end(a), 5);`

(2) `Iterator find_if(Iterator first, Iterator last, UnaryPredicate match);`

模板函数 find_if( ) 在范围[first, last)中找到满足条件的元素，如果存在满足条件的元素，则函数返回指向第一个匹配元素位置的输入迭代器，如果找不到这样的元素，则返回 last。第三个参数 match 为定义要搜索的元素应满足的条件的谓词，其类型为函数对象

function<bool(const T&) >。

下面的语句调用 find_if 函数完成找到整型容器 v 中第一个偶数的位置的任务：

vector<int> v {1, 2, 3, 4, 5, 6, 7, 8, 9};

auto result = find_ if(begin(v), end(v), [ ](int i) {return i% 2 = = 0;});

上述查找函数返回以迭代器形式指示的匹配项的位置，以方便后续的操作。C#/Java 语言通过相关数据集合中的 IndexOf 方法实现查找操作，它返回给定数据在指定范围内首次出现的索引，如果查找不成功，返回−1。这种形式在某些情况下便于后续的操作。推荐在 C++中设计 index 和 index_if 函数，以提供不同的表达形式。

```
template <typename IIt, typename T>
int index( IIt first, IIt last, const T& k) {
    auto p = find( first, last, k);
    if (p = = last) {return -1;}
    else {
        int idx = 0; auto pf = first;
        while (pf++ ! = p)idx++;
        return idx;
    }
}

template <typename IIt,typename Predicate>
int index_ if( IIt first, IIt last, Predicate pred) {
    auto p = find_if( first, last, pred);
    if (p = = last) {return -1; }
    else {
        int idx = 0; auto pf = first;
        while (pf++ ! = p)idx++;
        return idx;
    }
}
```

对于已按元素关键字的值排序的数据集合，C++标准库中的 binary_search 函数实现更高效的二分查找(binary search)技术：

bool binary_ search(Iterator first, Iterator last, constT& k);

模板函数 binary_search( )在范围[first, last)中应用二分查找算法查找具有指定值 k 的匹配元素，如果在范围中找到这样的元素，则返回 true；否则，返回 false。

2. C++标准库中的关联容器

C++标准库包含了几个用来表示"<键，值>对"的容器类，以 map 类模板为例，它提供了表示<键，值>对（key-value pair）的集合，即，集合的每个元素都是<键，值>对形式的对象。

map 在存储和检索数据时实施哈希技术，它根据<键，值>对中"键"的哈希码来决定其存储位置，即根据键的哈希码组织<键，值>对，因而提供了从一组键到一组值的映射，键的作用类似于数组中的下标，可以直接通过键来索引集合内的元素。可见，在 map 集合中可以通过键来检索值，其速度非常快。在 C#、Java 和 Python 等编程语言中，map 这种类型称为字典 Dictionary。

11.2　线性表查找技术

顺序查找是在数据集合中查找满足特定条件的数据元素的基本方法，针对线性表的查找操作有三种常用方法：顺序查找，二分查找和分块查找。要根据不同的条件选择合适的查找方法，以求快速高效地得到查找结果。

11.2.1　顺序查找

在线性表中进行查找的最基本算法是顺序查找（sequential search），又称为线性查找（linear search）。为了查找关键字值等于 k 的数据元素，从线性表的指定位置开始，依次将 k 与每个数据元素的关键字进行比较，直到查找成功，或到达线性表的指定边界时仍没有找到关键字等于 k 的数据元素，则查找不成功。数组和线性表是常用的数据集合，也常常被实施查找操作，因而是典型的顺序查找表。

1. 顺序查找的基本思想

设已在数组或顺序表中保存了一组数据元素 items，在其中查找一个给定值 k，可以采用如下所述的顺序查找算法：

（1）初始化，令 $i=0$。

（2）进入循环：比较序号为 i 的数据元素的关键字是否等于 k，如果相等，则查找成功，查找过程结束；否则 i 自增 1，即 i++，继续比较直至查找表中的所有元素。

（3）如果查找成功，则算法返回关键字值等于 k 的元素序号 i；如果表中所有数据元素的关键字都不等于 k，则查找不成功，算法返回-1。

数组或顺序表的顺序查找过程如图 11.1 所示。

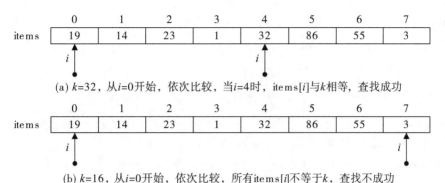

(a) $k=32$，从 $i=0$ 开始，依次比较，当 $i=4$ 时，items[i]与 k 相等，查找成功

(b) $k=16$，从 $i=0$ 开始，依次比较，所有 items[i]不等于 k，查找不成功

图 11.1　数组的顺序查找过程

2. 顺序查找算法模块的定义

设计实现顺序查找算法的模块 LinearSearch，包含实现文件 .cpp 和头文件 .h，各功能以全局函数模板的形式呈现，以适应不同类型的线性数据结构，增强算法实现的可重用性。

顺序查找算法具体实现在函数 Index( )，IndexIf( )，Contains( ) 和 ContainsIf( ) 中，相应的编码如下：

```
//查找 k 值在顺序表中的位置,查找成功时返回 k 值首次出现位置,否则返回-1
template <typename IIt, typename T>
int Index( IIt first, IIt last, const T& k) {
    int i = 0; auto pitems = first;
    while (pitems ! = last && *pitems ! = k) {i++; pitems++;}
    if (pitems == last)return -1;
    else return i;
}
template <typename IIt, typename Predicate>
int IndexIf( IIt first, IIt last, Predicate pred) {
    int i = 0; auto pitems = first;
    while (pitems ! = last && ! pred( *pitems)) {i++; pitems++;}
```

```
    if (pitems = = last)return -1;
    else return i;
}
template <typename IIt, typename T>
bool Contains( IIt first, IIt last, const T& k) {
    int j = Index( first, last, k);
    if (j ! = -1) return true;
    else  return false;
}
template <typename IIt, typename Predicate>
bool ContainsIf( IIt first, IIt last, Predicate pred) {
    int j = IndexIf( first, last, pred);
    if (j ! = -1) return true;
    else return false;
}
```

下面的例子应用所实现的 IndexIf( ) 函数，在一个 list 对象中查找第一个偶数的序号，返回值表达查找的结果。容易看出，该函数也能方便地应用于数组、vector 和 forward_list 等类型的对象。

```
list<int> v {1, 2, 3, 4, 5, 6, 7, 8, 9};
int result = IndexIf( begin( v), end( v), [ ]( int i){return i% 2 = =
0;});
```

3. 算法分析

同前面的章节保持一致，在下面的分析中假定线性查找表中的元素序号从零开始。

设线性查找表的长度为 n，查找位置 i 处元素的概率为 p_i，假设为等概率分布条件，即 $p_i = 1/n$。如果线性查找表中位置 i 处的元素的关键字等于 k，进行 $c_i = i+1$ 次比较即可找到该元素。

对于成功的查找，关键字的平均查找长度 $\text{ASL}_{成功}$ 为

$$\text{ASL}_{成功} = \sum_{i=0}^{n-1} p_i \times c_i = \frac{1}{n} \sum_{i=0}^{n-1} (i+1) = \frac{1}{n} \times \frac{n(n+1)}{2} = \frac{n+1}{2}$$

每个不成功的查找，都只有在 n 次比较后才能确定，故关键字的平均查找长度 $\text{ASL}_{不成功}$ 为 n，即

$$\text{ASL}_{\text{不成功}} = \sum_{i=0}^{n-1} p_i \times c_i = \sum_{i=0}^{n-1} \frac{1}{n} \times n = n$$

可见，在等概率分布条件下，查找成功的平均查找长度约为线性表长度的一半，查找不成功的平均查找长度等于线性表中元素的个数。由此可知，顺序查找算法的时间复杂度为 $O(n)$。

11.2.2　二分查找

如果顺序存储结构的数据元素已经按照关键字值的大小排序，则可以在其上进行二分查找（binary search），二分查找又称折半查找。

1. 二分查找的基本思想

不失一般性，假定顺序查找表的数据元素是按照升序排列的，对于待查关键字值 k，从表的中间位置开始比较，如果当前数据元素的关键字等于 k，则查找成功，返回查找到的数据元素的序号。否则，若 k 小于当前数据元素的关键字，则以后在查找表的前半部分继续查找；反之，则在查找表的后半部分继续查找。依照同样的方法重复进行这一过程，直至全部数据集搜索完毕，如果仍没有找到，则说明查找不成功，返回一个负数。

以如下数据序列 $\{1, 3, 14, 19, 23, 32, 55, 86\}$（仅考虑数据元素的关键字）为例，假设要查找 $k=23$，二分查找算法描述如下：

（1）初始化。令变量 left 和 right 分别为查找范围的左边界和右边界，即 left = 0，right = 7，计算变量 mid = （left + right）/ 2，即设置 mid 是 left 和 right 的平均数（取整），此时 mid = 3，将线性表下标为 mid 的数据元素与 k 进行比较，即比较 items[mid] 与 k，如图 11.2（a）所示。

（2）因为 $k>$ items[mid]，故以后只需在线性表的后半部继续比较，查找范围缩小，left 上移，right 不变，即令 left = mid+1 = 4，right = 7，并更新 mid = 5，如图 11.2（b）所示。

（3）再比较 k 与 items[mid]，有 $k<$ items[mid]，说明以后只需在 mid 的前半部继续比较，查找范围缩小。left 不变，right 下移，即令 right = mid−1 = 4，并更新 mid = 4，如图 11.2（c）所示。此时若 $k ==$ items[mid]，则查找成功，mid 为查找到的数据元素的序号，将其值返回。

（4）如果经过多次移动 left 和 right，使得 left>right，说明查找不成功，返回一个负数 r 来标明查找不成功，这个负数的反码（又称按位补码）i 正好是将 k 插入线性表并保持其排序的正确位置。

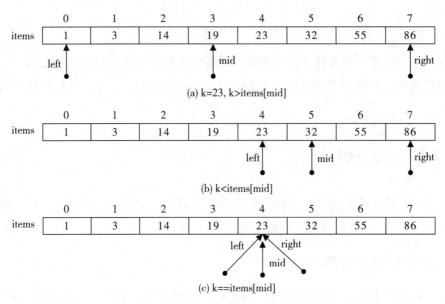

图 11.2　二分查找的过程

2. 二分查找算法实现

在模块 LinearSearch 中增加实现二分查找算法的 BinarySearch 函数模板。该函数通过返回一个整数值来表明查找的结果，这不同于 C++标准库的 binary_search 函数。

```cpp
template <typename T>
int BinarySearch(const T& k, const T * items, int len) {
    int mid = 0, left = 0;
    int right = len - 1;
    while (left <= right) {
        mid = (left + right) /2;
        if (k == items[mid])
            return mid;
        else if (k < items[mid])
            right = mid - 1;
        else
            left = mid + 1;
    }
    if (k > items[mid])mid++;
```

```
    return ~mid;
}
```

返回整数的方案与 C#/Java 类库中的 BinarySearch 方法相同。如果在数组 items 的区域 range=[0, len)中找到 k，则返回某个值为 k 的元素的索引(零或正整数，如果区域中含有多个值为 k 的元素，则无法保证找到的是哪一个)。如果找不到 k，则返回值为一个负数 r，其反码(又称按位补码)i(即 i=~r)正好是将 k 插入原序列并保持其排序的正确位置。即，如果 k 小于区域中的一个元素，则返回区域中大于 k 的第一个元素的索引 i 的按位补码 r。r 和 i 之间存在如下关系：i=~r=-r-1，r=~i=-i-1。如果 k 大于数组 ar 中的所有元素，则返回最后一个元素的索引加 1 的按位补码。

整数返回值表达出更丰富且准确的内涵，便于在查找操作后实施其他操作。根据返回值的规则，如果返回值 r<0，则说明数组 items 中没有要查找的数据 k；如果返回值 r=-1，则说明 k<items[~r]=items[0]；如果~r=len，则说明 k>items[~r-1]=items[len-1]；其他情况则有 items[~r-1]<k<items[~r]。

【例 11.1】　创建一个具有随机值的数组，对其进行排序后测试顺序和二分查找算法。

```cpp
#include <iostream>
#include <algorithm>
#include "../dsa/LinearSearch.h"
#include "../dsa/dsaUtils.h"
int main() {        //LinearSearchTest.cpp
    const int CNT = 12; int items[CNT];
    RandomizeData(items,CNT,7,1,100);        //seed=7,[1,100)
    cout<< "随机排列: "; Show(items, CNT);
    cout<< "排序后 : ";
    sort(items, items + CNT); Show(items, CNT);
    int k = 50;
    int re = Index(items, items + CNT, k); cout << re << endl;
    re = BinarySearch(k, items, CNT);
    cout<<"k= "<< k <<", re= "<< re<<", i=~re= " <<~re<<endl;
    return 0;
}
```

程序运行结果如下：

随机排列: 1 53 46 22 47 20 92 36 84 62 15 86

排序后 ： 1 15 20 22 36 46 47 53 62 84 86 92

```
    -1
    k = 50, re = -8,i = ~re = 7
```

结果说明, 在随机产生的一组数中不包含 50 这个数; 如果要将 50 插入排好序的一组数中, 应该将它插入到 7 号位置, 即 47 和 53 之间, 才能保持其排序。

3. 算法分析

在长度 $n=8$ 的线性表中进行二分查找的过程如图 11.3 所示, 二分查找过程形成一棵二叉判定树。结点中的数字表示数据元素在线性表中的下标。

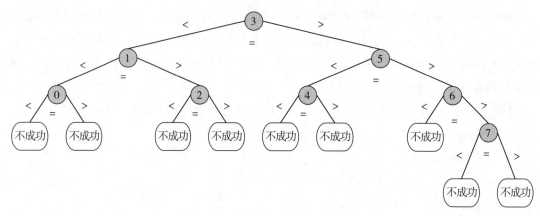

图 11.3 二分查找过程的二叉判定树

二叉判定树反映了二分查找过程中进行关键字比较的数据元素次序和操作的推进过程。当 $n=8$ 时, 线性表的左边界为 0, 即 left=0, 右边界为 7, 即 right=7, 第一次 k 与下标为 mid=(0+7)/2=3 的数据元素比较, 若相等, 则查找成功, 返回当前结点序号。若 k 值较小, 再与下标为 1 的数据元素比较, 否则与下标为 5 的数据元素比较; 继续查找依照同样的方法。

设二叉判定树的高度为 h, 则 h 满足下式:

$$2^h-1<n\leqslant 2^{h+1}-1$$

在二叉判定树中, 一次成功的查找将走过一条从根结点出发到二叉树中的某结点结束的路径, 进行比较操作的次数为这条路径所经过的结点个数, 最少为 1 次, 最多为 $[\log_2(n+1)]$, 平均比较次数与查找表元素个数 n 的关系为 $O(\log_2 n)$。

不成功的查找路径则总是从根结点到某个叶子结点, 平均比较次数与查找表元素个数 n 的关系也为 $O(\log_2 n)$。

因此, 二分查找算法的时间复杂度为 $O(\log_2 n)$。二分查找算法每比较一次, 如果查找成功,算法结束;否则,将查找的范围缩小一半。而顺序查找算法在每一次比较后,仅将查找范围缩小了一个数据元素。可见,二分查找算法的平均效率比顺序查找算法高。

顺序查找算法简单,对原始数据不要求已排序,适用于顺序存储结构和链式存储结构;二分查找算法虽然减少了查找次数,查找速度较快,但条件严格,要求数据序列是顺序存储并且已排序的,而对数据序列进行排序也是要花费一定的时间代价的。

11.2.3 分块查找

当数据量较小时,可以采用前面介绍的顺序查找算法;但当数据量较大时,顺序查找的效率比较低,查找操作所需花费的时间可能比较多。在一定条件下可以采用分块查找(blocking search)算法来提高查找速度。例如,在字典中查找单词一般都使用了分块查找方法,这是因为字典中的单词是按字母顺序分块排列的。借助于一个索引表,分块查找可以快速缩小查找范围,因而大大地提高查找效率。

1. 分块查找的基本思想

要对数据进行分块查找,首先需要将数据分块存储,即将数据序列中的数据元素存储在若干数据块中,数据块按照数据元素的关键字大小排序,而在每一个数据块内,各数据元素可以是排序的,也可以未排序,这种分块特性称为"块间有序"。

另设一个索引表(index table),记录每个数据块的起始位置。通过索引表的帮助,迅速缩小查找的范围。

为不失一般性,可以假定不同的数据块按照数据元素关键字的递增次序排列,亦即,处于较前面的块中的任意一个数据元素的关键字都小于后面块中的所有数据元素的关键字。

例如,字典可以看成是数据量较大的查找表,使用顺序查找方法来查字典显然是不合适的,适宜的方法是采用分块查找技术。为使查找方便,字典中的单词通常是按照字母顺序分块排列的,并且字典都有一个索引表指明每个数据块的起始位置,通过索引表的帮助,对一个单词的查找,就能限定到一个特定的块中较快地完成。应用了索引表和索引技术,分块查找因而又称为索引查找。

2. 静态查找表的分块查找

字典是一种典型的静态查找表,主要操作是查找,不需要进行诸如插入、删除等操作,可以采用顺序存储结构来存储数据。

字典分块查找算法的基本思想是:将所有单词排序后存放在数组 dict 中,并为字典设计一个索引表(index)，记录每个数据块的起始位置，即 index 表中的每个元素由首字母和块起始位置下标两部分组成，它们分别对应于单词的首字母和以该字母为首字母的所有单词在 dict 数组中的起始下标。

通过索引表 index，将较长的单词表 dict 在逻辑上划分成若干个数据块，以首字母相同的若干单词构成各自的数据块，每块的起始位置记录在索引表 index 中，由 index 表中对应于"首字母"列的"块起始位置下标"列标明。

在字典 dict 中查找给定的单词 token，使用分块查找算法包括下面两个步骤：

(1)在索引表 index 中查找 token 的首字母，以确定 token 在 dict 中的哪一个数据块。

(2)跳到相应数据块中，使用顺序或二分查找方法在块内查找 token。

3. 动态查找表的分块查找

动态查找表中的主要操作除查找外，还经常需要对查找表进行插入、删除操作。动态查找表的存储结构必须适应插入或删除操作给数据集带来的动态变化。

例如，个人电话簿是一种动态查找表。如果以顺序存储结构保存电话簿的数据，则进行插入、删除操作时必须移动大量的数据元素，运行效率低。如果以链式存储结构保存电话簿的数据元素，虽然插入、删除操作比较方便，但相应的缺点是，不仅花费的存储空间比较多，而且查找的效率也会被拉低。

以顺序存储结构和链式存储结构相结合的方式来存储数据集合中的元素，就可能既最大限度地利用空间，又提高运行效率。

【例 11.2】 创建动态分块查找表，对其测试分块查找算法。

为不失一般性，设每个数据元素仅由整数关键字组成。对于如下的数据序列：

$\{10,6,23,5,2,26,33,36,43,41,40,46,49,57,54,53,67,61,71,74,72,89,80,93,92\}$

采用如图 11.4 所示的分块存储结构。定义 BlockSearch 类表示动态分块查找表。类中的成员变量_blocks 数组充当各数据块的索引表，元素_blocks[i]指向 i 号数据块，其类型为线性表一章所定义的顺序表 SequencedList 类。设每个数据块最多可保存 10 个数据元素，_blocks[0]指向的数据块保存值为 0 到 9 的数据元素，_blocks[1]指向的数据块保存值为 10 到 19 的数据元素，依次类推。

初始化时各数据块作为空块构造出来，_blocks 数组的各元素记录各数据块的地址。在向查找表增加数据元素时，根据实际需要，将数据添加到相应的数据块中。析构函数销毁各数据块及_blocks 数组本身，程序设计实践遵循了 RAII 原则。

在动态分块查找表 BlockSearch 类中，insert 成员函数在表中插入新元素，insert_range 成员函数在表中插入一组元素，contains 成员函数查询表中是否包含给定值。

```
class BlockSearch{
```

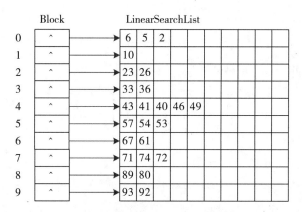

图 11.4　动态查找表的分块存储结构

```
private:
    SequencedList<int>* *_blocks;
    int _blocksize, _blocknum;
public:
    void insert(int k);
    void insert_range(const int * pdata, int cnt);
    bool contains(int k);
    BlockSearch(int capacity = 100, int blocksize = 10) {
        _blocksize = blocksize;
        if (capacity % blocksize == 0)
            _blocknum = capacity /blocksize;
        else
            _blocknum = capacity /blocksize + 1;
        _blocks = new SequencedList<int> *[_blocknum];
        for (int i = 0; i < _blocknum; i++)
            _blocks[i] = new SequencedList<int>(_blocksize);
    }
    ~BlockSearch() {
        for (int i = 0; i < _blocknum; i++)
            delete _blocks[i];
        delete [] _blocks;
    }
```

```cpp
    void show() {
        for (int i = 0; i < _blocknum; i++) {
            cout << "Block[" << i << "]";
            if (_blocks[i]->size() == 0)
                cout << " = . |" << endl;
            else {
                cout << "->";
                cout << _blocks[i]->str() << endl;
            }
        }
    }
};
```

成员函数 insert(k)将数据元素 k 添加到查找表中,它根据 k 的值确定应该添加到特定的数据块(由_blocks[k/_blocksize]指向的数据块),再调用 SequencedList 类的成员函数 push_back()将数据元素 k 添加到相应的数据块中。

```cpp
void insert(int k) {
    int i = k / _blocksize; if (k < 0)i = 0;
    if (k >= _blocksize * _blocknum) i = _blocknum - 1;
    _blocks[i]->push_back(k);
}
void insert_range(const int * pdata, int cnt) {
    for (int i = 0; i < cnt; i++) insert(pdata[i]);
}
```

contains()函数实现分块查找算法。首先根据分块规则,确定可能所属的数据块,再调用相应块的 contains()成员函数求得查找结果。

```cpp
bool contains(int k) {
    int i = k / _blocksize;
    cout << "search k= " << k << " in Block[" << i <<"] \t";
    bool found = _blocks[i]->contains(k);
    return found;
}
```

BlockSearch 类的测试程序如下:

```cpp
#include <iostream>
```

```
#include <algorithm>
#include "../dsa/BlockSearch.h"
#include "../dsa/dsaUtils.h"
int main() {      //BlockSearchTest.cpp
    const int CNT = 25; int items[CNT];
    RandomizeData(items,CNT,9,1,100);   //seed=9,25 个随机数[1,100]
    Show(items, CNT);
    BlockSearch bslist(100,10);
    bslist.insert_range(items, CNT); bslist.show();
    int k = 50;
    bool f = bslist.contains(k);
    cout<< "contains(" << k << ") = " << f;
    return 0;
}
```

程序运行结果如下:

```
    Block[0]->1
    Block[1]->19  11  11  18  14  12
    Block[2]->25  25  23
    Block[3] = . |
    Block[4]->44
    Block[5]->55  55  59  57
    Block[6]->68  64
    Block[7]->72  77  78  72
    Block[8]->85  87  86
    Block[9]->91
    search k= 50 in Block[5]      contains(50) = 0
```

11.3　二叉查找树及其查找算法

在数据集合中查找满足特定条件的元素，顺序查找是基本方法。要提高查找效率，可先将数据按一定方式整理存储，如以某种有序的方式存储在树结构中，可能会大大提高后续的查找操作的效率或方便实施其他操作。本节以二叉查找树(binary search tree, BST)为例，介绍二叉树结构的查找算法。在普通的二叉树中查找，可能需要遍历整棵二叉树，而在二叉查找树中查找，进行查找所需进行的比较过程仅是搜索二叉树中的一条路径，不需要遍历整棵二叉树。

11.3.1 二叉查找树的定义

二叉查找树具有下述性质：

(1)如果根结点的左子树非空，则左子树上所有结点的关键字值均小于等于根结点的关键字值。

(2)如果根结点的右子树非空，则右子树上所有结点的关键字值均大于根结点的关键字值。

(3)根结点的左、右子树也分别为二叉查找树。

二叉查找树又称二叉排序树。根据上述性质可知，二叉排序树的中根遍历序列是按升序排列的。例如，以数值序列{6, 3, 2, 5, 8, 1, 7, 4, 9}建立的一棵二叉查找树如图 11.5 所示，它的中根遍历序列是{1, 2, 3, 4, 5, 6, 7, 8, 9}。

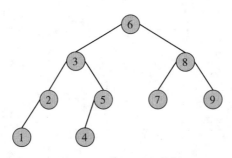

图 11.5 一棵二叉查找树

定义二叉查找树 BSTree 模板类，它继承"树与二叉树"一章中定义的二叉树 BTree 模板类，结点的类型为 BTNode 模板类。

```
template <typename T> class BSTree: public BTree<T>;
```

在二叉查找树 BSTree 类中，contains( )和/或 search( )成员函数在树中查找给定值，insert( )成员函数在树中插入结点。下面依次介绍二叉查找树的查找、插入和建树算法。

11.3.2 在二叉查找树中进行查找

在一棵二叉查找树中查找给定值 k 的算法过程描述如下：

(1)初始化，变量 *p* 初始指向二叉查找树的根结点。

(2)进入循环，直到查找成功或 *p* 为空：比较 *k* 和 *p* 结点的值，如果两者相等，则查找成功；若 *k* 值较小，则进入 *p* 的左子树继续查找；若 *k* 值较大，则进入 *p* 的右子树继续查找。

(3)退出循环后，*p* 为非空时表示查找成功，*p* 为空时表示查找不成功。

实现该查找算法的 contains 和 search 函数的代码如下：

```
bool contains(const T& k) {
    BTNode<T> * p = this->_root;
    cout<< "search(" << k << ")=   ";
    while (p ! = nullptr && k! =p->data ) { //比较是否相等
        cout << p->data <<" ";
        if (k < p->data)                    //比较大小
            p = p->left;                    //进入左子树
        else
            p = p->right;                   //进入右子树
    }
    if (p ! = nullptr) return true;         //查找成功
    else return false;                      //查找不成功
}

BTNode<T> * search(const T& k) {
    BTNode<T> * p = this->_root;
    cout<< "search(" << k << ")=   ";
    while (p ! = nullptr && k ! = p->data) { //比较是否相等
        cout << p->data <<" ";
        if (k < p->data)                     //比较大小
            p = p->left;                     //进入左子树
        else
            p = p->right;                    //进入右子树
    }
    return p;
}
```

在二叉查找树中，从根结点到某结点所经过的结点序列，正好是查找该结点所进行的一次成功查找。例如，在图 11.5 的二叉查找树中查找 7，比较的结点序列是 {6, 8, 7}。

而查找不成功的路径，是从根结点到某叶子结点所经过的结点序列。假如要查找 4.5，需要比较的结点序列是 $\{6,3,5,4\}$，当已与叶子结点 4 比较过并且不相等，才能作出查找不成功的结论。

在一般的二叉树中进行查找，其过程实质是一个遍历二叉树的过程，因为，理论上要将二叉树的每个结点与查找关键字进行比较。但在二叉排序树查找中，为查找而产生的比较操作序列只是搜索二叉树中的一条路径，而不是遍历整棵树，不需要访问所有结点。

11.3.3 在二叉查找树中插入新元素

在二叉查找树中插入一个值为 k 的结点，使得插入操作的结果仍然是一颗二叉查找树，所以，插入操作首先需要找到新的数据元素应该插入的位置，这是一个查找问题，而且，通常情况下这是一次不成功的查找。插入新结点的算法过程描述如下：

(1)如果是空树，则为数据 k 建立一个新结点，并将此结点作为二叉查找树的根结点。

(2)否则从根结点开始，将数据 k 与当前结点的关键字进行比较，如果 k 值较小，则进入其左子树；如果 k 值较大，则进入其右子树。循环迭代直至当前结点为空结点。

(3)为数据 k 建立一个新结点，并将新结点与最后访问的结点进行值的比较，插到合适的位置。

按照该算法，每次新插入的结点都是叶子结点，插入过程不会破坏二叉查找树原有的形态。成员函数 inser()插入一个数据元素，成员函数 insert_range()插入一组元素

实现新结点插入算法的代码如下：

```cpp
void insert(const T& k) {
    BTNode<T> *p, *q=nullptr;
    if (this->_root == nullptr)
        this->_root = new BTNode<T>(k);  //建立根结点
    else {
        p =this->_root;
        while (p ! = nullptr) {
            q = p;
            if (k <= p->data)
                p = p->left;
            else
                p = p->right;
        }
```

```
        p = new BTNode<T>(k);
        if ( k <= q->data)
            q->left = p;
        else
            q->right = p;
    }
}
```

// 将数组中的数据加入二叉排序树

```
void insert_range(const T * pdata, int cnt) {
    cout << "数据插入二叉排序树： ";
    for (int i = 0; i < cnt; i++) {
        cout << pdata[i] << " ";
        insert(pdata[i]);
    }
    cout << endl;
}
```

11.3.4 二叉排序树的构建

二叉查找树 BSTree 类继承二叉树 BTree 类，子类没有添加新的成员变量，因而其至可以不用为该类编写构造函数和析构函数，利用编译程序自动加入的缺省构造函数和析构函数即可。构建二叉树根结点及整颗二叉树的过程包含在向二叉树插入数据的过程中，当不再需要某个二叉树实例对象时，需释放其占用的内存资源，这可以通过调用从父类 BTree 中继承的成员函数 dispose( ) 来完成。

以下列关键字序列{6, 3, 2, 5, 8, 1, 7, 4, 9}为例，建立一棵二叉查找树的过程如图 11.6 所示。

【例 11.3】 建立二叉查找树并测试其结果。

BSTree 类的测试程序 BSTreeTest. cpp 如下：

```
#include <iostream>
#include "../dsa/BSTree.h"
int main() {     //BSTreeTest.cpp
    const int CNT = 9; int td[CNT] = { 5, 8, 3, 2, 4, 7, 9, 1, 5 };
    BSTree<int> bst;
```

```
        bst.insert_ range(td, CNT);
        bst.showInOrder();
        bst.dispose();
        return 0;
    }
```

程序运行结果如下：

建立二叉排序树：５８３２４７９１５

中根次序：１２３４５５７８９

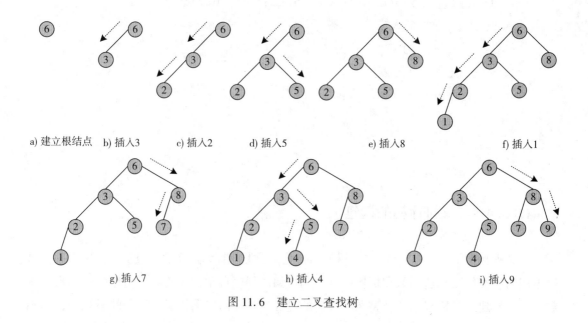

图 11.6　建立二叉查找树

11.4　哈希查找

前面介绍的查找算法，无论是顺序查找、二分查找或分块查找算法，都需要进行一系列的关键字值的比较操作才能确定数据元素在查找表中的位置，或得出查找不成功的结论。这些查找算法的平均查找长度 ASL 都与查找表的规模，即表中数据元素的个数有关，数据元素越多，为查找而进行的平均比较次数就越多。在这些查找表中，数据元素所占据的存储位置往往与数据元素的内容本身无关，那么按照内容查找某个数据元素时不得不进行一系列值的比较操作。

如果在存储数据时，能够根据数据元素的内容决定其存储位置，那么在这种特定的查找表中，就有可能高效实施按内容查找数据。与前述诸多查找方法不同，哈希(Hash)技术正是一种按关键字的值编址以实现存储和检索数据的方法。哈希意为杂凑，也称散列，它使用哈希函数(Hash function)完成某种关键字值到地址的映射，按哈希方法建立的一组数据存储区域称为哈希表(Hash table)。

11.4.1 哈希查找的基本思想

在查找表中，如果数据元素所占据的存储位置与数据元素的关键字值无关，那么查找某个数据元素时不得不进行一系列值的比较操作。如果能在数据元素的关键字与其存储位置之间建立一种对应关系，就可以通过对关键字的运算直接得到数据元素的存储位置，而不需要进行多次比较，从而提高查找的效率。哈希查找技术就是基于这种思想设计的一种查找方法，哈希技术利用哈希函数确定数据元素的关键字与其存储位置的对应关系。

哈希函数实质上是关键字集合到地址空间的映射，按哈希函数建立的一组数据元素的存储区域称为哈希表。以哈希函数构造哈希表的过程称为哈希造表，以哈希函数在哈希表中查找的过程称为哈希查找。

哈希查找技术的设计思想是，根据数据元素的关键字值 k 计算出相应的哈希函数值 Hash(k)，这个函数值决定该数据元素的存储位置。基于这一思想进行哈希造表过程，将待查找的数据序列存储在哈希表中。而在哈希查找过程中，直接计算查找关键字的哈希函数值，以得到数据元素的存储位置或给出查找不成功的信息。

在计算哈希函数时，如果有两个不同的关键字 k_1 和 k_2，对应相同的哈希函数值，表示不同关键字的多个数据元素映射到同一个存储位置。这种现象称为冲突(collision)，与 k_1 和 k_2 分别对应的两个数据元素称为同义词。

如果哈希表的存储空间足够大，使得所有数据元素的关键字与其存储位置是一一对应的，则不会产生冲突。但被处理的数据一般来源于较大规模的集合，而计算机系统的地址空间则是有限的，因此在解决实际问题时，哈希函数一般是从较大规模集合(关键字的定义域)到较小规模集合(地址空间)的映射，冲突是不可避免的。我们一方面要考虑如何尽可能减少冲突，另一方面则要考虑当冲突发生时如何解决冲突。

哈希查找技术包括以下两个关键问题：

(1)避免冲突(collision avoidance)：主要是通过设计一个好的哈希函数，尽可能减少冲突。

(2)解决冲突(collision resolution)：因为冲突是不可避免的，发生冲突时，需要实施一种有效解决冲突的策略(collision resolution strategy)。

11.4.2　哈希函数的设计

为避免冲突，需设计一个好的哈希函数。哈希函数一般是从较大规模集合(关键字的定义域)到较小规模集合(地址空间)的映射，一个好的哈希函数应该能将关键字值均匀地映射到整个哈希表的地址空间中，这样就尽可能地减少了冲突的机会。哈希函数在值域分布得越均匀，产生冲突的可能性就越小。

为了设计好的哈希函数，应该考虑以下几方面的因素：

(1)系统存储空间的大小和哈希表的大小；

(2)查找关键字的性质和数据分布情况；

(3)数据元素的查找频率；

(4)哈希函数的计算时间。

在针对具体问题设计哈希函数时，上述因素需要综合考虑，一般原则是，好的哈希函数应该发挥关键字的所有组成成份的作用，从而充分反映关键字区别不同元素的能力，这样实现的关键字到地址的映射就会比较均匀。

下面介绍设计哈希函数的几种常用方法。

1. 除留余数法

除留余数法较简单，哈希函数设定为

$$\text{Hash}(k) = k \% p$$

显而易见，哈希函数的值域为$[0, p-1]$。在除留余数法定义的哈希函数中，参数 p 有多种取值方法，例如：

(1)选 p 为 10 的某个幂次方；如果选定 $p = 10^3$，哈希函数值即是取关键字值的后三位，亦即数据按其关键字值的后三位编址存储。在这种情况下，后三位相同的所有关键字有相同的哈希函数值，即产生冲突。例如，6123 与 7123 构成同义词，在哈希表中的地址都是 123，因而产生冲突。

(2)选 p 为小于哈希表长度的最大素数。

对于不同的问题，选取不同的 p 值对所产生的哈希表的性能影响是不一样的。

2. 平方取中法

平方取中法将关键字值的平方(k^2)的中间几位作为哈希函数 Hash(k)的值，而所取的位数取决于哈希表的长度。例如，$k = 381$，$k^2 = 145161$，若表长为 100，取中间两位，则哈希函数值 Hash(k) = 51。

因为乘积的中间几位数和乘数的每一位都相关，所以平方取中法定义的哈希函数在某些情况下产生冲突的可能性较小。

3. 折叠法

折叠法将组成关键字值的不同成份按照某种规则折叠组合在一起。例如移位折叠法，将关键字分成若干段，高位数字右移后与低位数字相加，得到的结果作为哈希函数值。

不同的查找问题所采用的关键字差异可能很大，每种关键字类型都有自己的特殊性。例如，以整数或字符串作为关键字时，哈希函数的定义方式就应该有所不同。总的来说，不存在一种哈希函数对任何关键字集合都能达到最佳效果的情况。在实际应用中，应该根据具体情况，分析关键字值与地址空间之间可能的映射关系，构造不同的哈希函数，或将若干基本的哈希函数组合起来使用。例如，C#类库中的 Hashtable 类使用的哈希函数定义为：

```
hash(k)={k.GetHashCode()+1+[k.GetHashCode()>>5+1]%(hashsize-1)} % hashsize
```

C++等编程语言也有较多应用折叠法的案例，其哈希函数采用与上例相同的构造方式，即先将关键字 k 转换为无符号整数，接着将整数的不同部分，例如，高位和低位，进行折叠。这样就有可能根据关键字的性质定义合适的哈希函数，以达到最佳效果。

11.4.3　冲突解决方法

一个好的哈希函数能使关键字不同的数据元素在哈希表中的分布较为均匀，但好的哈希函数也只能减少冲突，而不能完全避免冲突。所以，在哈希技术中，当冲突发生时还必须有效解决冲突。

解决冲突的方法有很多，这里介绍探测定址法（probing rehashing）、再散列法（rehashing）和散列链法（hash chaining）。C#的 Hashtable 类使用再散列法解决冲突，我们将看到，散列链法在很多情况下能更为有效的解决冲突，因而在更多的系统中得到应用，例如，C++的 map 类，C#的 Dictionary 类等。

1. 探测定址法

在哈希造表阶段，设关键字为 k 的数据元素的哈希函数值为 $i=\mathrm{Hash}(k)$，如果哈希表中位置 i 处为空，则存入该数据元素；否则表明产生了冲突，需在哈希表中探测一个空位置来存入该数据。

探测定址的具体方法有多种，如线性探测、平方探测和随机探测法。下面以最简单的线性探测法为例对探测定址的基本思想进行说明。在产生冲突时，线性探测法继续探测下一个空位置。当探测了哈希表全部空间而没有找到空位置时，说明哈希表已满，无法再存入新的数据元素，这种情况称为溢出。通常另建一个溢出表来处理溢出的情况，原有的哈希表称为哈希基表。

例如，为如下的关键字序列：

$$\{19, 14, 23, 1, 32, 86, 55, 3, 62, 10\}$$

采用线性试探法进行哈希造表。设哈希函数定义为 hash(k) = k % 7，所生成的哈希基表与溢出表如图 11.7 所示。

	哈希基表		溢出表
0	14	0	3
1	1	1	62
2	23	2	10
3	86	3	
4	32	4	
5	19	5	
6	55	6	

图 11.7　线性试探法的哈希表

在查找过程中，设查找关键字为 k，计算哈希函数值 i = hash(k)，将 k 与哈希基表中位置 i 处的数据元素进行比较，如果相等，则查找成功，否则继续在哈希基表中向后顺序查找。如果在哈希基表中没有找到，还要在溢出表查找，在溢出表中常采用基本的顺序查找。可见，此时哈希查找已蜕变为顺序查找。

线性试探法是一种较原始的方法，简单易行，实现方便，但其中存在的缺陷也很严重，包括以下几点：

(1)可能产生溢出现象，必须另行设计溢出表并采取相应的算法来处理溢出现象。

(2)容易产生堆积(clustering)现象，即存入哈希表的数据元素连成一片，增大了产生冲突的可能性。

(3)哈希表只能查找和插入数据元素，不能删除数据元素。如果删除了某数据元素，将中断哈希造表过程中形成的探测序列，以后将无法查到具有相同哈希函数值的后继数据元素。

2. 再散列法

在再散列法中要定义多个哈希函数：

$$H_i = \text{Hash}_i(\text{key}), \quad i = 1, \cdots, n$$

当同义词对一个哈希函数产生冲突时，计算另一个哈希函数，直至冲突不再发生。这种方法不易产生堆积现象，但增加了计算时间。

3. 散列链法

散列链法的基本思想是，所有哈希函数值相同的数据元素，即产生冲突的数据元素，被存储到一个称为哈希链表的线性链表中，并用一个哈希基表记录所有的哈希链表，基表中的一个元素称为一个哈希槽(hash slot)。散列链法对于冲突的解决既灵活又有效，得到了更多的应用。

散列链法的造表过程是：对于关键字 k，首先计算其哈希函数值 $i = \text{Hash}(k)$，将该数据元素插入到哈希基表位置 i 处记录的哈希链表中。如果 baseList$[i]$ 哈希链表在加入元素 k 前，已含有其他元素，表明产生了冲突。如果 baseList$[i]$ 哈希链表为空链表，说明该哈希槽尚没有有效数据。

以关键字序列 $\{19, 14, 23, 1, 32, 86, 55, 3, 62, 10, 16, 17\}$ 为例，设哈希函数定义为 $\text{Hash}(k) = k\%7$，$i = \text{Hash}(k)$ 对应哈希基表 baseList 的下标值 i。实际上，哈希表中一般会有多条哈希链表，每一条哈希链表是一条单向链表，哈希基表则是一个数组，其元素为指向单向链表的指针类型，哈希基表记录多条链表。采用哈希链法的哈希表结构如图 11.8 所示。

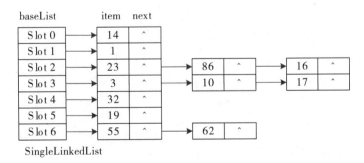

图 11.8　散列链法的哈希表

基于散列链法的哈希查找操作的过程描述如下：

(1)设给定关键字值为 k，计算哈希函数值 $i = \text{hash}(k)$，若哈希基表中位置 i 处的元素 baseList$[i]$ 指向的链表为空表，则查找不成功。

(2)否则，说明可能产生冲突，需要在由 baseList$[i]$ 指向的哈希链表中继续按顺序查找。查找该链表进一步确定查找是否成功。

　　上述算法将原本需在整个表中搜索 k 的过程通过哈希函数的计算限定在某条特定的哈希链表中，查找范围可能大为收窄。哈希链表是动态的，同义词越多，链表越长。因此要设计好的哈希函数，使数据尽量均匀地分布在各链表中。如果哈希函数的均匀性较差，则会造成空闲的哈希槽较多，而某些槽对应的链表可能很长的情况。一般来说，哈希链表越短越好，而哈希链表过长，则会降低查找效率。

　　散列链法克服了试探法的缺陷，无需另外考虑溢出问题，也不会产生堆积现象，而且可以随时对哈希表进行插入、删除和修改等操作。因而散列链法是一种有效的存储结构和查找方法。

　　定义基于散列链法的哈希查找表 HashList 类，它的数据成员 _baseList 是一个数组，作为哈希基表使用，数组元素类型为指向单向链表 SLinkedList 类的指针(参见线性表一章)。在 HashList 类中，成员函数 Hash(k)计算 k 的哈希函数值，哈希函数选用 $k \% p$ 类型。成员函数 insert(k)在哈希表中加入数据 k，成员函数 insert_range( )在哈希表中加入一组数据，成员函数 search(k)和 contains(k)在哈希表中查找给定值，成员函数 remove(k)从哈希表中删除数据 k。HashList 类的定义如下:

```cpp
#include "SingleLinkedList.h"
class HashList {
private:
    SLinkedList<int>* *_baseList; unsigned int _length;
public:
    HashList(int listsize = 10):_length(listsize){
        _baseList =new SLinkedList<int>*[_length];
        for (int i = 0; i < _length; i++) {
            _baseList[i] =new SLinkedList<int>();
        }
    }
    ~HashList() {
        for (int i = 0; i < _length; i++) delete _baseList[i];
        delete[] _baseList;
    }
    int Hash(int k) const { return k % _length;}
    void insert(int k);
    void insert_range(const int * pdata, int cnt);
    const SLNode<int>* search(int k) const;
```

```
    bool contains(int k) const;
    bool remove(int k) {int i = Hash(k); return _baseList[i]->
remove(k);}
    void show() const {
        for (int i = 0; i < _length; i++) {
            cout<< "BaseList[" << i << "]= ";
            cout<< _baseList[i]->str() << endl;
        }
    }
};
```

在初始构造哈希表实例时，哈希基表(_baseList 数组)及各空链表被构造出来。析构函数销毁各链表及哈希基表本身，程序设计实践遵循了 RAII 原则。

成员函数 insert(k)将数据元素 k 添加到哈希查找表中，它调用成员函数 Hash(k) 计算 k 的哈希函数值 i，再调用 SLinkedList 类的成员函数 push_back() 将数据元素 k 添加到相应的链表中。成员函数 insert_range()则是多次调用 insert()，在哈希表中加入一组数据。

```
void insert(int k) {
    int i = Hash(k);
    _baseList[i]->push_back(k);   //或 _baseList[i]->insert(0,k);
}
void insert_range(const int * pdata, int cnt) {
    int i = 0;
    for (int j = 0; j < cnt; j++) {
        i = Hash(pdata[j]);
        _baseList[i]->push_back(pdata[j]);
    }
}
```

成员函数 search(k)和 contains(k)在哈希表中实施哈希查找算法以查找给定值。首先调用成员函数 Hash(k) 计算 k 的哈希函数值，确定其可能所属的哈希链表，再调用链表的 search()成员函数求得查找结果。

```
const SLNode<int> * search(int k) const {
    int i = Hash(k);
    return _baseList[i]->search(k);
}
```

```
bool contains(int k) const {
    SLNode<int> * q = (SLNode<int> *)search(k);
    if (q ! = nullptr) return true;
    else return false;
}
```

在单向链表 SLinkedList 类中的成员函数 search( )顺序查找值为 k 的结点:

```
const SLNode<T> * search(const T& k) const {
    SLNode<T> * q = _head->next;
    while (q ! = nullptr) {
        if (k= =q->item) return q;
        q = q->next;
    }
    return nullptr;
}
```

【例 11.4】 测试哈希查找表建表及查找过程。

基于散列链法的哈希查找表 HashList 类的测试程序 HashListTest. cpp 如下:

```
#include "../dsa/HashList.h"
#include "../dsa/dsaUtils.h"
int main(int argc, char * argv[]) {     //HashListTest.cpp
    const int CNT = 12;
    int d[CNT]{ 19, 14, 23, 1, 32, 86, 55, 3, 62, 10, 16, 17 };
    //RandomizeData(d, CNT, 9, 1, 100); //seed=9,[1,100)
    Show(d, CNT);int k = 16;
    HashList hlist(7); hlist.insert_range(d, CNT); hlist.show();
    cout<<"hash(" << k << ") = " << hlist.Hash(k) << endl;
    cout<<"Contains(" <<k<<") = " << hlist.contains(k) << endl;
    hlist.remove(k); hlist.show();
    cout<< "hash(" << k << ") = " << hlist.Hash(k) << endl;
    cout<<"Contains(" <<k<<") = " << hlist.contains(k) << endl;
    return 0;
}
```

程序运行结果如下:

```
BaseList[0]= 14 -> |.
```

```
BaseList[1] = 1 -> |.
BaseList[2] = 23 -> 86 -> 16 -> |.
BaseList[3] = 3 -> 10 -> 17 -> |.
BaseList[4] = 32 -> |.
BaseList[5] = 19 -> |.
BaseList[6] = 55 -> 62 -> |.
hash(16) = 2   Contains(16) = 1
……hash(16) = 2   Contains(16) = 0
```

从哈希查找过程得知，哈希表查找的平均查找长度取决于以下因素：

(1)选用的哈希函数；

(2)选用的处理冲突的方法；

(3)哈希表饱和的程度，常用装载因子 $t=n/m$ 的大小来衡量哈希表饱和的程度，其中 n 为数据元素个数，m 为表的长度。可以证明哈希表的平均查找长度 ASL 能限定在某个范围内，它是装载因子 t 的函数，而不是数据元素个数 n 的函数，亦即哈希表的查找在常数时间内完成，称其时间复杂度为 $O(1)$。

习　题　11

11.1　试分别画出在有序表{1, 2, 3, 4, 5, 6, 7, 8}中查找 6 和 10 的二分查找过程。

11.2　试分别写出对有序表数据进行二分查找的非递归与递归算法实现。

11.3　在一棵空的二叉查找树中依次插入关键字序列{12, 7, 17, 11, 16, 2, 13, 9, 21, 4}，请画出所得到的二叉查找树。

11.4　假设在有 20 个元素的有序数组 a 上进行二分查找，则比较一次查找成功的结点数为_____；比较两次查找成功的结点数为_____；比较四次查找成功的结点数为_____；在等概率的情况下查找成功的平均查找长度为_____。设有 100 个结点，用二分查找时，最大比较次数是_____。设有 22 个结点，当查找失败时，最少需要比较_____次，最多需要比较_____次。

11.5　假设在有序表{2, 8, 13, 16, 27, 36, 78}中进行二分查找，请画出判定树，并分别给出查找 16 和 40 时 BinarySearch 函数的返回值。

11.6　哈希查找的设计思想是什么？哈希技术中的关键问题有哪些？

11.7　设哈希表的地址范围为 0~17，哈希函数为：Hash$(k) = k\%16$。用线性探测法处理冲突，说明对输入关键字序列{10, 24, 32, 17, 31, 30, 46, 47, 40, 63, 49}的

哈希造表及查找过程。

11.8 设哈希基表的地址范围为 0~9,哈希函数为:Hash(k) = k %10。用散列链法处理冲突,说明对输入关键字序列｛10,24,32,17,31,30,46,47,40,63,49｝的哈希造表及查找过程。

参 考 文 献

［1］Cormen, Leriserson, Rivest. Introduction to algorithms［M］. 3rd Edition. The MIT Press, 2009.

［2］M. McMillan. Data Structures and Algorithms using C#［M］. Cambridge University Press, 2007.

［3］［美］萨特吉·萨尼. 数据结构、算法与应用——C++语言描述［M］. 2 版. 王立柱，等，译. 北京：机械工业出版社，2015.

［4］严蔚敏，吴伟民. 数据结构(C 语言版)［M］. 北京：清华大学出版社，1997.

［5］严蔚敏. 数据结构(C 语言版)［M］. 2 版. 北京：人民邮电出版社，2015.

［6］殷人昆，等. 数据结构(用面向对象方法与 C++描述)［M］. 北京：清华大学出版社，1999.

［7］叶核亚. 数据结构(Java 版)［M］. 北京：电子工业出版社，2004.

［8］陈明. 数据结构教程(C++版)［M］. 北京：清华大学出版社，2009.

［9］邓俊辉. 数据结构(C++语言版)［M］. 北京：清华大学出版社，2011.

［10］陈广. 数据结构(C#语言描述)［M］. 北京：北京大学出版社，2009.

［11］陈宝平，等. 数据结构(C++版［M］. 2 版. 北京：清华大学出版社，2016.

［12］李春葆. 数据结构教程［M］. 5 版. 北京：清华大学出版社，2017.

［13］王红梅，等. 数据结构——从概念到 C++实现［M］. 3 版. 北京：清华大学出版社，2019.

［14］王文伟. 数据结构与算法(C#语言实现)［M］. 武汉：武汉大学出版社，2020.

［15］陈越，何钦铭. 数据结构［EB/OL］. 中国大学 MOOC，http：//www.icourse163.org/course/ZJU-93001，浙江大学.